사회과학자가 쓴 발칙한 원자력 안전관리
Introduction to Nuclear Safety Management

도서출판 윤성사 195
사회과학자가 쓴 발칙한
원자력 안전관리

제1판 1쇄 2023년 4월 16일

지 은 이 이동규
펴 낸 이 정재훈
꾸 민 이 (주)디자인뜰

펴 낸 곳 도서출판 윤성사
주   소 서울특별시 서대문구 서소문로 27, 충정리시온 제지층 제비116호
전   화 대표번호_02)313-3814 / 영업부_02)313-3813 / 팩스_02)313-3812
전자우편 yspublish@daum.net
등   록 2017. 1. 23

ISBN 979-11-981954-8-7 (93350)
값 25,000원

© 이동규, 2023

지은이와의 협의에 따라 인지를 생략합니다.

이 책의 전부 또는 일부 내용을 재사용하려면 반드시 사전에 저작권자와 도서출판 윤성사의 동의를 받아야 합니다.

잘못 만들어진 책은 구입하신 서점에서 교환 가능합니다.

이 저서는 2022학년도 동아대학교 연구년 지원에 의한 연구임.

사회과학자가
쓴
발칙한

이동규

원자력 안전관리

Introduction to
Nuclear Safety
Management

머리말

　원자력 정책은 일반인의 관심에서 제외된 대표적인 정책 영역(policy without a public)이다. 그러다 보니 문제가 발생하면 해결책을 마련하기 위해 다시 전문가들을 동원하는 등의 방식으로 1950년대 원자력 도입 이후 진흥과 규제가 이루어져 왔다.

　국내외 할 것 없이 원자력 정책은 도입 이후로 찬반논쟁이 끊이지 않았다. 2011년 3월 11일 일본에서 발생한 동일본 대지진(또는 도호쿠 지방 태평양 해역 지진)으로 인해 발생한 원자력 사고는 역사상 가장 심각한 사고 중 하나로 기록되었는 데, 이로 인해 자연재해에 취약한 해안가에 있는 원자력 발전소에 대한 피해의 심각성을 인지한 대중은 원전의 안전성에 대한 의제에 관심을 가지게 되었다. 특히, 후쿠시마 제1원전 원자로 냉각 기능이 상실되어 대량의 방사성 물질이 외부로 방출되는 사건으로 인해 신재생 에너지로의 정책 전환을 하는 등 원자력 정책에 있어 유럽 몇몇 국가들의 원자력 발전소를 축소하는 정책 기조가 나타났다.

　2017년, 한국에서도 탈원전 정책을 선언하였는 데, 일각에서는 재난영화 '판도라'를 보고 결정한 것이기 때문에 과학적 근거 없이 탈원전을 고집한 것이 아니냐고 주장하기도 했다. 세계 최고를 자랑하던 원전 산업 생태계를 허물어 뜨렸다는 것이다. 하지만 윤석열 정부 집권 이후 탈원전 정책은 전면 백지화 되었다. 소형모듈 원자력 개발 등을 선언한 것이다.

　이러한 배경 속에서 일본 원전 운영사인 도쿄전력이 "2023년 4월부터 후쿠시마 제1원전 처리수를 해양에 방출한다."고 말한 시간이 임박하였기 때문에 다핵종제거설비(ALPS) 처리를 거친 1,066개 수조에 담겨 있는 130만 톤의 오염수에도 관심이 집중된 상태이다. 이것이 사회과학 연구자인 필자가 "원자력 안전관리에 대해 한 번 정리해 보자." 는 발칙한 상상을 하게 된 계기다.

본격적으로 시작을 하게 된 동기는 2017년에 '한국원자력안전기술원(KINS)'의 『원자력 안전관리 거버넌스 체계 구축을 위한 빅데이터 플랫폼 운용방안』 연구 책임을 수행하면서 원자력 안전관리가 국내 재난관리체계에 있어 상당히 중요하다는 것을 알게 됐다. 사고가 발생해서도 안되지만, 만약에 발생할 수 있다는 것을 전제로 한번도 경험해보지 못한 사고에 대한 계획, 관리 체계, 시스템, 비상 시나리오에 근거한 교육, 훈련, 평가 등이 과연 제대로 구성되어 있는 것인지에 대한 의문을 가지고 있었는 데, 2022년 연구년에 들어가면서 문헌검토를 통한 정리를 시작할 수 있었다.

이 책은 원자력 공학 기준에서 보면 미흡하거나 부족한 부분이 있을 것으로 판단된다. 다만 이러한 논의를 시작으로 일반인이 관심을 가지거나 참여할 수 있는 정책 영역(policy with a public)이 되는 초석이 되길 바란다. 원자력 사고에 준비하는 안전관리와 재난관리의 학습 결과물을 작성하는 과정이 국가 재난관리체계의 가장 난이도 있는 도전이라고 생각한다. 앞으로 동아대학교 대학원 재난관리학과 학생분들과 학과를 졸업한 여러 박사님들과 함께 지속적인 학습을 통해 부족한 내용을 집요하게 보완하겠다.

안전한 대한민국을 기원하며
동아대학교 구덕캠퍼스에서

이동규

목차

머리말 / 4

1장 주요 원자력 발전소 사고 ·· 11
    1. TMI 원자력 발전소 사고 / 12
    2. 체르노빌 원자력 발전소 사고 / 17
    3. 후쿠시마 원자력 발전소 사고 / 21
    4. 주요 시사점 / 26

2장 원자력 관련 국제기구의 안전관리 지침 ··················· 27
    1. 원자력 안전 규제기관에 대한 국제기구 지침의 의의 / 27
    2. 원자력의 안전에 대한 기본원칙 / 32
    3. 안전을 위한 조직의 관리체계 / 37
    4. 안전에 있어서의 국가의 역할 / 51
    5. 원자력 안전 규제기관 / 64
    6. 검토 / 116

3장 주요 국가의 원자력 규제기관 ···································· 123
    1. 미국의 원자력규제위원회 / 123
    2. 영국의 원자력규제국 / 140
    3. 프랑스의 원자력안전청 / 151
    4. 캐나다의 원자력안전위원회 / 176
    5. 독일의 연방환경부와 연방방사선방호청 / 189

4장 한국의 원자력 규제기관 ··· 205
    1. 한국의 원자력안전위원회 / 205
    2. 한국의 원자력 유관기관 / 214

    3. 각국의 원자력 안전관리기관의 비교 / 216

5장 미국 사회기반시설의 안전관리체계 · 223

    1. 국가 기반시설 보호계획(NIPP 2013) / 224
    2. 화학 부문 안전관리계획(2015년) / 265
    3. 원자로·방사능 물질 및 폐기물 부문 안전관리계획(2015년) / 272
    4. 정보기술 부문 안전관리계획(2016년) / 293
    5. 미국의 안전관리체계 주요 시사점 / 299

6장 한국 사회기반시설의 안전관리체계 · 301

    1. 안전관리 법률의 현황 / 302
    2. 재난 및 안전관리 기본법상의 안전관리 조직체계 / 303
    3. 시설물의 안전관리에 관한 특별법의 안전관리 조직체계 / 310
    4. 해사안전법상의 안전관리 조직체계 / 315
    5. 저수지·댐의 안전관리 및 재해예방에 관한 법률 / 317
    6. 원자력안전법상의 안전관리 조직체계 / 321
    7. 한국의 안전관리체계 주요 시사점 / 327

7장 종합 논의 및 결론 · 335

    1. 기존의 논의 / 335
    2. 검토 / 340

참고 문헌 / 342
찾아보기 / 349

저자 소개 / 352

INTRODUCTION TO NUCLEAR SAFETY MANAGEMENT

사회과학자가 쓴 발칙한

Introduction to
Nuclear Safety Management

원자력 안전관리

ITRODUCTION
TO
**NUCLEAR
SAFETY
MANAGEMENT**

주요 원자력 발전소 사고 **1**

　기존의 운용 경험과 연구를 통하여 알려진 것과 같이 안전의 확보는 지속적으로 발전하는 계속적인 절차이다. 안전은 운영자들로 하여금 원자력 발전소를 끊임없이 개선하고 좀 더 안전하게 만들도록 하는 규제당국의 목적이자, 원자력 발전소 운영자들의 가장 중요한 의무이다. 원자력 발전소의 계속적인 운영은 극한적인 상황에서 설계에 기반한 안전여유를 넘어설 수 있도록 견고성을 보완할 필요를 야기하며, 이를 위한 개선조치들은 현재 지속적으로 시행되고 있다. 특히 외부적 사건(해일을 유발한 지진)이 후쿠시마 발전소의 사고를 발생시켰다는 이유 등으로 사람의 행동이나 자연현상에 의하여 야기되는 모든 종류의 사건으로부터 원자력 발전소의 안전을 확보하기 위한 조치들이 발전되어 왔다.

　원자력에 대한 안전관리체계는 계속하여 발전하고 있으며, 그러한 발전은 각종 사고에 의하여 단계적으로 촉발되었다고 볼 수 있다. 따라서 다음에서는 먼저 지금까지 발생하였던 원자력과 관련한 각종 사고 중 주요한 사고라고 할 수 있는 TMI 원자력 발전소 사고(1979년), 체르노빌 원자력 발전소 사고(1986년), 후쿠시마 원자력 발전소 사고(2011년)들의 경위와 그 사고들이 원자력 안전관리를 어떻게 변화시켰는지 살펴보도록 한다.

1 TMI 원자력 발전소 사고

(1) 사고의 경과

[그림 1-1] Three Mile Island 원자력 발전소[1)]

1) https://techhistorian.com/three-mile-island-accident-cause/

원문보기

TMI 2호기는 Arkon의 First Energy Company가 소유하고 있는 원자력 발전소로 1979년의 기술적 사고로 인하여 폐쇄되어 현재는 가동되지 않고 있다. TMI 2호기는 Babcock & Wilcox사에서 설계한 출력 2,720MWt의 가압경수로(PWR) 원자로이다. 가압경수로형 원자로는 고온으로 운용되는 효율성과 노심을 지속적으로 재순환되는 물로 채워진 고압의 탱크로 봉인함으로 인한 폐쇄성을 모두 갖추고 있다.

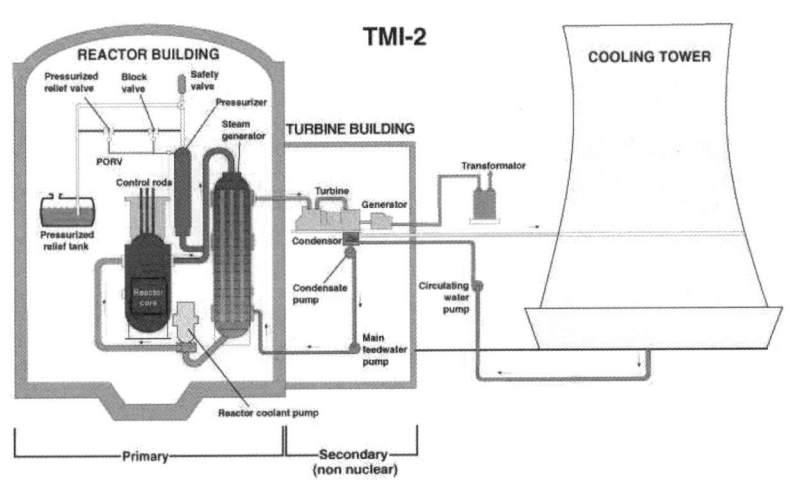

[그림 1-2] TMI 2호기의 구조[2]

2) https://world-nuclear.org/information-library/safety-and-security/safety-of-plants/three-mile-island-accident.aspx

TMI 원자력 발전소의 사고는 2호기의 노심이 부분적으로 용융된 것이었다. 1979년 3월 28일 사고 발생 수 시간 전에 TMI 2호기는 97%의 출력으로 가동 중이었으며, TMI 1호기는 연료의 재공급을 위하여 운전을 정지하고 있었다. 노

심의 용융을 야기한 일련의 사고는 새벽 4시 경부터 시작되었다.

1979년 3월 28일 미국 펜실베이니아주 미들타운의 스리마일섬(Three Mile Island)에 있는 TMI 2호기 발전소에서 97% 출력으로 운전 중 자동밸브 장치에 이상이 발생하여 열을 전도시키는 열 교환기에 물 공급이 중단되었다. 급수상실로 인해 열 제거가 이루어지지 않으면서 원자로 냉각계통의 온도와 압력이 모두 상승하였고 압력방출밸브가 자동으로 개방되어 냉각수를 모두 제거하면서 개방된 상태로 유지되었다. 정비오류로 인해 보조급수기마저도 작동하지 않았고, 운전원이 경수로 안을 냉각하는 긴급노심냉각장치(ECCS)의 작동을 멈추게 하는 부적절한 대응으로 사태를 악화시켰다. 결국 열 교환기에서 냉각수 온도를 낮추지 못하자 냉각수가 증발하여 증가 압력이 상승하였고, 뒤이어 도관이 파괴되면서 터빈과 원자로가 자동 정지되었다. 원자로의 1차 계통 파괴로 냉각수가 유출되었으며 원자로의 내부 온도가 급상승하여 핵 연료봉이 녹아내리고 원자로 용기까지 파괴되었다.

이 사고로 노심이 크게 손상되어 많은 핵분열 생성물이 방출되었다. 압력방출밸브가 열린 시간 동안 피복관의 지르코늄과 고온 증기가 반응하여 생성된 수소와 함께 물, 비활성 기체, 요오드 및 세슘 등의 동위원소들인 휘발성 핵분열 생성물이 격납 건물로 방출되었다. 격납 건물이 대기 방출을 차단하였지만, 건물의 환기 체계를 통해 방사성 요오드 극소량과 비활성 기체의 약 3%가 대기 중으로 유출되었다. 이는 자연 방사량에 못 미치는 양으로 인근 주민에게 큰 피해를 입히지는 않았지만 사고 원자로를 안전하게 냉각시켜 해제하는 데에만 15년가량 걸렸고 큰 비용이 투입되었다.[3]

---

[3] 박우영·이상림 (2014), 19~20면.

(2) 교훈의 반영

TMI 2호기 사고는 압력방출밸브 고장 및 보조급수가 공급되지 않는 기기 고장에 기인한 면도 있으나 부적절한 계측과 훈련으로 인해 긴급노심냉각장치 작동을 중단했던 인적 실수가 노심용융까지 일으킨 사고였다. 더욱이 여러 겹의 방어선을 설치해 사고 확대를 막는 심층방호체계도 제대로 작동하지 않아 다섯 겹의 보호막 중에서 네 번째 방호벽까지 뚫렸었다. 즉, 전반적인 안전체계와 훈련이 미비했음을 드러내는 사고였다. 또한, 사고 직후 미국과 국제기구에서 사고를 분석하던 중, 자매 발전소인 데이비스-벳세(Davis-Besse)에서 유사 사건이 한 달 전에 발생했었다는 사실을 발견했다. 운전 경험이 공유되었다면 TMI 2호기의 운전자들이 사고 피해를 줄이거나 예방할 수 있었다는 점에서 정보 교환과 경험 공유의 중요성을 보여준다고 한다.

TMI 원자력 발전소의 사고 이후, 운영상의 안전이 관심을 끌게 되었다. 적절한 운전 절차의 중요성, 운전 요원들에 대한 적절한 훈련의 필요성, 사람과 기계의 상호작용에 대한 개선, 운영상 경험의 공유의 유용성, 효과적인 사고 대응계획의 필요성, 운영 조직의 모든 단계에서 '부적절한 사고방식'이 갖는 위험성 등과 같은 안전에 대한 많은 관점들이 TMI 원자력 발전소 사고에서 문제가 되었으며, 그 후 대다수의 국가에서 이러한 관점들에 관심을 가지게 되었다. 미국에서 원자력발전소운영자협회(The Institute of Nuclear Power Operations: INPO)가 설립된 것이 그 대표적인 사례라고 할 것이다.[4]

TMI 원자력 발전소의 사고 이후 새로운 원자력 발전소를 건설하려던 다수의 계획이 취소되었으며, IAEA뿐만 아니라 NEA(Nuclear Energy Agency)/OECD를 비롯한 여러 국제기구들을 통하여 원자력 안전에 대한 무수히 많은 협정들이 체결되었다. IAEA에서는 운영상의 안전을 강조하는 방향으로 그 사업 방향을

4) Pierre Tanguy (1988), p. 56.

재정립하였다. 1982년에는 국제방사선방호위원회(International Commission on Radiological Protection: ICRP)의 권고를 고려하여 기본 안전 기준(Basic Safety Standards)을 개정하였다. 동시에 IAEA는 방사선 방호, 재난대응계획의 수립 및 재난대비 분야에 대한 전문적이고 일반적 필요에 맞춘 광범위한 기술지침들을 발간하였으며, 대부분의 국가들이 원자력의 진흥만을 강조하여 원자력 산업의 진흥과 안전규제가 혼재되어 상호 검토과정에서 부당한 간섭이 존재해서 안전규제가 제대로 이행되지 않았다는 것[5]을 바탕으로 원자력 안전규제의 독립성에 대한 논의가 본격적으로 이루어지게 되었다.

초기에 IAEA는 각 회원국에 대한 기술적 지원을 위한 특별 지원사업을 실시하였다. 이러한 사업을 통하여 원자력 산업을 발전시키고 있던 국가들은 자신들이 필요로 하는 분야에 대한 전문적 조언을 받을 수 있었다. 1972년도에 IAEA는 원자력 산업을 발전시키고 있던 많은 회원국들의 증가하는 요청에 따라 연구용 원자로에 대한 통합 안전평가(Integrated Safety Assessment of Research Reactors: INSARR)를 실시하기 시작하였다. 나아가 1983년도에 IAEA는 안전운영평가단(Operational Safety Review Team: OSART)의 활동을 공식적으로 발표하였다. 안전운영평가단의 임무는 원자력 발전소의 운영자들에게 유용한 조언을 제공하고 현장에서의 안전을 개선시킬 수 있는 아이디어들을 공유하는 것이었다. 또한 1983년에는 국제운영보고체계(International Reporting System for Operating Experience: IRS)를 구축하여 모든 참여국들의 운영자들이 상호 간의 '교훈'을 활용할 수 있도록 하였다. 이 체계는 NEA/OECD에 의하여 운영되었으며, 점차 그 범위가 확장되어 사고에는 이르지 않은 '중대한 사건'까지도 포함하였으며, 사고에 대해 좀 더 효율적이고 적시의 분석이 가능하게 되었다. 1985년에 IAEA는 국제원자력안전자문단(International Nuclear Safety Advisory Group: INSAG)을 설치하여 IAEA의 원자력 안전분야에서의 활동을 검토하고 그의 장래

---

[5] 김길수(2015), 162면.

의 활동에 대한 자문을 하도록 하였다.[6]

  결론적으로, TMI 원자력 발전소의 사고는 원자력 산업의 안전을 위한 규제를 촉진시켰으며, 이후 수립된 원자력 안전관리의 체계는 현재 시행되고 있는 안전관리체계의 기틀이 되었다고 할 수 있을 것이다.

2 체르노빌 원자력 발전소 사고

(1) 사고의 경과

  1986년 4월 26일 구소련(현재 우크라이나) 체르노빌 원자력 발전소의 흑연감속 경수냉각비등수형 원자로(RBMK) 4호기에서 원자력 발전소가 폭발하는 사고가 발생하였다. 사고 하루 전인 4월 25일 체르노빌 원자력 발전소에서는 정기 점검에 앞서 실험을 진행했다. 외부 전력 공급에 차질이 생겼을 때, 비상 디젤 발전기 가동 시간 동안 터빈의 관성으로 냉각수 공급에 필요한 전력을 충분히 제공할 수 있는지에 대한 실험이었다. 운전자들은 이 시험이 원자력 안전과 관련이 없다고 간주하고 원자로 안전 요원과의 충분한 정보교환과 협조 없이 시험을 진행하였다. 시험 중 열출력이 저하되었고 원자로가 불안정해지자 열출력을 높이기 위해 운전원이 제어봉을 수동 조절하는 과정에서 과잉출력이 발생하였다. 실험을 위해 원자로 자동정지계통을 꺼두어서 핵연료가 급격히 과열되어 파손되었고 고온의 핵연료가 물과 반응하여 노심을 파괴하는 증기 폭발을 일으켰다. 1차 증기 폭발로 노심 압력 격납 용기가 파괴되었고, 이때 상당한 양의 수소가 발

[6] Pierre Tanguy (1988), p. 56.

생되며 원자로 건물로 유출되었다. 원자로 건물에서 2차 수소 폭발로 이어지며 원자로 건물이 파괴되었고, 엄청난 양의 방사능 물질이 유출되었다.

[그림 1-3] 사고 후 체르노빌 원자력 발전소[7]

7) https://www.theclever.com/20-chilling-photos-of-the-chernobyl-disaster/

8) 박우영·이상림 (2014), 22면.

체르노빌 사고로 요오드 131, 세슘 137, 세슘 134, 스트론튬 89, 플루토늄 239를 비롯한 60여 가지 방사능 핵종이 유출되었다. 이 사고는 INES 7등급에 해당하며 공식 사망자만 31명으로 최악의 원자력 발전소 사고 중의 하나로 기록되었다. 최근에는 콘크리트 석관의 30년 수명 만료를 앞두고 새로운 안전 덮개를 설치하고 있으며 원자로 잔해를 안전하게 해체하는 작업을 앞으로 실시할 예정이다.[8]

(2) 교훈의 반영

체르노빌 원자력 발전소의 사고는 몇 가지 매우 실질적인 실무상의 교훈을 남겨주었다. 그 중 하나는 원자로, 특히 동구권에서 사용되던 원자로의 안전에 대한 것이었다.[9] 1989년 이후, 소련에서 1,000여 명 이상의 원자력 기술자들이 서구의 원자력 발전소들을 방문하는 등 빈번한 상호 방문이 이루어졌으며, 50여 건 이상의 자매결연이 맺어졌다. 이러한 국제적 협력을 통하여 자동차단장치가 좀 더 신속하게 작동되도록 개선되는 등 당시 운영 중이던 RBMK 원자로에 대한 각종 안전체계가 개선되었다.[10] 또한 체르노빌 원자력 발전소의 사고 이후 IAEA의 안전운영평가단(OSART)의 활동은 급격하게 증가하여, 최소한 1개월에 1회 이상 현장활동을 수행하게 되었다.[11]

9) 미국의 TMI 원자력 발전소의 사고는 발전기가 파괴되었으나, 모든 방사능이 차단되었고 아무런 사상자가 발생하지는 않았다. 그러나 이 사고는 서구의 원자로 설계와 운영방식에 지대한 영향을 미쳤다(http://world-nuclear.org/information-library/safety-and-security/safety-of-plants/chernobyl-accident.aspx).

10) 이에 대한 상세는 Hasan Saygin (2011), p. 70 참조.

11) Pierre Tanguy (1988), p. 56.

12) https://allthatsinteresting.com/chernobyl-disaster-pripyat

[그림 1-4] 방사능 오염물질의 제거작업[12]

TMI와 체르노빌 원자력 발전소 사고의 유사점은 둘 다 운영자의 실수에 의하여 사고가 증폭되었다는 점이다. 양자 모두 원자력 발전소 기술자들이 사고의 범위 또는 규모를 완화시킬 수 있는 안전조치를 고의 또는 과실에 의하여 무시하였다는 공통점을 가지고 있었다.[13] 이를 바탕으로 기존의 안전에 대한 규제에 더하여 '안전중심문화(Safety Culture)'의 개념이 제창되었다. 즉, 1991년 국제원자력안전자문단(INSAG)이 '안전중심문화(Safety Culture)'를 발표한 이후, 원자력 운영조직을 주된 대상으로 하는 안전중심문화의 정의, 일반적인 특성, 안전중심문화의 주요 요소, 평가방법에 대한 논의가 이루어졌고, 안전중심문화 지표의 개발 등이 이루어졌으며,[14] 이러한 안전중심문화는 2006년 IAEA가 제정한 안전에 대한 기본원칙(Fundamental Safety Principles)에서의 10가지 기본 원칙 중의 하나로 포함되었다.

또한 원자력 안전규제의 독립성에 대한 강조가 다시 한 번 이루어져, IAEA에서는 2002년 '원자력 설비 규제기관의 조직과 인적 구성(Organization and Staffing of the Regulatory Body for Nuclear Facilities)'을 간행하여 규제기관의 독립성을 규율하기 시작하였다.

체르노빌 원자력 발전소의 사고는 원자력 산업에 있어서 하나의 분수령을 이루는 사고였다고 할 것이지만, 원자력에 대한 안전관리체계의 측면에서 기존의 체계를 변혁시키는 정도의 큰 변화를 야기하였다고 보기는 어렵다. 그러나 안전관리체계의 조직구조뿐만 아니라 원자력 산업을 담당하고 있는 각 담당자들(발전소의 운영요원 및 규제기관의 임직원들) 모두가 안전의 중요성을 인식하고 원자력 설비의 안전한 운영을 위해 최선의 노력을 다하여야 한다는 '안전중심문화'의 필요성을 부각시켰다는 점과 규제기관의 독립성의 필요를 명확하게 보여주었다는 사실은 주목할 만하다고 할 것이다.

---

13) 김덕호 외(2016), 104면.

14) 최광식 · 최영성 (2003), 2면.

3. 후쿠시마 원자력 발전소 사고

(1) 사고의 경과

2011년 3월 11일, 리히터 규모 9의 도호쿠 지진이 일본 동부 해상에서 발생하였다. 지진이 발생하자 그 당시 운전 중이던 후쿠시마 다이이치 원자력 발전소의 원자로 1호기부터 3호기까지가 모두 안전하게 정지되었다. 4호기부터 6호기까지는 정기 점검을 위해 이미 정지 상태였으며, 그 중 4호기의 연료는 폐연료 저장수조에 위치해 있었고, 5, 6호기는 연료가 원자로 노심에 위치해 있는 냉각 운전정지 상태였다. 지진으로 외부 전원 공급이 차단되자 발전소 내 비상디젤발전기(EDG)가 가동되어 전기를 제공하였다.

그러나 지진 발생 후 약 한 시간 후에 14미터 이상으로 추정되는 지진해일이 후쿠시마 원자력 발전소를 덮쳤다. 이로 인해 비상디젤발전기(6호기의 비상디젤발전기는 제외)와 냉각수 공급 펌프가 작동하지 않게 되었다. 결국 1, 2, 3호기에서 노심 냉각 기능이 상실되자 심각한 연료 손상이 발생했고, 노심 용융이 시작되었다. 격납건물에서는 냉각 기능 상실로 고온의 수증기가 만들어져 배출되었고, 지르코늄으로 만들어진 피복관과 반응하여 다량의 수소가스가 생성되었다. 수소가스는 원자로 건물 상부(2차 격납건물)에 모아져 산소와 반응하여 폭발을 일으켰다. 1, 3호기에서는 폐연료저장수조가 위치한 곳이 폭발하여 건물에 심각한 손상을 입혔고, 2호기에서는 감압수조에 손상을 입었다. 4호기에서 축적된 수소도 원자로 건물 상부에서 폭발을 일으키며 심각한 연료손상으로 상당량의 방사능 물질이 외부로 유출되었다.

[그림 1-5] 사고를 야기한 지진해일[15]   [그림 1-6] 후쿠시마 제1원자력 발전소 폭발 순간[16]

후쿠시마 제1원자력 발전소에서 세슘 137, 요오드 131이 유출되었으며, 사고 당일 INES 4등급 판정을 받았지만 사태가 악화되어 IAEA에서 5등급으로 상향 조정하였다. 이후 7등급 기준의 약 30배에 달하는 상당한 양의 방사능 물질이 유출된 것을 근거로 일본원자력안전·보안원은 이 사고를 INES 기준 7등급으로 격상하였다. 후쿠시마 원자력 발전소 사고 현장에서는 오염수가 새어나가는 것을 막기 위해 동토차수벽(凍土遮水壁) 설치를 시작하고 폐로 작업에 착수하는 등의 수습 노력이 계속 진행되고 있다.[17]

(2) 교훈의 반영

후쿠시마 원자력 발전소의 사고는 앞서의 사고들과는 달리 자연재해라는 외부적 요인과 설계상의 문제 및 인적 요소가 모두 결합된 사고라는 점에서 그 특징을 찾을 수 있다고 한다. 무엇보다 후쿠시마 원자력 발전소는 건설 당시 현실적인 지진 및 지진해일에 대한 설계기준이 자연재해가 많은 일본의 지리적 특성을 반영하지 못하였음을 사고 후 조사에서 밝혀졌으며, 안전과 관련한 중요한

---

15) https://www.bbc.com/news/world-asia-56252695

16) https://www.bbc.com/news/world-asia-56252695

17) 박우영·이상림 (2014), 23 ~ 24면.

의사결정들이 최선의 지식에 근거하지 않았고, 각국의 원자력 발전소 운영에서 습득된 교훈 및 운영 경험과 중요한 연구성과들을 반영하지 않은 채 자국이 원자력과 관련한 최고 수준의 기술을 가지고 있다는 막연한 믿음에 근거해서 원자력 발전소를 운영하였다는 점, 그리고 원자력 산업에 있어서 원자력 관련자들이 '원자력갱(nuclear gang)'이라고 불릴 정도로 긴밀한 유착관계를 가지고 있었다는 점 등은 이 사고에 있어서 인적 요소의 중요성을 나타낸다고 한다.[18]

유럽의 각국은 후쿠시마 원자력 발전소 사고 이후에 에너지 정책의 재검토에 들어가 독일, 이탈리아, 스웨덴, 스위스 등의 국가들은 원자력발전시설의 단계적 또는 즉각적 폐지를 결정하였으나 중국, 인도와 같은 아시아 국가들은 원자력 발전소의 안전성 강화를 전제로 원자력 발전시설의 유지 및 확대를 추진하고 있다.[19] 우리나라는 최근 2017년 6월 이후 "원전 중심의 발전 정책을 폐기하고 탈핵 시대로 가겠다"는 입장을 취하면서 신규 원자력 발전소의 건설을 중단하고 있으며, 이에 대해 현재 많은 논란이 일어나고 있다.[20]

후쿠시마 원자력 발전소의 사고를 바탕으로 원자력 설비의 안전성에 대한 논의가 다시 이루어졌으며, 이를 위한 기술적 개선책[21] 또한 다양하게 제시되고 있다.

많은 국가들에서 규제기관의 기능과 원자력 에너지의 활용 또는 촉진에 관여하는 기관의 기능이 실질적으로 분리되어야 한다는 원칙이 다시 한 번 강화되었다. 이러한 기본 원칙과 관련하여서는 규제기관이 그의 임무를 수행하기 위하여 그리고 자신의 독립성을 뒷받침하기 위하여 필요한 자원을 확보하여야 할 필요성이 있다. 또한 국제기구들을 중심으로 규제기관의 독립성과 투명성을 확보하기 위한 지침과 우수관행의 개발이 이루어졌다.

독립성과 함께 기술적 역량과 전문성 또한 효율적인 규제체계를 위하여 중요하고 필수적인 것으로 받아들여졌다. 전문성은 독립성, 투명성, 신뢰성과 같은

---

18) 채원호(2016), 203면.

19) 김길수(2015), 158면.

20) 미래한국, 세계와 거꾸로 가는 문 정부의 '탈원전 정책', 2017. 7. 13. (출처 : http://www.futurekorea.co.kr/news/articleView.html?idxno=41848)

원문보기

21) 그 예로는 Hasan Saygin(2011), p. 75 이하 및 NEA(2016A) 참조.

효율적인 규제기관의 다른 특성들의 바탕을 이루는 것으로서, 핵심적인 기술에 대한 전문성과 경험은 효율적인 규제기관의 기반이 된다고 받아들여지고 있다. 현재에는 많은 국가들에서 규제기관의 기술적인 전문성은 필수적이고 기본적인 조건이지만 그것만으로는 충분하지 않으며, 그밖의 보충적인 전문성이 그에 더하여 추가되어야 한다는 것이 받아들여지고 있다. 관련되는 전문성에는 조직적 및 인적 요소에 대한 지식, 규제에 대한 법적 전문성 등이 포함된다. 효과적으로 법률을 집행할 수 있는 능력과 기술 또한 규제기관의 결정이 안전의 수준에 대해 목표하고 있는 정도의 효과를 거둘 수 있기 위한 것으로, 규제기관이 결정을 내림에 있어서 중요한 요소라고 할 것이다.

또한 많은 국가들에서는 자신들의 투명성, 공개성 및 규제절차에 공공의 참여에 대한 정책을 발전시켰다. 일부 국가들은 그들의 원자력 발전소 인근의 현재 방사능 상태에 대한 정보를 온라인으로 제공하고, 그들의 상호검토결과·연간 보고서·규제관련 결정 및 그 결정에 대한 이유와 근거를 좀 더 많이 공개하도록 하는 국가정보체계를 수립하였다.[22]

나아가 후쿠시마 원자력 발전소의 사고를 통하여 안전중심 문화에 대한 강조가 다시 한 번 이루어졌다. 원자력 및 위험성이 높은 다른 산업분야에서의 주요한 사고들이 조직적 및 인적 요소에 기인하여 발생하는 경우가 많다는 점에서 이러한 주제는 특히 중요한 것으로 받아들여지고 있다. 일부 국가들은 점검 및 감독 절차에 안전중심 문화의 특성을 조직적으로 반영하였으며, 다른 규제기관들과 면허보유자들은 안전에 대한 헌신, 조직적 역량, 경험으로부터의 교훈을 습득하기 위한 의사결정 절차들에 중점을 둔 안전중심 문화에 대한 활동을 실시하였다. 예를 들어, NEA/OECD에서는 2016년 『원자력 규제기관에서의 안전문화에 대한 지침』(the Safety Culture on Effective Nuclear Regulatory Body)을 발간하였으며,[23] 이를 통하여 사람들에 대한 소통의 중요성이 강조되었다.

---

22) NEA(2016A), 29.

23) IAEA에서 2016년 간행한 『Leadership and Management for Safety』에서도 안전중심의 문화는 중요한 요소로 규정되어 있다.

그밖에 NEA/OECD에서 후쿠시마 원자력 발전소의 사고 이후 간행한 원자력 안전 관련 지침들은 다음과 같다.

- 효과적인 원자력 규제기관의 특성(the Characteristics on an Effective Nuclear Regukator, 2014)
- 자력 발전소에서의 심층방호의 시행: 후쿠시마 다이이치 원자력 발전소 사고로부터의 교훈(Implementation of Defense in Depth at Nuclear Power Plants: Lessons Learnt from Fukushima Daiichi Accident, 2016)

각국에서 취하여진 규제기관 관련 조치들을 정리하면 다음과 같다.

- 규제기관의 독립성 원칙의 강화 – 특히 규제기관의 기능과 원자력 에너지의 활용 또는 촉진에 관계된 기관 또는 단체의 기능과의 실질적인 분리
- 핵심 기술에 대한 전문성과 경험이 효과적인 규제기관의 기초가 된다는 점에 대한 강조
- 규제기관들의 투명성, 공개성 및 규제절차에 공공의 참여에 대한 정책의 개선
- 점검 및 감독 절차에 안전중심의 문화와 조직적 요인들을 체계적으로 반영
- 규정 및 규제 지침들의 개정
- 국제적 협력과 경험의 상호교환의 증대[24]

---

24) NEA(2016A), p. 29.

4 주요 시사점

　TMI 원자력 발전소의 사고는 원자력의 위험에 대한 경각심을 일깨우는 계기가 되었다고 할 것이며, 이를 기점으로 본격적인 원자력의 안전에 대한 규제가 시작되었다고도 할 수 있을 것이다. 따라서 현재의 원자력 안전에 대한 규제의 기틀은 TMI 원자력 발전소의 사고를 통하여 형성되었고, 효율적인 안전관리를 위한 규제기관의 독립성을 필요로 하는 그 전체적인 체계는 지금까지도 유지되고 있다고 할 수 있다.

　체르노빌 원자력 발전소의 사고는 원자력 발전소의 설계를 재검토하여 그 안전성을 강화하기 위한 기술적 노력과 함께 규제기관 독립성의 필요성을 다시 한 번 나타낸 것이라고 할 것이며, 사고의 발생에 인적 및 조직적 요인들이 중요한 역할을 하였다는 판단에 따라 원자력 안전 규제의 분야에 안전중심의 문화가 도입되도록 하는 계기가 되었다고 할 수 있다.

　후쿠시마 원자력 발전소의 사고는 각종의 재난에 대비하기 위한 설계상 및 기술상의 안전 요건을 강화시켰으며, 규제기관이 효율적으로 그 임무를 수행하기 위해서는 독립성, 전문성 및 투명성을 갖추어야 하고, 의사결정 절차에 이해관계자 및 공공의 참여를 촉진하여야 한다는 점에 대한 국제적인 공감대를 형성하였다는 점에서 의의를 찾을 수 있을 것이다.

원자력 관련 국제기구의 안전관리 지침 2

1 원자력 안전 규제기관에 대한 국제기구 지침의 의의

(1) 개요

원자력에 대한 안전관리는 발전소와 같은 각종 설비의 설계, 운용 등의 넓은 분야에 걸쳐 이루어지고 있으며, IAEA, NEA/OECD를 비롯한 원자력 관련 국제기구들은 이에 대한 안전관리 지침을 제정하여 각국에서 원자력 설비를 운용함에 이를 반영하도록 하고 있다.

예를 들어, IAEA에서는 전리방사능의 피해로부터 사람과 환경을 보호하기 위한 안전에 대한 국제사회의 합의를 반영하는 높은 수준의 안전기준(safety standards)을 제정하여 Safety Series를 출간하고 있다. IAEA의 Safety Series는 다음과 같은 3가지의 유형으로 구분된다.

- 안전원칙(Safety Fundamentals): 안전원칙들은 기본적인 안전목표 및 방호와 안전에 대한 원칙들을 나타내며, 안전요건의 기초를 제공한다.
- 안전요건(Safety Requirements): 통합적이고 일관적인 일련의 안전요건들은 현재와 미래의 사람과 환경을 보호하기 위하여 갖추어야 할 요건들을 설정하고 있다. 이러한 요건들은 안전원칙이 규정하고 있는 목표와 원칙들에 의해 규율된다. 만일 이러한 요건들이 준수되지 않는 경우에는 요구되는 수준의 안전을 확보하기 위한 조치들이 실시되어야 하고, 형식 및 유형은 각국의 법률 체계와 조화를 이루는 방식으로 활용되어야 한다. 일반적인 요건을 규정하는 '안전요건총론(General Safety Requirements)'과 개별적인 분야에서의 안전요건을 규정하는 '안전요건각론(Specific Safety Requirements)'은 모두 일반적으로 적용되는 요건들과 관련된 특정 분야에 적용되는 요건들을 포함하고 있다.
- 안전지침(Safety Guidelines): 안전지침은 권장되는 조치(또는 그에 상응하는 대체 조치)를 취하기 위한 국제적인 합의를 보여주며, 안전요건을 준수하기 위해 따라야 할 조언과 지침을 규정한다. 안전지침은 국제적인 모범적 방법론들을 제시하며 그들이 좀 더 최상의 방법론을 반영하도록 함으로써 이용자들이 보다 높은 수준의 안전을 확보할 수 있도록 한다.

안전기준의 체계[25]는 다음 [그림 2-1]과 같다.

[25] IAEA(2016D), p. 5.

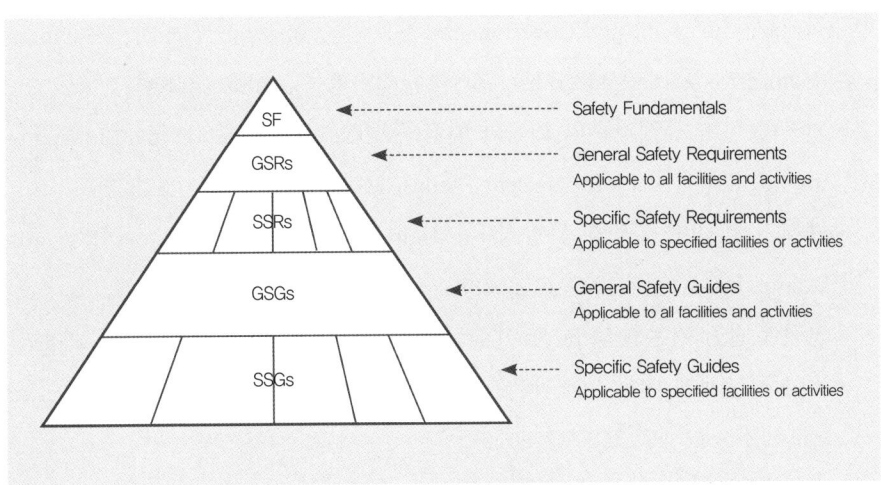

[그림 2-1] 안전기준의 체계

따라서 IAEA에서 제시하고 있는 규제기관과 관련된 안전원칙, 안전요건, 안전지침들은 모두 통합적으로 검토하여야 할 것이며, 다른 국제기구들의 지침 또한 법적인 구속력이 없는 임의적인 것이라고 할지라도 IAEA의 지침들과 함께 분석함으로써 원자력 안전 규제기관이 효율적으로 그 임무를 수행하기 위한 바람직한 조직체계의 구성 및 운영원리를 파악할 수 있을 것이다. 다음에서는 이러한 점을 바탕으로 국제기구들의 안전기준들 중 원자력 규제기관에 관하여 설정하고 있는 내용을 살펴보도록 한다.

IAEA를 비롯한 각종 국제기구의 지침 중 원자력 안전관리 체계와 관련되어 이 책에서 검토한 안전기준들을 간행 순서에 따라 정리하면 다음과 같다.

• 원자력, 방사능, 방사성 폐기물 및 운송의 안전에 관한 법적, 정부조직

적 체계(the Legal and Governmental Infrastructure for Nuclear, Radiation, Radioactive Waste and Transport Safety[GS-R-1], IAEA, 2000년)
- 원자력 설비 규제기관의 조직과 인적 구성(the Organization and Staffing of the Regulatory Body for Nuclear Facilities[GS-G-1.1], IAEA, 2002년)
- 규제기관 의사결정의 독립성(the Independence in Regulatory Decision Making[INSAG-17], INSAG, 2003)
- 안전에 관한 기본원칙(the Fundamental Safety Principles[SF-1], IAEA, 2006년)
- 원자력 문제에 대한 이해관계자의 참여(Stakeholder Involvement in Nuclear Issues[INSAG-20], INSAG, 2006)
- 효과적인 원자력 규제기관의 특성(the Characteristics of an Effective Nuclear Regulator[NEA No. 7185], NEA/OECD, 2014)
- 안전을 위한 지도 및 관리(the Leadership and Management for Safety[GSR Part 2], IAEA, 2016년)
- 안전을 위한 정부의 법령체계(the Governmental Legal and Regulatory for Safety[GSR Part 2], IAEA, 2016년)

(2) 적용범위

이러한 안전기준들은 다음과 같은 원자력의 운용활동 및 설비에 대한 기준을 제시하고 있다.[26]

- 원자력 운용활동
  - 전리방사능 물질 및 그들의 산출, 사용(예: 공업, 연구 및 의료상의 활용), 수

[26] 이는 '원자력, 방사능, 방사성 폐기물 및 운송의 안전에 관한 법적, 정부조직적 체계(GS-R-1)'의 적용범위이지만, 다른 안전기준들의 적용범위 또한 이와 큰 차이가 없다고 할 것이다.

입 및 수출
　- 방사능 물질의 운송
　- 방사능 광석(우라늄 및 토륨 광석)의 채굴 및 가공 그리고 관련 설비의 폐쇄
　- 지역의 복원
　- 방사성 폐기물 관리활동(방출 및 제거)

- 원자력 운용설비
　- 농축공장 및 연료생산공장
　- 원자력 발전소
　- 기타 발전기(연구용 발전기 및 임계실험장치)
　- 사용후 핵연료 재처리공장
　- 방사성 폐기물 관리(처리, 저장 및 배출)설비
　- 의료, 공업 및 실험 목적의 원자력 조사설비
　- 원자력 발전소의 폐쇄 및 지역의 복원

　이들은 설비의 수명이 다하거나 운용활동이 진행되는 동안, 그리고 그 이후에도 주민들에 대한 중대한 방사능의 위험이 존재하지 않게 되는 때까지의 조직적 사후 통제 기간의 모든 단계에 적용된다. 예를 들어 원자력 설비의 경우에는 통상적으로 부지의 선정에서부터 설계, 건설, 시운전, 운전 및 폐로(또는 해체 또는 폐쇄)까지에 이르는 과정이 포함된다.

　다만 이러한 안전기준들의 모든 내용이 모든 국가에 적용되는 것은 아니며, 각국은 그 국가의 특별한 환경, 설비 및 운용활동에 따르는 위험의 예상되는 특성과 정도 등을 고려하여 적절하게 응용할 수 있다.

　다음에서는 위의 각종 기준들을 바탕으로 원자력 규제기관이 효율적으로 그

임무를 수행하기 위해서 국제기구들이 제시하고 있는 사항들에 대해서 검토하고자 한다. 이를 통하여 원자력 규제기관의 가장 이상적인 모습을 파악할 수 있을 것이다.

2 원자력의 안전에 대한 기본원칙

IAEA에서는 2006년 '안전에 관한 기본원칙(Fundamental Safety Principles, 이하 'SF-1')'을 발표하여 원자력 산업의 안전을 위한 10가지의 기본적 원칙을 제시하였으며, 이들은 각 다음과 같다.

- 제1원칙(안전에 대한 책임): 안전에 대한 책임은 방사능 위험을 야기하는 설비 및 운용활동을 수행하는 개인 또는 단체가 부담하여야 한다.
- 제2원칙(정부의 역할): 규제기관의 독립성을 포함하는 효율적인 법적 및 정부 체계가 수립되고 유지되어야 한다.
- 제3원칙(안전에 대한 지도와 관리): 방사능 위험의 야기와 관련된 기관, 설비 및 운용활동에 있어서의 안전에 대한 효율적인 지도와 관리가 수립되고 유지되어야 한다.
- 제4원칙(설비와 운용활동의 정당화): 방사능 위험을 야기할 수 있는 설비 및 운용활동은 전체적인 이익에 양보하여야 한다.
- 제5원칙(방호의 최적화): 방호는 합리적으로 달성할 수 있는 최고 수준의 안전을 제공할 수 있도록 최적화되어야 한다.

- 제6원칙(개인들에 대한 위험의 제한): 방사능 위험을 제어하는 수단들은 누구도 수인할 수 없는 위해의 위험을 부담하지 않도록 하여야 한다.
- 제7원칙(현재 및 장래 세대의 보호): 현재와 장래의 사람들 및 환경은 방사능 위험으로부터 보호되어야 한다.
- 제8원칙(사고의 예방): 원자력 또는 방사능 사고의 위험을 방지하고 그를 경감하기 위한 실질적인 모든 노력이 기울여져야 한다.
- 제9원칙(재난에의 대비와 대응): 원자력 또는 방사능 사고에 대한 재난대비 및 대응을 위한 준비가 이루어져야 한다.
- 제10원칙(규제되지 않는 방사능 위험에 대한 예방적 조치): 규제되지 않는 방사능 위험을 경감하기 위한 예방적 조치가 정당화되고 최적화되어야 한다.

이러한 10가지의 원칙 중에서 원자력 규제기관과의 관련성이 높은 원칙은 제1원칙(안전에 대한 책임), 제2원칙(정부의 역할)과 제3원칙(안전에 대한 지도와 관리)이라고 할 것이다. 이에 대한 상세한 내용을 살펴보면 다음과 같다.

(1) 제1원칙(안전에 대한 책임)

이는 원자력 설비 또는 원자력 운용활동을 수행하는 개인 또는 단체가 안전에 대한 일차적인 책임을 부담하는 것을 원칙으로 하고 있으며(SF-1 제3.3조), 설계자·생산자 및 건설자·피용자·계약자·송하인 및 운송자인 또한 안전에 대하여 법적·직업적 또는 기능에 따른 책임을 부담하도록 하고 있다(SF-1 제3.5조).

이러한 책임은 규제기관에 의하여 승인되거나 수립된 안전목표와 안전요건에 따라 이행되어야 하며, 그들의 이행은 관리체계의 실행을 통하여 확보되어야 한다(SF-1 제3.6조).

또한 방사능 폐기물의 관리는 수 세대에 걸치는 것이기 때문에 면허소지자(또는 규제기관)의 의무 이행은 현재 및 장래 세대와 관련하여 고려되어야 한다. 책임의 지속성과 장기간의 재정충당에 대한 규정 또한 제정되어야 한다(SF-1 제3.7조).

(2) 제2원칙(정부의 역할)

이는 규제기관의 독립성을 포함하는 효율적인 법적 및 정부 체계가 수립되고 유지되어야 한다는 것을 내용으로 한다.

적절하게 수립된 법적 및 정부조직적 체계는 방사능 위험을 야기하는 설비 및 운용활동에 대한 규제를 수행하며 명확하게 책임을 분배한다. 정부는 그의 국가적 책임 및 국제적 의무를 효과적으로 수행하기 위해 필요할 수 있는 방법들과 법률, 규칙 및 그밖의 표준들을 해당 국가법 체계 내에 포섭시켜야 할 책임과 독립적인 규제기관을 수립할 책임을 부담한다(SF-1 제3.8조).

정부기관들은 재난 시 조치, 방사성 물질의 환경 유출에 대한 감독 및 방사능 폐기물의 처분 등을 포함하는 방사능 위험을 감소시킬 수 있는 사업활동에 대한 준비가 이루어지도록 하여야 한다. 정부기관들은 천연 방사능 물질, 분실·도난 등의 이유로 규제를 받지 않는 '고아 방사능 물질' 및 과거의 설비 및 운용활동으로부터 산출된 방사능 잔류물과 같이 어떠한 단체도 책임을 부담하지 않는 방사능 물질에 대해 통제를 하여야 한다(SF-1 제3.7조).

안전에 대한 일차적인 책임은 면허소지자에게 있으나, 정부 및 규제기관은 방사능 위험으로부터 사람들과 환경을 보호하기 위한 표준을 설정하고 규제체계를 수립하는 데에 중요한 책임을 지고 있다. 따라서 그러한 책임을 이행하기 위하여 규제기관에게 요구되는 사항들은 다음과 같다(SF-1 제3.10조).

- 규제기관의 책임을 이행하기 위해 적절한 법적 권한, 기술적 및 관리적 전문성, 인적 및 재정적 자원을 가지고 있어야 한다.
- 면허소지자 및 다른 기관들과 실질적으로 독립되어 있어야 하며, 따라서 이해관계자들의 부적절한 압력으로부터 자유로워야 한다.
- 인근의 주민들, 일반인들 및 다른 이해관계자들에게 정보를 제공할 적절한 수단과 설비와 운용활동 및 규제절차의 (보건 및 환경의 관점을 포함한) 안전에 대한 정보제공 매체를 적절하게 설정하여야 한다.
- 필요한 경우 인근 주민, 일반인 및 다른 이해관계자들에게 공개적이고 포괄적인 절차를 통하여 자문을 제공하여야 한다.

면허소지자가 정부의 기관인 경우에, 그 기관은 규제기능에 대한 책임을 지고 있는 정부의 기관과 분리되고 실질적으로 독립되어 있다는 점이 명확히 파악되어야 한다(SF-1 제3.11조).

(3) 제3원칙(안전에 대한 지도와 관리)

이는 안전에 대한 효율적인 지도와 관리가 방사능 위험의 야기와 관련된 기관, 설비 및 운용활동에 수립되고 유지되어야 한다는 것을 내용으로 하고 있으며, 안전중심의 문화 또한 중요하게 다루고 있다.

안전에 대한 문제에 있어서 지도력이 조직의 최고위 단계에서 발현되어야 한다. 안전은 효율적인 관리체계에 의해 달성되고 유지되어야 한다. 그러한 체계는 관리의 모든 요소를 통합하여, 안전을 위한 요건들이 수립되고 인적 성과, 품질 및 보안과 같은 다른 요건들과 통합적으로 적용되고 다른 요건들 또는 요청들에 의하여 안전이 침해받지 않도록 되어야 한다. 관리체계는 또한 안전중심문화의 촉진, 안전확보 활동의 정기적인 평가 그리고 경험으로부터 습득한 교훈의 적용을 확보할 수 있어야 한다(SF-1 제3.12조).

관련된 모든 개인과 단체들의 안전과 관계된 태도 및 행동을 규율하는 안전중심 문화가 관리체계에 통합되어 있어야 한다. 안전중심문화에는 다음의 것들이 포함된다(SF-1 제3.13조).

- 모든 단계에서의 지휘, 관리 및 인력의 측면에서의 개별적이고 집합적인 안전에 대한 헌신
- 안전에 대한 모든 단계에서의 단체 및 개인의 책임
- 항상 의문을 품고 배우려는 태도를 장려하고 안전에 대하여 자기만족을 지양하려는 태도를 촉진하는 수단

기술적인 측면과 조직적인 측면에서 모든 단계의 개인들과의 전방위적인 상호작용에 대한 인식은 관리체계의 중요한 요소이다. 인적 및 조직적 실수를 방지하기 위해서는 인적 요소들을 고려하여야 하며 우수한 이행 및 우수한 관행에 대한 지원이 이루어져야 한다(SF-1 제3.14조).

3 안전을 위한 조직의 관리체계

IAEA는 2016년 『안전을 위한 지도 및 관리』(Leadership and Management for Safety, 이하 'GSR Part 2')를 간행하였다. 이는 방사능 위험을 야기하는 설비 및 운용활동, 방사능 위험과 관련된 조직의 안전에 대한 지도 및 관리를 수립하고, 평가하며, 유지하고 지속적으로 개선시키기 위하여 필요한 요건들을 설정하는 것이다. 이러한 조직들에는 규제기관, 그밖의 관할권 있는 기관 및 설비 및 운용활동에 책임이 있는 기관들이 포함된다(GSR Part 2 제1.1조).

이는 설비 및 운용활동에 대한 IAEA의 안전요건(Safety Requirements)인 '설비 및 운용활동의 관리체계(Management System for Facilities and Activities, 2006)'를 대체하는 것으로서, 그동안 발생한 사건으로부터의 경험을 고려하여 2006년의 개념을 발전시킨 것이다. 여기에서는 안전에 대한 지도력, 안전에 대한 관리, 통합된 관리체계 및 조직적 접근법이 적절한 안전조치를 특정하고 적용함에 있어서 그리고 강력한 안전중심 문화를 촉진함에 있어서 핵심적이라는 점을 강조하고 있다(GSR Part 2 제1.2조).

이 안전지침에서는 5개의 영역[27]에 대하여 모두 14가지의 요건을 규정하고 있으며, 다음에서는 그 중 원자력 규제기관과 관련이 있는 사항들을 살펴보고자 한다.

(1) 안전에 대한 지도

> 요건 2(안전에 대한 관리자들의 지도력의 발현): 관리자들은 안전에 대한 지도력과 안전에 대한 헌신을 보여주어야 한다.

---

[27] 이는 ① 안전에 대한 책임, ② 안전에 대한 지도, ③ 안전을 위한 관리, ④ 안전 중심의 문화, ⑤ 평가 및 개선이다.

조직의 고위 관리자들은 다음을 수행함으로써 안전에 대한 지도력을 보여주어야 한다(GSR Part 2 제3.1조).

- 중요성에 따라 관심을 받는 방호 및 안전에 관계된 주제들을 최우선적인 것으로 규정하는, 안전에 대한 조직적 접근의 수립·옹호 및 준수
- 안전이 사람, 기술 및 조직의 상호작용을 포괄하고 있다는 사실에 대한 인식
- 행동에 대한 기대 수준의 설정 및 강력한 안전 중심 문화의 촉진
- 조직 내 모든 개인들의 측면에서의 안전과 관계된 개인적 책임의 수용 및 모든 단계에서 안전의 우선적 위치와 안전에 대한 책임을 고려한 결정의 수립

조직의 모든 단계의 관리자들은 자신들의 의무를 고려하여 그들의 지도력에 다음의 사항이 포함되도록 하여야 한다(GSR Part 2 제3.2조).

- 조직의 안전에 대한 정책과 일치하는 안전 목표의 수립, 그들의 책임 영역 내에서 안전 달성과 관련된 정보의 적극적 모색 및 안전 달성에 대한 헌신의 표현
- 그들의 결정, 발언 및 행동을 통한 조직 내에서의 안전에 대한 개인적 및 제도적 가치와 기대의 향상
- 안전과 관련된 문제에 대한 보고의 장려, 의문을 가지고 학습하려는 태도의 촉진 및 안전에 반하는 행동들과 상황의 개선

나아가 조직의 모든 단계의 관리자들은 다음과 같은 태도를 표명하여야 한다(GSR Part 2 제3.3조).

- 모든 사람들이 안전목표를 달성하고 자신들의 임무를 안전하게 이행하도록 격려하고 지원하여야 한다.
- 안전수행을 강화함에 있어서 모든 사람들에 대해 관여하여야 한다.
- 안전과 관련된 결정의 근거에 대하여 명확하게 밝힌다.

(2) 안전을 관리체계에 통합시키기 위한 책임

① 지도력

> 요건 3(관리체계에서 고위 관리자의 책임): 고위 관리자들은 안전을 확보하기 위한 관리체계를 수립, 적용, 유지 및 지속적으로 개선하여야 할 책임을 부담한다.

따라서 고위관리자들은 관리체계의 개발, 적용 및 유지에 대한 책임이 개인에게 부과되는 경우에도 관리체계에 대한 책임을 가지고 있으며(GSR Part 2 제4.1조), 안전정책을 수립할 책임을 부담한다(GSR Part 2 제4.2조).

> 요건 4(목표, 전략, 계획 및 목적): 고위 관리자들은 조직의 안전정책과 일치하는 조직의 목표, 전략, 계획 및 목적을 수립하여야 한다.

따라서 우선순위에 있는 다른 사항들에 의하여 안전이 침해되지 않도록 조직의 목표, 전략, 계획 및 목적이 수립되어야 하고(GSR Part 2 제4.3조), 고위 관리자들은 안전에 대한 목표가 조직 내의 다양한 단계에서의 전략, 계획 및 목적과 일치하도록 하여야 한다(GSR Part 2 제4.4조).

또한 고위 관리자들은 목표(safety goals), 전략 및 계획이 안전 목적(safety objectives)에 반하지 않는지 정기적으로 검토하고 불일치를 해결하기 위해 필요한 조치들이 취하여 지도록 하여야 한다(GSR Part 2 제4.5조).

> 요건 5(이해관계자들과의 상호작용): 고위 관리자들은 이해관계자들 사이의 적절한 상호작용을 확보하여야 한다.

고위 관리자들은 그들의 조직에 대한 이해관계자들을 파악하고 그들과 상호작용을 하는 적절한 전략을 설정하여야 한다(GSR Part 2 제4.6조).

고위 관리자들은 이해관계자들과의 상호작용을 위한 전략으로부터 나오는 절차와 계획에 다음의 사항들이 포함되도록 하여야 한다(GSR Part 2 제4.7조).

- 설비의 운영과 운용활동의 수행에 관련된 방사능 위험에 대해 이해관계자들에게 정기적이고 효율적으로 정보를 제공하기에 적합한 수단
- 변경되거나 예기치 않은 상황에 대해 이해관계자들에게 적시에 그리고 효율적으로 전달할 수 있는 적절한 수단
- 안전과 관계된 필수적 정보를 인해관계자들에게 배포하기 위한 적절한 수단
- 안전과 관계된 이해관계자들의 관심과 기대를 의사결정절차에서 고려하기 위한 적절한 수단

② 관리체계

> 요건 6(관리체계의 통합): 관리체계는 안전, 보건, 환경, 보안, 품질, 인적·조직적 요소, 사회적 및 환경적 요소를 포함하는 그의 요소들을 통합하여 안전이 침해되지 않도록 하여야 한다.

따라서 관리체계는 개발, 적용 및 지속적으로 개선되어야 한다. 이는 조직의 안전 목적(safety goals)과 일치하여야 한다(GSR Part 2 제4.8조).

또한 관리체계는 다음의 활동을 통하여 목표를 안전하게 달성하고, 안전을 강화하며 강력한 안전 중심 문화를 촉진하도록 하여야 한다(GSR Part 2 제4.9조).

- 조직 및 그의 활동을 안전하게 관리하기 위해 필요한 모든 요소들을 일관적으로 통합한다.
- 조직 및 그의 활동을 관리하기 위한 합의를 규정한다.
- 모든 요건들을 충족한다는 신뢰를 제공하기 위해 필요한, 계획에 의하고 조직적인 조치를 규정한다.
- 결정에 있어서 안전이 고려되고 다른 결정에 의하여 침해되지 않도록 한다.

의사결정절차에서 발생하는 충돌을 해결하기 위한 합의가 관리체계 내에서 이루어져야 한다. 보안조치의 안전에 대한 잠재적 영향 및 안전조치의 보안에 대한 잠재적 영향이 파악되고 안전 또는 보안을 침해하지 않도록 해결되어야 한다(GSR Part 2 제4.10조).

조직적 구조, 절차, 책임, 주관적 책임(accountabilities), 권한의 단계 및 조직 내의 상호작용과 외부 조직과의 상호작용은 관리체계 내에 명확하게 규정되어 있어야 한다(GSR Part 2 제4.11조).

규제의 요건이 관리체계에 반영되어야 한다(GSR Part 2 제4.12조).

관리체계 내에 안전에 중대한 의미를 가질 수 있는 변화를 파악하고 그것이 적절하게 분석될 수 있도록 하는 준비가 이루어져야 한다(GSR Part 2 제4.13조).

관리체계 내에, 안전에 관한 중대한 결정이 내려지기 전에 독립적인 검토가 이루어질 수 있도록 하는 합의가 이루어져야 한다. 검토의 독립적인 특성 및 검토자들에게 요구되는 전문성에 대해서 관리체계 내에 명시되어 있어야 한다(GSR Part 2 제4.14조).

> 요건 7(차등적 접근법의 관리체계에의 적용): 관리체계는 차등적 접근법을 수립하고 적용하여야 한다.

관리체계의 수립과 적용에 등급을 부여하는 기준이 관리체계 내에서 문서화되어야 한다. 여기에는 다음의 사항들이 고려된다(GSR Part 2 제4.15조).

- 안전의 중요성과 조직, 설비의 운영 또는 운용활동의 복잡성
- 각 설비 또는 운용활동의 안전, 보건, 환경, 보안, 품질 및 경제적 요소들과 관련된 잠재적 영향(위험)의 정보 및 위해(危害)
- 사고 또는 예기치 못한 상황이 발생하거나 운용활동이 부적절하게 계획되거나 수행되는 경우에 발생할 수 있는 파급효과

> 요건 8(관리체계의 문서화): 관리체계는 문서화되어야 한다. 문서화된 관리체계는 사용 시에 통제, 사용, 열람, 명확한 특정 및 이용 가능하여야 한다.

관리체계에서 문서화되어야 하는 사항은 최소한 다음과 같다(GSR Part 2 제4.16조).

- 가치 및 행위기대에 대한 조직의 정책, 기본적인 안전 목적(safety objectives)
- 조직 및 그의 구조에 대한 설명
- 책임에 대한 설명
- 관리 이행 및 측정 업무에 대한 모든 상호작용과 모든 절차를 포함하는 권한의 단계
- 관리체계가 그 조직에 적용되는 규제 요건에 얼마나 부합하는지에 대한 설명
- 외부 조직 및 이해관계자들과의 상호작용에 대한 설명

문서들은 통제되어야 한다. 문서를 준비, 검토, 개정하며 승인하는 직원들은 그 임무를 수행할 수 있는 전문성을 갖추어야 하며 그들의 결과물 또는 결정에 기초가 되는 적절한 정보에 접근할 수 있어야 한다(GSR Part 2 제4.17조).

문서의 개정은 통제, 검토 및 기록되어야 한다. 개정되는 문서는 최초 문서와 동일한 정도의 승인 대상이 되어야 한다(GSR Part 2 제4.18조).

기록들은 관리체계 내에서 특정되어야 하며 통제되어야 한다. 모든 기록은 가독성 있고, 완결되며, 특징지을 수 있고 쉽게 검색할 수 있어야 한다(GSR Part 2 제4.19조).

기록 및 관련된 실험 자료와 견본들의 보존기관은 규정상의 요건과 조직의 지식관리 의무에 따라 설정되어야 한다. 기록에 이용되는 매체들은 각 기록에 특정된 보존기간 동안 그 기록의 가독성을 유지하여야 한다(GSR Part 2 제4.20조).

③ 자원의 관리

> 요건 9(자원의 공급): 고위 관리자들은 조직의 업무를 안전하게 수행하기에 필요한 전문성과 자원을 결정하고 이들을 공급하여야 한다.

고위 관리자들은 그 조직이 설비 또는 운용활동의 존속기간, 그리고 재난에 대응하는 동안에 그의 활동을 수행하고 책임을 이행하기 위하여 필요한 모든 범위의 전문성과 자원을 자체적으로 보유하거나 또는 그에 접근할 수 있도록 유지하여야 한다(GSR Part 2 제4.21조).

고위 관리자들은 조직이 안전을 확보하기 위하여 어떠한 전문성과 자원을 보유하거나 내부적으로 개발하여야 하는지, 그리고 어떠한 전문성과 자원을 외부로부터 조달할 수 있는지를 결정하여야 한다(GSR Part 2 제4.22조).

고위 관리자들은 모든 단계에서의 전문성 요건이 특정될 수 있도록 하여야 하고, 요구되는 전문성을 획득하고 유지하기 위한 훈련이 실시되거나 그밖의 조치들이 취하여지도록 하여야 한다. 훈련과 취해진 조치들의 효율성의 평가가 이루어져야 한다(GSR Part 2 제4.23조).

조직이 자체적으로 유지하여야 하는 전문성에는 다음과 같은 사항들을 포함하여야 한다(GSR Part 2 제4.24조).

- 관리의 모든 단계에서의 지도를 위한 전문성
- 강력한 안전 중심문화를 촉진하기 위한 전문성
- 안전을 확보하기 위해 설비 및 운용활동과 관련된 기술적·인적 및 조직적 측면을 이해하기 위한 전문적 지식

고위 관리자는 관리자와 작업자들을 포함하는 직원들이 다음의 사항을 갖추도록 하여야 한다(GSR Part 2 제4.25조).

- 배정된 업무를 수행하고 작업을 안전하고 효율적으로 수행할 수 있는 전문성
- 업무를 수행함에 있어서 준수할 것이 기대되는 기준에 대한 이해

조직 내의 모든 직원들은 관리체계의 관련 요건들에 맞추어 교육되어야 한다. 그러한 교육은 직원들이 자신들의 활동 관련성과 중요성을 이해하고 그들의 활동이 조직의 목표를 달성함에 있어서 안전의 확보에 어떻게 기여하는지를 이해할 수 있도록 이루어져야 한다(GSR Part 2 제4.26조).

조직의 정보와 지식은 자원으로서 다루어져야 한다(GSR Part 2 제4.27조).

④ 절차 및 활동의 관리

> 요건 10(절차 및 활동의 관리): 절차 및 활동은 안전을 침해하지 않고 조직의 목표를 달성할 수 있도록 수립되고 효율적으로 유지되어야 한다.

각 절차는 안전을 침해하지 않고 요건을 충족할 수 있도록 수립되고 관리되어

야 한다. 절차는 문서화되어야 하고 필요한 부속서류들은 보존되어야 한다. 절차에 관한 문서들은 조직의 기존 문서들과 일치되어야 한다. 각 절차에 의해 이루어진 결과를 나타내는 기록은 절차에 관한 문서 중에서 특정되어야 한다(GSR Part 2 제4.28조).

절차의 일련의 과정 및 절차들 사이의 상호작용은 특정되어 안전이 침해되지 않도록 하여야 한다. 연계절차에 있어서의 효율적인 상호작용이 확보되어야 한다. 조직 내 절차들 사이의 상호작용 및 조직에 의하여 수행되는 절차와 외부의 역무 제공자에 의하여 수행되는 절차 사이의 상호작용에 대해서는 특별한 주의가 기울여져야 한다(GSR Part 2 제4.29조).

새로운 절차 또는 기존 절차의 변경은 안전이 침해되지 않도록 설계, 검증, 승인 및 적용되어야 한다. 그들에 대한 후속적인 변경을 내포하는 절차는 그 조직의 목표, 전략, 계획 및 목적과 일치하여야 한다(GSR Part 2 제4.30조).

모든 검사, 실험, 검증 및 인증에 있어서 그들의 승인 기준 및 그러한 활동의 수행에 대한 책임은 특정되어야 한다. 독립적인 검사, 실험, 검증 및 인증이 언제 그리고 어떠한 단계에서 수행되어야 하는지 특정되어야 한다(GSR Part 2 제4.31조).

안전에 대해 의미를 가질 수 있는 각 절차 또는 활동은 사전에 이해되고 승인되어야 하며, 현재 적용되는 절차, 지침 및 도면들에 의하여 통제된 조건 하에서 수행되어야 한다. 이러한 절차, 지침 및 도면들은 그의 최초 사용 전에 검증이 되어야 하며 그들의 정확성과 효율성을 확보하기 위하여 정기적으로 검토되어야 한다. 이러한 활동들을 수행하는 직원들은 그러한 절차, 지침 및 도면의 검증과 정기적 검토에 참여하여야 한다(GSR Part 2 제4.32조).

> 요건 11(공급망의 관리): 조직은 안전에 영향을 미칠 수 있는 물품, 상품 및 용역의 제공을 특정, 감독 및 관리하는 내용의 협정을 제공자, 계약자 및 공급자들과 체결하여야 한다.

조직은 어떠한 절차에 대한 계약을 체결할 때 및 공급망을 통하여 물품, 상품 또는 용역을 수령할 때에 안전에 대한 책임을 유지한다(GSR Part 2 제4.33조).

조직은 공급되는 상품 또는 용역에 대해 명확한 이해와 지식을 가지고 있어야 한다. 조직은 상품 또는 용역의 범위 및 그에 대해 요구되는 기준을 특정할 수 있는 전문성을 보유하여야 하며 그에 따라 공급되는 상품 또는 용역이 작용되는 안전요건을 충족하는지를 평가하여야 한다(GSR Part 2 제4.34조).

관리체계는 품질인증, 선택, 평가, 주문 및 공급망의 감독에 대한 협의를 포함하여야 한다(GSR Part 2 제4.35조).

조직은 안전에 중요한 영향을 미치는 물품, 상품 및 용역의 공급자가 안전요건을 준수하고 그들의 이행에 있어서의 안전에 대한 조직의 기대를 충족하도록 하여야 한다(GSR Part 2 제4.36조).

(3) 안전중심의 문화

> 요건 12(안전 중심 문화의 촉진): 조직의 고위 관리자로부터 직원들에 이르기까지 강력한 안전 중심의 문화를 촉진하여야 한다. 안전을 위한 관리체계 및 지휘는 강력한 안전 중심의 문화를 촉진하고 유지하는 것이어야 한다.

조직의 모든 직원들은 강력한 안전 중심의 문화를 촉진하고 유지하는 데에 기여하여야 한다(GSR Part 2 5.1.).

고위 관리자들 및 다른 관리자들은 다음의 사항을 옹호하고 지원하여야 한다(GSR Part 2 제5.2조).

- 작업 및 작업 환경과 관련된 방사능 위험 및 위해에 대한 인식, 방사능 위험 및 위해로부터의 안전에 대한 중요성의 이해, 집단으로서 및 개인으로서 안전에 대한 집합적인 헌신을 포함하는 안전 및 안전 중심 문화에 대한 통일적인 이해
- 안전에 대한 직원들의 태도 및 행동에 대한 개인적 책임의 인수
- 신뢰, 협력, 자문 및 의사교환을 지원하고 증진하는 조직적 문화
- 취하여진 조치에 대한 적시의 파악 및 보고를 포함한, 안전의 저하를 회피하기 위한 기술적·인적 및 조직적 요소와 관련된 문제의 보고 및 조직구조, 체계 및 요소의 결함에 대한 보고
- 조직의 모든 단계에서 의문을 가지고 학습하려는 태도를 장려하고 안전에 대한 자기만족을 피하기 위한 조치
- 조직이 안전을 강화하고 강력한 안전 중심의 문화를 촉진하고 유지하고 조직적 접근법을 모색하기 위한 방법
- 모든 활동에 있어서의 안전 지향적인 결정
- 안전 중심의 문화와 보안 중심의 문화 사이의 의견의 교환 및 조합

(4) 평가 및 개선

> 요건 13(관리체계의 측정, 평가 및 개선): 관리체계의 효율성은 안전과 관련된 위험 발생의 최소화를 포함하는 안전확보활동을 강화하기 위하여 측정, 평가 및 개선되어야 한다.

의도된 결과를 달성하기 위한 조직의 역량을 확정하고 관리체계의 개선을 위한 기회를 파악하기 위하여 관리체계의 효율성은 관측되고 측정되어야 한다(GSR Part 2 제6.1조).

모든 절차는 그들의 효율성과 안전을 확보하는 역량을 파악하기 위하여 정기적으로 평가되어야 한다(GSR Part 2 제6.2조).

방사능 위험을 야기할 수 있는 절차 미준수의 원인 및 안전과 관련된 사고의 원인은 평가되고 그 연쇄작용은 통제되고 경감되어야 한다. 미준수의 원인을 제거하고 그와 유사한 안전과 관련된 사고의 발생을 방지하거나 또는 그 연쇄작용을 경감시키기 위한 개선조치가 결정되어야 하고, 개선조치는 적시에 이루어져야 한다. 취하여진 모든 개선조치와 예방조치의 상황과 효율성은 관측되어야 하며 조직의 적절한 단계의 관리자에게 보고되어야 한다(GSR Part 2 제6.3조).

관리체계에 대한 독립적인 평가와 자체적인 평가는 그의 효율성을 파악하고 그 개선의 기회를 파악하기 위해 정기적으로 이루어져야 한다. 교훈 및 그 결과로서의 중대한 변경은 그들의 안전에 대한 의미가 분석되어야 한다(GSR Part 2 제6.4조).

관리체계에 대한 독립적인 평가를 수행하기 위한 책임이 배분되어야 한다. 그러한 책임이 부여된 조직, (내부적이든 외부적이든) 기관 및 개인들에게는 그들의 의무를 이행하기에 충분한 권한이 부여되어야 하며 고위관리자에게 직접적으로 연결되어야 한다. 나아가 관리체계에 대한 독립적인 평가를 실시하는 개인들은 그들의 계통관리의 책임 하에 있는 영역에 대한 평가를 이행하는 책임을 부담하지 않아야 한다(GSR Part 2 제6.5조).

고위 관리자들은 새로운 요건과 조직의 변화를 고려하여 관리체계의 적합성과 효율성 및 조직의 목적을 달성하기 위한 역량을 확정하기 위하여 계획된 기간에 따라 정기적으로 관리체계를 검토하여야 한다(GSR Part 2 제6.6조).

관리체계는 다음 사항에 대한 평가 및 적시의 이용을 포함하여야 한다(GSR Part 2 제6.7조).

- 조직 내외를 불문하고, 경험과 발생한 사고로부터의 교훈 및 사고 원인의 파악을 통하여 습득한 교훈
- 기술적 진보 및 연구 개발의 성과
- 우수한 관행으로부터의 교훈

조직은 조직의 발달과 개선을 위하여 성공과 장점으로부터의 교훈을 받아들일 수 있는 준비를 하여야 한다(GSR Part 2 6.8).

> 요건 14(안전 및 안전 중심 문화에 대한 지도력의 측정, 평가 및 개선): 고위 관리자들은 그들 조직의 안전 및 안전 중심의 문화에 대한 지도력을 정기적으로 평가하여야 한다.

고위 관리자들은 안전 및 안전 중심의 문화에 대한 지도력의 자체평가가 조직

의 모든 단계 및 조직의 모든 기능을 포함하도록 하여야 한다. 고위 관리자들은 인정된 전문가들을 통하여 그러한 자체평가가 지도력 및 안전 중심의 문화에 대한 평가가 이루어지도록 하여야 한다(GSR Part 2 제6.9조).

고위 관리자들은 안전 및 안전 중심문화에 대한 지도력의 독립적인 평가가 조직의 안전에 대한 문화를 심화시킬 수 있도록 (즉, 조직의 문화가 안전과 관련되고 조직 내의 강력한 안전 중심의 문화를 촉진하도록) 수행되게 하여야 한다(GSR Part 2 제6.10조).

안전 및 안전 중심의 문화의 지도력에 대한 자체평가 및 독립적 평가의 결과는 조직의 모든 단계에 전달되어야 한다. 그러한 평가의 결과는 강력한 안전 중심의 문화를 촉진하고, 안전을 위한 지도력을 개선하고, 조직 내에 학습하려는 태도를 촉진하기 위하여 활용되어야 한다(GSR Part 2 제6.11조).

4 안전에 있어서의 국가의 역할

원자력 산업의 안전을 위한 입법부, 행정부를 포괄하는 국가의 역할에 대해 기본적인 사항을 규정하고 있는 것은 IAEA가 2000년에 간행한 『원자력, 방사능, 방사성 폐기물 및 운송의 안전에 관한 법적, 정부조직적 체계』(the Legal and Governmental Infrastructure for Nuclear, Radiation, Radioactive Waste and Transport Safety, 이하 'GS-R-1')다. 이는 안전원칙들의 목표를 달성하고 안전원칙들을 적용하기 위해 필요한 원자력 설비, 전리방사능 물질의 안전, 방사선으로부터의 방호, 방사성 폐기물의 안전한 관리와 방사능 물질의 안전한 수송을 위한 법적 및 정부조직적 기반에 관한 기본적인 요건들을 규정하는 것으로서 이전의 『원자력 발전소의 안전지침: 정부조직』(Code on the Safety of Nuclear Power Plants: Governmental Organization, 1988)과 『방사성 폐기물관리를 위한 국가체계수립의 안전기준』(the Safety Standards on Establishing a National System for Radioactive Waste Management, 1995)을 대신한다. 나아가 이는 IAEA가 2016년에 새로이 간행한 『안전을 위한 정부의 법령체계』(the Governmental Legal and Regulatory for Safety, 이하 'GSR Part 1')에 의하여 그 내용이 보충되었다.

국가들은 상이한 법적 구조를 가지고 있으므로, IAEA의 안전기준에서의 '정부'는 광범위한 의미로 이해되므로 '국가'의 개념과 상호 혼용된다(GSR Part 1 제2.1조).

(1) 국가의 정책과 전략

정부는 기본적인 안전목적(safety objectives)을 달성하고, 안전원칙(Safety Fundamental)에서 규정하고 있는 기본적인 안전원칙을 준수하기 위한 국가의 안전에 대한 전략과 정책을 수립하여야 하고, 이러한 전략과 정책의 시행은 국가적 상황에 따라, 그리고 관련 설비 및 운용활동의 방사능 위험에 따라 차등적 접근 방식으로 이루어져야 한다.

원자력 안전에 대한 국가의 규제제도는 통제의 대상이 되는 위험의 잠재적 강도와 특성에 맞추어 조직되고 그에 필요한 자원이 제공되어야 한다(GS-R-1 제2.1조). 따라서 정부는 상이한 도구, 법률 및 규정들을 이용하여 안전에 대한 국가 정책을 수립한다. 전형적으로, 정부에 의해 설계된 규제기관이 규제활동과 그의 규정과 국가의 기준에 의해 수립된 전략을 통하여 정책을 실행할 책임을 진다. 정부는 규제기관의 특정한 책임과 책임의 배분을 결정한다. 예를 들어, 정부는 법률을 제정하고 안전에 대한 정책을 수립하고, 규제기관은 전략을 수립하고, 그러한 법률과 정책을 실현하는 규정들을 시행한다. 나아가 정부는 안전과 재난 대비 및 대응에 있어서 상이한 정부기관들의 책임과 역할을 특정하는 법률을 제정하고 정책을 수립함에 대하여 규제기관은 효과적인 협력을 이루는 체계를 수립한다. 원자력 안전에 있어서의 국가의 역할은 이러한 맥락에서 이해되어야 할 것이지만 특정한 국가의 상황에 따라 유연한 해석이 필요할 수 있다(GSR Part 1 제2.2조).

국가의 안전에 대한 전략과 정책은 안전에 대한 장기간의 헌신을 나타내어야 한다. 국가의 정책은 정부의 의도를 실행하는 것이어야 한다. 전략은 국가의 정책을 실현하는 것이어야 한다. 국가의 정책과 전략에 있어서 다음의 사항에 대한 고려가 이루어져야 한다(GSR Part 1 제2.3조).

- 기본적인 안전원칙(Fundamental Safety Principles)에서 규정하고 있는 기본적인 안전목적과 기본적인 안전원칙
- 협약 및 그밖의 관련 국제기구들의 지침과 같은 법적 규약(legal instrument)의 준수
- 안전을 위한 정부, 법 및 규제 체계 범위의 상세
- 인적 및 재정적 자원의 수요 및 공급
- 연구 및 개발의 수행 및 체계
- 사회적 및 경제적 발전을 고려할 수 있는 적절한 체계
- 안전 중심의 문화를 포함한 안전을 위한 지도와 관리의 촉진

안전을 위한 국가의 정책과 전략은 방사선원의 이용을 포함한 설비 및 운용

활동과 관련된 방사능 위험이 정부 또는 규제기관의 적절한 주의를 받을 수 있도록, 국가의 상황에 따라 차등적 접근법에 따라 시행되어야 한다(GSR Part 1 제2.4조).

(2) 안전을 위한 체계의 수립

원자력 설비와 운용의 안전을 확보하기 위하여 사전에 충족되어야 하는 전제조건들이 있으며, 이를 위해 국가의 입법 및 행정 체계가 갖추어야 할 사항들은 다음과 같다(GS-R-1 제2.2조).

- 법령의 체계는 설비와 운용에서의 안전을 규율할 수 있도록 제정되어야 한다.
- 규제기관은 원자력 기술의 진흥을 담당하거나 설비 또는 운용에 대한 책임이 있는 기관 또는 조직으로부터 실질적으로 독립적으로 설치되고 유지되어야 한다. 이를 통하여 안전과 충돌할 수 있는 이해관계자들로부터의 압력을 받음이 없이 규제에 관한 결정을 내리고 이를 집행할 수 있게 된다.[28]
- 규제기관에게는 수권, 진단 및 측정, 검사 및 집행 그리고 안전 원칙, 기준, 규정 및 지침을 제정할 수 있는 책임이 부여되어야 한다.
- 규제기관에는 적절한 권능과 권한이 부여되어야 하며 책임을 이행할 수 있도록 충분한 인원과 재정이 확보되어야 한다.
- 규제기관의 책임을 위태롭게 하거나 그러한 책임과 충돌할 우려가 있는 책임들을 규제기관에 부여하여서는 안된다.
- 폐로, 해체 또는 폐쇄, 지역 복구, 사용후 핵연료 및 방사성 폐기물의 안전한 관리를 위해 기반시설들 사이에 적절한 협의가 이루어져야 한다.

---

28) 이러한 독립성의 요건을 갖추지 못한 다른 기관이 원자력 설비 및 운용활동에 대한 수권절차에 관여하는 경우가 있을 수 있다. 그러한 경우에도 규제기관의 안전에 관한 권한 및 독립성 등의 효력은 유지되어야 할 것이며 규제절차 내에서 변경될 수 없다(GS-R-1 제2.5조).

- 방사능 물질의 안전한 수송을 위해 기반시설들 사이에 적절한 협의가 이루어져야 한다.
- 정부의 재난에의 대응 및 대처를 위한 역량의 효율적인 체계가 수립되어야 하며 재난에의 대비가 확보되어야 한다.
- 안전에 영향을 미치는 물리적 방호를 위한 기반시설들 사이에 적절한 협의가 이루어져야 한다.
- 원자력 또는 방사선 사고가 발생하는 경우에 그러한 사고로 부터 야기되는 부상 또는 손해를 고려하여 피해자를 위한 적절한 재정적 보상의 협의가 이루어져야 한다.
- 설비 및 운용의 안전을 위하여 필요하지만, 다른 기관들이 제공할 수 없는 기술적 부분에 대해서는 충분한 기술적인 기반시설이 제공되어야 한다.

각국은 원자력, 방사능, 방사성 폐기물 및 수송의 안전에 대한 효율적인 통제를 위한 법령을 시행하여야 하며, 이러한 법령이 갖추어야 하는 사항들은 다음과 같다(GS-R-1 제2.4조).

- 현재 및 장래의 방사능 위험으로부터 개인, 사회 및 환경을 보호하기 위한 목적을 설정하여야 한다.
- 법령의 적용 범위에 포함되는 설비, 운용방법 및 물질 그리고 법령의 특정한 부분의 요건에서 제외되는 것이 무엇인지를 특정하여야 한다.
- 설비 및 운용과 관련되는 잠재적인 위험의 정도와 특성을 고려하여 수권과 (신고 및 면제와 같은) 그밖의 절차를 수립하고 그 절차의 단계를 특정하여야 한다.
- GS-R-1 제2.6조에서 규정하고 있는 권한을 가지고 있는 규제기관을 설치

하여야 한다.
- 규제기관을 위한 적절한 재정을 마련하여야 한다.
- 설비의 철거 또는 규제 조치의 절차를 특정하여야 한다.
- (안전을 위태롭게 하지 않는) 규제기관의 결정을 검토하고 그에 대하여 이의를 제기하는 절차를 수립하여야 한다.
- 복수의 운전자 사이에 운용활동의 승계가 이루어지는 경우 책임의 지속성이 유지되고 책임의 이전이 기록될 수 있도록 하여야 한다.
- 정부 및 규제기관에 대하여 전문적인 의견을 제시하고 자문을 제공할 수 있는 독립적인 자문기관을 설립하도록 하여야 한다.
- 안전과 관련된 영역에서 중요한 역할을 수행하는 연구 및 개발이 수행할 수 있도록 하는 방법을 마련하여야 한다.
- 원자력 피해에 대한 손해배상책임을 규정하여야 한다.
- 모든 책임에 대한 금융담보 제공에 관한 협의를 하여야 한다.
- 방사성 폐기물 관리 및 해체에 대한 재정적 지원에 관한 책임과 의무를 설정하여야 한다.
- 위반행위와 그에 대한 제재가 무엇인지를 규정하여야 한다.
- 국제조약, 협약 및 협정에 따른 의무를 이행하여야 한다.
- 일반인들 및 다른 기관들이 규제절차에 어떻게 관계되는지를 규정하여야 한다.
- 기존의 설비 및 현재 이루어지고 있는 운용활동에 대해 새로운 요건들이 적용되는 경우 그의 적용범위와 성격을 특정하여야 한다.

GSR Part 1에서는 안전을 위한 효율적인 정부, 법률 및 규제의 체계를 수립하기 위한 법령을 시행하도록 규정하고 있으며, 이를 위하여 다음의 사항을 규정하는 법률을 제정하도록 하고 있다(GRS Part 1 제2.5조).

- 현재와 장래의 (개별적으로 그리고 집합적으로) 사람들과 사회 및 환경의 방사능으로부터의 보호
- 안전을 위한 체계의 범위 내에 포함되는 설비와 운용활동의 유형
- 차등적 접근법에 따른 설비의 운영 및 활동의 수행에 필요한 수권의 유형
- 새로운 설비 및 운용활동의 근거 및 적용가능한 의사결정 절차
- 이해관계자들의 관여 및 그들의 의견을 의사결정 절차에 반영하기 위한 규정
- 설비 또는 운용활동에 있어서의 안전에 대한 법적 책임을 개인 또는 단체에 부과하고 운용활동이 복수의 개인 또는 단체에 의하여 승계적으로 이루어지는 경우 그 책임의 지속성을 유지하기 위한 규정
- 규제기관의 설립
- 차등적 접근법에 의한, 설비 및 운용활동의 검토 및 평가에 관한 규정
- 규정의 시행(또는 제정의 준비)과 그 시행을 위한 지침의 준비를 위한 규제기관의 권한 및 책임
- 차등적 접근법에 의한, 설비 및 운용활동에 대한 검사 및 규제의 집행을 위한 규정
- 규제기관의 결정에 대한 이의에 관한 규정
- 원자력 또는 방사능 재난에 대한 대비 및 대응에 관한 규정
- 핵안보와의 연계에 대한 규정
- 원자력 물질에 대한 책임을 부담하고 그를 통제하는 체계와의 연계에 대한 규정
- 국가적으로 안전을 확보하기 위하여 필요한 전문성을 확보하고 유지하기 위한 규정

- 방사능 폐기물 및 사용후 핵연료의 관리, 설비의 폐쇄 및 운용활동의 중단에 대한 재정 지원에 대한 책임과 의무
- 규제의 면제에 관한 기준
- 위반행위 및 그에 따른 제재의 상세
- 원자력 물질 및 방사능 물질의 수출입에 대한 통제 및 그들에 대한 국경 내 그리고 승인된 방사능 물질 수출의 경우와 같이 가능한 한도 내에서 국경 외에서의 추적

(3) 규제기관의 설립

GSR Part 1에서는 독립적인 규제기관을 설립하고 유지하는 것을 국가의 의무 중 하나로 규정하고 있으며, 그러한 규제기관이 원자력 이용 설비 및 원자력 운용활동에 대한 통제를 하기 위하여 필요한 법적인 권한을 수여하고, 필요한 전문성과 자원을 제공하여야 함을 규정하고 있다.

물론 독립적인 규제기관이 정부의 다른 기관들과 전적으로 분리되는 것은 아니다. 정부는 의사결정에 있어서 정당하고 승인된 이해관계를 가지고 있는 당사자들의 관여에 대한 궁극적인 책임을 지고 있다. 그러나 정부는 규제기관이 설비 및 운영활동에 대한 규제를 가한다는 그의 규정상의 의무에 대한 결정을 내릴 수 있도록 하고 부당한 압력이나 제약을 받지 않고 자신의 역할을 수행할 수 있도록 하여야 한다(GSR Part 1 제2.7조).

규제기관이 의사결정에 있어서 부당한 영향력으로부터 실질적으로 독립할 수 있도록 하기 위하여 국가가 갖추어야 할 요건들은 다음과 같다(GSR part 1 제2.8조).

- 충분한 권한과 전문성 있는 직원을 보유하여야 한다.
- 책임을 적절하고 적시에 이행하기 위해 필요한 재정자원을 충분히 활용할 수 있어야 한다.
- 운영 중 및 사고 발생 시, 설비 및 운용활동이 규제를 면하게 될 때까지의 존속기간 동안의 모든 단계에서 규제기관이 독립적으로 규제에 관한 판단과 결정을 내릴 수 있도록 하여야 한다.
- 정치적 상황 또는 경제적 환경에 의하거나 정부부처, 수권 받은 당사자(면허보유자)들 또는 다른 단체들로부터의 압력으로부터 자유로워야 한다.
- 설비 및 운용활동의 안전에 대한 문제에 관하여 정부 부처와 정부 기관들에게 독립적인 자문과 보고를 할 수 있어야 한다. 여기에는 정부의 최고위층에의 접촉이 포함된다.
- 협력을 증진하고 규제와 관련된 정보 및 경험을 교환하기 위하여 다른 국가의 규제기관 및 국제기구들과 직접적으로 연락할 수 있어야 한다.

국가는 설비 및 운용활동의 안전을 규율하는 규제기관의 책임을 이행하는 데에 장해를 일으키거나 그와 충돌할 수 있는 책임을 규제기관에게 부여하여서는 안된다(GSR Part 1 제2.9조).

규제기관의 직원들은 설비 및 운용활동과 수권 받은 당사자(면허보유자)들과 규제목적을 위해 필요한 이상으로 직접적이거나 간접적인 이해관계를 가져서는 안된다(GSR Part 1 제2.10조).

정부의 부처 또는 정부의 기관이 승인 받은 설비들을 운영하거나 승인 받은 운용활동을 수행하는 수권의 주체인 경우에는, 규제기관은 그 수권 받은 당사자와 분리되어야 하며, 실질적으로 독립되어 있어야 한다(GSR Part 1 제2.11조).

규제기관은 수권 당사자 또는 신청자가 개인이든 단체이든, 그들에게 다음의 사항을 제공하도록 하는 협의를 체결하기 위하여 필요한 권한을 부여받아야 한다(GSR Part 1 제2.13조).

- 공급자들로부터의 정보를 포함한 안전과 관련된 모든 필요한 정보, 그러한 정보가 기업비밀인 경우도 해당된다.
- 단독으로 또는 수권 당사자 내지 신청자와 함께 설계자, 공급자, 생산자, 계약자 또는 수권 당사자와 관련이 있는 운영 단체의 부지에 대한 검사를 위한 출입

(4) 안전에 대한 일차적인 책임

위험물질을 관리하는 경우 그에 대한 책임은 그 관리주체가 부담하는 것이 원칙이다. 따라서 국가가 원자력 산업의 안전관리를 위한 정책을 실시하거나 그를 위한 기관을 운영하는 경우에도 그에 대한 원자력 산업 종사자들의 책임이 감면되는 것은 아니다. 이를 명확히 하기 위하여 정부는 설비 또는 운용활동에 책임이 있는 개인이나 단체에 안전에 대한 일차적인 책임이 있음을 명시적으로 법령에 규정하여야 하고, 규제기관에게 그러한 개인이나 단체들로 하여금 규정된 규제의 요건을 충족하도록 하며, 그러한 준수를 표명하도록 하기 위하여 필요한 권한을 부여하여야 한다. 또한 정부는 규제기관에 의하여 설정되거나 채택된 규정 및 요건의 준수가 설비와 운용활동에 책임이 있는 개인 또는 단체의 안전에 대한 일차적인 책임을 면제하는 것이 아님을 명문화하여야 한다. 이와 관련한 국가의 역할은 다음과 같다.

원자력 설비 및 운용활동에 대한 안전을 규율하는 입법부와 행정부 및 규제기

관의 책임에도 불구하고 안전에 대한 일차적인 책임은 운전자 등에게 귀속된다. 운전자 등은 필요한 경우 오염된 지역의 복구를 포함하여, 그의 설비의 지역선정·설계·건설·시운전·운전·폐로·해체 또는 폐쇄에 있어서의 안전을 확보할 책임과 방사능 물질을 사용·수송 또는 취급하는 활동의 안전을 확보할 책임을 부담한다. 원자력 폐기물을 생산하는 기관들은 자신들이 생산한 방사능 물질의 안전한 관리에 대한 책임을 부담한다. 방사능 물질의 운반 중에 있어서 안전은 일차적으로 승인된 포장에 의하여 좌우되며, 적절한 포장방식의 선택과 사용에 대한 책임은 송하인(送荷人, consignor)에게 있다. 규제기관이 요구하는 요건을 충족하였다고 하여 운전자 등의 안전에 대한 일차적 책임이 면제되는 것은 아니다. 운전자 등은 규제기관에 대하여 안전에 대한 책임을 준수하고 있으며 계속적으로 준수할 것임을 보고하여야 한다(GS-R-1 제2.3조).

안전을 위한 법체계는 설비의 존속기간 동안 그리고 운용활동의 지속기간 동안 수권 당사자가 안전에 대한 일차적 책임을 유지하도록 그리고 이러한 일차적 책임을 양도할 수 없도록 수립되어야 한다. 안전에 대한 책임은 설비 또는 운용활동의 일반적인 책임의 공식적인 변경이 있거나 규제기관의 승인이 있는 경우에는 다른 수권 당사자에게 이전될 수 있다. 나아가 안전에 대한 책임은 설계자, 공급자, 생산자 및 건설자, 피용자, 계약자, 송하인과 운송인들과 같은 수권 당사자와 관계있는 다른 사람들에게, 그들의 활동이나 상품이 안전에 대해 중요한 의미를 갖는 한도에서 확장될 수 있다. 그러나 어떠한 경우에도 이러한 책임의 확장이 수권 당사자의 일차적인 안전에 대한 책임을 면제하는 것은 아니다. 수권 당사자는 상품과 용역이 그에 대한 기대를 충족시키는지 그리고 그들이 규제의 요건을 충족하는지를 검증할 책임을 진다(GSR Part 1 제2.14조).

안전에 대한 일차적인 책임은 설비의 존속기간 및 운용활동의 지속기간 동안, 그들이 규제의 통제를 면할 때까지의 모든 단계, 즉 설비에 대한 부지의 평가,

설계, 건설, 시운전, 운전, 중단 및 폐로(또는 방사능 폐기물 처리설비의 폐쇄)의 경우에 확장될 수 있다. 이러한 안전에 대한 일차적 책임은 필요한 경우 방사능 폐기물의 관리 및 사용후 핵연료에 대한 관리의 책임, 오염된 지역의 제염에 대한 책임을 포함한다. 여기에는 또한 방사능 물질과 방사성 선원의 생산, 사용, 보관, 운송 또는 취급에서 이루어지는 활동에 대한 책임이 포함된다(GSR Part 1 제2.15조).

설비 또는 운용활동에 대한 책임이 있으며 안전에 대한 일차적 책임을 지는 개인 또는 단체는 적극적으로 과학 및 기술의 발전 그리고 경험의 환류를 통한 관련 정보를 파악하여 이러한 안전에 있어서의 진보가 실용적인 것으로 되도록 하여야 한다(GSR Part 1 제2.15A조).

방사성 폐기물이 생산되는 설비 또는 운용활동에 대한 책임을 지는 개인 또는 단체는 폐기물의 특성평가 및 방사능 폐기물의 보관을 포함하는 방사능 폐기물의 관리에 대한 책임을 부담한다(GSR Part 1 제2.16조).

(5) 관련 기관들 사이의 협력

원자력의 경우에는 다수의 다양한 기관들이 관여하는 바, 원자력 안전 규제에 대하여도 여러 국가기관이 관할권을 갖는 경우가 있을 수 있다. 만일 책임과 역할이 중첩되는 경우에는 상이한 기관 사이에 충돌을 야기할 수 있고, 수권 당사자 또는 신청자에게 부과되는 요건이 충돌하게 될 수 있다. 이는 결과적으로 규제기관의 권한을 약화시키고 수권 당사자 또는 신청자 측에게 혼란을 야기할 우려가 있다(GSR Part 1 제2.19조). 따라서 정부는 복수의 관청이 안전에 대한 책임을 가지고 있는 경우, 누락 또는 불필요한 중복을 회피하고 수권 당사자들에게 부여된 요건의 충돌을 회피하기 위하여 그들의 규제기능의 효율적인 조정을 위한 규정을 제정하여야 한다.

원자력의 안전 규제에 복수의 기관이 관련되는 경우, 정부는 안전을 위한 정부부처, 법률 및 규제의 체계 내에서 각 기관의 책임과 역할을 명확히 구분하여야 한다(GSR Part 1 제2.6조). 나아가 수권의 절차에 복수의 관청이 관여하는 경우, 규제의 요건이 일관적으로 그리고 부당한 변경 없이 적용되어야 한다(GSR Part 1 제2.12조).

좀 더 구체적으로, 안전을 위한 규제 체계 내에서 복수의 관청이 안전에 대한 책임을 부담하고 있는 경우에, 각 기관들의 역할과 책임은 관련 법률에서 명확하게 특정되어야 한다. 정부는 다음과 같은 영역에 관계된 다양한 관청들 사이의 적절한 협력과 소통이 이루어지도록 하여야 한다(GSR Part 1 제2.18조).

- 작업자들과 일반인들의 안전
- 환경의 보호
- 원자력의 의료, 공업 및 연구에의 활용
- 재난 대비 및 대응
- 방사능 폐기물의 관리(정부의 정책수립 및 정책의 실행을 위한 전략 포함)
- 원자력 손해에 대한 배상책임(관련 협약 포함)
- 핵안보
- 원자력 물질에 대한 책임 및 통제 체계
- 물의 사용과 식량의 소비에 대한 안전
- 토지이용, 계획 및 건축
- 원자력 물질 및 방사능 물질을 포함한 위험한 물질의 수송
- 방사능 광석의 채굴 및 처리

• 원자력 물질과 방사능 물질의 수입과 수출에 대한 통제

이러한 협력과 연락은 양해각서, 적절한 의사교환과 정기적 회의에 의하여 달성될 수 있다. 이러한 협력은 일관성을 달성하고 관청들로 하여금 상호간의 경험을 통하여 이익을 얻는 데에 도움이 될 수 있다.

5 원자력 안전 규제기관

(1) 역할

모든 국가의 원자력 규제기관의 기본적인 목적은 그들의 국가 내에서 원자력에너지의 평화적인 이용과 관련한 활동이 안전한 방식으로, 국제적인 안전원칙에 따라 그리고 환경을 최대한 배려하면서 이루어지도록 하는 것이다.

GS-R-1 제2.2조에 의할 때 국가는 독립적인 원자력 안전 규제기관을 설립하여야 하는 바, 그러한 규제기관이 수행하여야 하는 역할에 대해서도 GS-R-1과 GSR Part 1은 다음과 같이 상세하게 규정하고 있다.

이러한 규제기관의 책임은 안전을 위한 정부와 법체계 내에서, 그리고 그에 따라 이행되어야 한다. 규제절차는 설비의 존속기간 또는 운용활동의 지속기간 내에 계속적으로 이루어져야 한다(GSR Part 1 제4.2조).

규제기능의 목적은 규제의 요건에 따라 안전을 검증하고 평가하는 것이다. 규제기능의 수행은 차등적 접근법에 따라, 설비 및 운용활동과 관련된 방사능 위

험에 비례하여야 한다. 규제절차는 설비 및 운용활동이 규제의 대상에서 벗어나는 때까지 높은 수준의 신뢰를 제공하여야 한다. 즉, 다음과 같은 사항에 대한 신뢰를 형성하여야 한다(GSR Part 1 제4.3조).

- 안전이 최적화되어, 운용의 이익과 사람 및 환경에 대한 잠재적 영향이 고려된다.
- 설비 및 운용활동에 대해 수행되는 안전평가는 적절한 수준의 안전이 확보되었음과 설계자, 수권 당사자 및 규제기관에 의해 수립된 안전의 목적 및 기준이 일치함을 나타낸다.
- 현장 평가는 설계요건과 현장의 상태가 일치하며, 안전한 설비의 운영 및 운용활동을 지원하는 지역의 민간 기반시설의 적절성을 확인한다.
- 설비들은 관련 규제 요건을 충족하도록 설계되고 건설되어 있다.
- 설비와 운용활동은 안전평가에서 특정되고 권한에 의하여 수립된 한계와 조건 내에서 운영되고 수행되며, 운영은 적절한 관리체계 하에서 안전하게 이루어진다.
- 수권 당사자는 설비 또는 운용활동이 규제의 대상에서 벗어나는 때까지 어떤 상황에서도 설비의 운영 또는 운용활동의 수행이 안전하게 이루어질 수 있도록 하는 인적, 조직적, 재정적 및 기술적 역량을 갖추고 있다.
- 설비의 운영 중단 및 폐로(또는 계속적 제도적 통제의 종료) 및 운용활동의 종료는 규제의 요건에 따라 이루어진다.

원자력의 안전을 위한 규제기관은 다음과 같은 권한을 갖는다(GS-R-1 제2.6조).

- 안전의 원칙과 기준을 수립한다.

- 규정을 제정하고 지침을 수립한다.
- 모든 운전자 등으로 하여금 안전도 평가를 실시하도록 한다.
- 모든 운전자 등에게 규제를 위하여 필요한 정보를 제공하도록 하며 여기에는 공급자들로부터의 정보가 포함되고 나아가 그러한 정보가 기밀에 해당하는 경우에도 제공되어야 한다.
- 설비 및 운영활동을 위한 권한을 부여, 변경하거나 정지 내지 취소하며 그에 대한 조건을 설정한다.
- 설비의 운전기간 동안 운전자 등으로 하여금 조직적인 안전도 재평가 또는 정기적인 안전진단을 실시하도록 한다.
- 조사를 실시하기 위하여 언제든지 지역 또는 설비에 출입한다.
- 운전자 등이 규제의 요건을 충족하도록 조치를 취한다.
- 규제기관의 효율적인 기능 수행을 위하여 필요하다고 인정되는 경우에 더욱 높은 단계의 정부기관과 직접적으로 소통한다.
- 필요하고 적절한 경우에는 공·사의 기관 또는 개인으로부터 문서와 의견을 수합한다.
- 일반인들에게 규제의 요건, 결정 및 의견과 그의 근거에 대하여 독립적으로 소통한다.
- 필요한 경우, 다른 정부기관, 국가 및 국제기구들 그리고 일반인들에게 사고 및 이상 징후의 발생에 대한 정보 그리고 그밖의 정보를 제공한다.
- 보건 및 안전, 환경보호, 치안 그리고 위험한 물품의 수송과 같은 영역에 관여하는 정부 및 비정부 기구와 소통하고 협력한다.
- 협력을 증진하고 규제에 대한 정보를 교환하기 위하여 다른 국가의 규제기관 및 국제기구들과 소통한다.

나아가 규제기관은 다음과 같은 추가적인 기능을 수행할 수 있으며, 규제기관이 이러한 기능들을 수행함에 있어는 부가적인 기능이 자신의 주된 기능과 충돌하지 않고 안전에 대한 운전자 등의 일차적인 책임이 감면되지 않도록 주의를 기울여야 한다(GS-R-1 제3.5조).

- 원자력 설비의 내부 및 외부에서의 독자적인 방사능 측정
- 독립적인 검사 및 품질관리 조치
- 규제기능을 지원하기 위한 안전과 관련된 연구 및 개발의 시행, 협력 및 감독
- 개인별 방사능 측정치 및 의료진단의 제공
- 핵확산 방지에 대한 감독
- 산업안전에 대한 통제

이러한 규제기관의 권한은 동시에 그의 책임이 되기도 하며, 따라서 규제기관은 각종 기준 등의 제정, 관련 기관들과의 협력 및 정보제공의 의무를 부담한다.
법령상의 의무를 이행하기 위하여 규제기관은 규제조치의 근거로서의 정책, 안전 원칙 및 관련 기준을 제정하여야 하며(GS-R-1 제3.1조), 구체적으로는 다음과 같은 의무를 부담한다(GS-R-1 제3.2조).

- 규제조치의 근거가 되는 규정 및 지침을 제정, 채택하여야 하며 이를 홍보하여야 한다.
- 필요한 경우, 운전자 등이 수권 전 및 운전 중 정기적으로 제출하는 안전에 대한 보고서를 검토하고 평가한다.

- 다음의 사항을 명확하게 규율하고 있는 조건에 따라 운전자 등에게 권한을

부여하거나 그 내용을 변경하며, 그를 유예 또는 취소하여야 한다.
- 수권의 범위에 포함되는 설비, 운용활동 또는 자원의 목록
- 안전과 관련된 변경에 관한 규제기관에의 신고
- 설비, 장비, 방사능원 및 직원에 대한 운전자 등의 의무
- (수권기간 동안의 방사선 선량 또는 배출한도, 행동의 한계 또는 한계수준과 같은) 운전 및 사용에 대한 모든 제한
- 기존의 또는 예정된 있는 폐기물 관리 설비의 방사성 폐기물 처리절차에 대한 적응기준
- 운전자 등이 규제기관으로부터 부여 받아야 하는 그밖의 권한
- 사고발생 보고의 요건
- 운전자 등이 규제기관에게 제출하여야 하는 보고사항
- 운전자 등이 보관하여야 하는 기록 및 그 기록이 보존되어야 하는 기간
- 재난대비를 위한 협정

• 안전규제를 위한 검사를 실시하여야 한다.
• 안전하지 않거나 잠재적으로 위험한 상황이 발견된 경우에는 개선조치가 이루어질 수 있도록 하여야 한다.
• 안전요건에 반하는 사항을 발견한 경우에는 필요한 조치를 취하여야 한다 (GS-R-1 제3.2조).

나아가 GS-R-1 제3.2조에 규정된 주된 책임을 이행하기 위한 절차와 관련하여 규제기관은 다음과 같은 의무를 갖는다(GS-R-1 제3.3조).

• 권한의 부여, 신고의 접수 또는 면제의 허가 또는 규제조치의 해제 등과 같

은 신청을 처리하기 위한 절차를 수립하여야 한다.
- 수권의 조건을 변경하기 위한 절차를 수립하여야 한다.
- 운전자 등에게 안전도 평가의 실시 및 제출 또는 기타 안전과 관련하여 필요한 정보에 대한 지침을 제공하여야 한다.
- 비밀에 해당하는 정보가 보호될 수 있도록 하여야 한다.
- 신청의 거부에 대한 이유를 제시하여야 한다.
- 다른 관할권 있는 정부기관, 국제기구 및 일반인들과 소통하고 그들에게 정보를 제공하여야 한다.
- 운전의 경험이 적절하게 분석되고 그로부터의 교훈이 전파될 수 있도록 한다.
- 설비와 운용에 관한 적절한 기록들이 보관되고 검색될 수 있도록 한다.
- 자신의 규제 원칙과 기준들이 적절하고 유용한 것이 되도록 하여야 하고, 이를 위해 국제적으로 승인된 표준들과 권고들을 고려하여야 한다.
- 조직적인 안전도 재평가 또는 정기적인 안전진단에 관한 요건을 수립하고 운전자 등에게 이를 알려야 한다.
- 설비와 운용의 안전과 관련된 문제에 대하여 정부에 조언을 하여야 한다.
- 설비 및 운용의 안전에 대한 책임이 있는 직원의 전문성을 확인하여야 한다.
- 운전자 등에 의하여 안전이 적절하게 관리되고 있음을 확인하여야 한다.

또한 규제기관은 다른 관련 기관들과 협력하여야 하며, 그들에게 조언을 행하고 필요한 경우, 다음과 관련한 안전에 대한 정보를 제공하여야 한다(GS-R-1 제3.4조).

- 환경보호
- 공중보건 및 직업보건

- 재난대응계획의 수립 및 대비
- 방사성 폐기물 관리(국가정책 결정 포함)
- 공공책임(제3자의 책임에 관한 국내법 및 국제협약의 시행 포함)
- 물리적 방호 및 안전조치
- 용수의 이용 및 식량의 소비
- 토지의 이용 및 계획의 수립
- 위험한 물품의 수송에 있어서의 안전

(2) 독립성

GS-R-1에서는 국가로 하여금 독립적인 규제기관을 설립하도록 하였으며, 그밖의 각종 국제협정[29] 및 IAEA의 안전요건들에서 규제기관 독립성의 중요성에 대하여 기술하고 있다. 이에 더하여 IAEA에서는 2002년『원자력 설비 규제기관의 조직과 인적 구성』(Organization and Staffing of the Regulatory Body for Nuclear Facilities, 이하 'GS-G-1.1')을 간행하여 규제기관의 조직구성 등에 대한 기준을 제시하며 규제기관의 독립성을 강조하였다. 이들에 의하면 규제기관의 기능은 원자력 에너지의 촉진 또는 이용과 관련된 다른 기관 또는 조직이나 다른 이해관계 있는 기관들로부터 실질적으로 독립되어 있어야 한다는 점이 중요하다. 기능적 독립성은 규제기관이 부적절한 영향을 받음이 없이 규제에 관한 독립적인 의사결정을 내릴 수 있도록 하는 바탕을 형성한다. 여기에는 독립적이고, 투명하며, 균형 있고 편중되지 않는 규제에 관한 결정을 내리고 그러한 결정을 사람들에게 인식시키는 것이 포함된다.[30]

규제기관이 독립을 확보하여야 하는 일차적인 이유는 규제기관의 결정과 조

---

29) the Convention on Nuclear Safety 등

30) NEA(2014), p. 14.

치가 안전과 충돌할 수 있는 이해관계자들의 압력으로부터 자유롭게 이루어질 수 있도록 하는 것이며, 나아가 일반인들의 규제기관에 대한 신뢰에는 규제기관이 그 규제대상 기관들로부터 그리고 정부기관 및 원자력 기술 촉진 산업체들과도 독립되어 있다고 여겨지는지의 여부가 큰 비중을 차지하고 있기 때문이라고 한다(GS-G-1.1 제2.2조).

물론 규제기관이 정부의 다른 기관들로부터 완벽하게 독립적일 수 없다는 사실은 일반적으로 받아들여지고 있다. 즉, 규제기관은 다른 정부기관들 및 민간 단체들이 그러하듯이 국가의 법률체계와 예산의 범위 내에서 기능을 수행하여야 한다. 그럼에도 불구하고 규제기관이 신뢰성과 효율성을 얻기 위해서는 작업자들, 일반인들 및 환경의 방사능으로부터의 방호에 필요한 결정을 내림에 있어서 실질적으로 독립성을 갖추어야 한다(GS-G-1.1 제2.3조). 그러나 규제기관이 독립성을 갖출 필요가 있다는 사실이 규제기관이 운전자들 또는 다른 당사자들과 적대적인 관계를 가져야 한다는 것을 의미하는 것은 아니다(GS-G-1.1 제2.4조).

여러 국제적 안전기준들에서는 정부가 의사결정에서 실질적으로 독립되어 있고, 그의 의사결정에 부당하게 영향을 미칠 수 있는 책임 또는 이해관계를 가지고 있는 주체와 기능적으로 분리되어 있는 규제기관을 설립하고 유지하여야 함을 규정하고 있다. 이는 규제기관이 그의 책임을 이행함에 있어서 그의 실질적인 독립성을 유지할 수 있도록 하는 의무를 국가에 부여하는 것이다. 규제기관의 직원은 그들의 개인적인 견해를 떠나 안전과 관련된 그들의 역할을 수행하는 것에 중점을 두어야 할 것이다. 직원의 전문성은 규제기관에 의해 실질적으로 독립적인 의사결정이 이루어지도록 하는 데에 있어서 필수적인 요소이다(GSR Part 1 제4.6조).

규제기관은 이해관계자들의 충돌을 방지하거나, 정당하게 해결하여야 하며,

그럴 수 없는 경우에는 정부 및 법체계 내에서 이를 해결할 수 있는 방법을 모색하여야 한다(GSR Part 1 제4.7조).

규제기관의 실질적인 독립성을 유지하기 위해서, 새로운 직원을 수권 당사자로부터 채용하는 경우에는 특별한 주의가 기울여져야 하며 규제기관의 독립성, 규제의 관점 및 안전에 대한 고려가 그들의 훈련에서 강조되어야 한다. 규제기관은 그의 직원이 직업적으로 그리고 안전과 관련된 권한의 범위 내에서 업무를 수행하도록 하여야 한다(GSR Part 1 제4.8조).

규제기관의 실질적인 독립성을 유지하기 위하여, 규제기관은 이해관계자들과의 관계에 있어서, 설비 또는 운용활동이나 그의 촉진에 대한 책임을 지고 있는 단체 또는 기관들과 명확히 분리되어야 한다(GSR Part 1 제4.9조). 그러나 규제기관이 독립성을 갖는다고 하여 고립적으로 운영되어야 한다는 것을 의미하는 것은 아니므로 언제나 모든 이해관계자들과 공개적인 논의를 하여야 한다.

실질적인 독립성을 가지고 있는 규제기관은, 규제기관의 잠재적 비용을 불문하고, 심각한 방사능 위험을 나타내고 있는 설비 또는 운용활동에 개입하는 그의 권한을 행사하여야 한다(GSR Part 1 제4.10조).

규제기관이 독립성을 갖는다고 하는 경우 독립성의 의미에 대해서는 다양한 해석[31]이 가능할 것이지만, GS-G-1.1에서는 다음과 같은 관점을 바탕으로 독립성의 여부를 판단하고 있다.[32]

- 정치적 관점이다. 정치체계는 규제기관과 원자력 기술을 발전시키거나 이를 촉진시키는 다른 기관들과의 사이에서의 책임과 의무를 명확하고 실질적으로 분리할 수 있어야 한다. 이러한 관점에서, 독립과 책임 사이의 경계가 설정되어야 한다. 규제기관은 안전과 관련된 결정을 내림에 있어서 정치적 영향력 또는 압력을 받아서는 안된다. 그러나 규제기관은 작업자들, 일

---

31) INSAG(2003), p. 3에서는 이러한 독립성의 특성을 ① 부당한 외부적 영향력으로부터의 차단, ② 과학 및 입증된 기술과 관련 경험을 바탕으로 하고 그 결정의 근거에 대한 명확한 설명이 수반되는 결정, ③ 법적 및 기술적 기준에 관한 일관성과 예측가능성, ④ 투명성과 추적가능성이라고 설명하고 있다.

32) NEA(2014), pp. 14~15에서는 이러한 독립성을 정치적 독립성, 재정적 독립성 및 기술적 독립성으로 구분하고 있다.

반인들 및 환경을 부적절한 방사능의 위험으로부터 보호하여야 할 책임을 부담한다. 이러한 책임을 이행할 수 있도록 하는 방법 중의 하나는 규제기관과 정부의 최고위층이 직접적으로 연결되는 보고체계를 수립하는 것이다. 규제기관이 원자력 기술을 발전시키거나 이를 촉진시키는 기관 또는 조직의 일부인 경우에는, 안전을 가장 중요한 임무의 하나로 하고 있으며 이해관계자들 사이에 충돌이 발생하는 경우에 이를 해결하는 것에 대한 명확한 책임을 가지고 있는 고위직과 연결될 수 있는 경로를 가지고 있어야 할 것이다. 나아가 이러한 책임은 안전에 대하여 중립적이고 객관적인 특정한 결정을 함에 있어서 규제기관의 독립성을 손상시켜서는 아니 된다(GS-G-1.1 제2.6조).

- 법적 관점이다. 안전과 관련된 규제기관의 기능과 독립성은 국가의 법령체계(즉, 원자력 에너지와 관련된 법률과 시행령 등)내에 규정되어 있어야 한다. 규제기관은 안전과 관련된 법령을 발의하거나 제정할 수 있는 권한을 가짐으로써 입법자에 의해 제정되는 법률에 영향을 미칠 수 있어야 한다. 규제기관은 또한 집행조치에 대한 결정을 포함하는 결정을 내릴 수 있는 권한을 가지고 있어야 한다. 규제에 관한 결정에 대하여 이의를 제기할 수 있는 공식적인 체계가 존재하여야 하며, 이의 제기에 대한 요건들이 사전적으로 규정되어 있어야 한다(GS-G-1.1 제2.7조).

- 재정적 관점이다. 규제기관은 적절한 자원과 권한 및 권능을 부여받아야 하며, 그에게 부여된 책임을 이행하기에 적절한 직원과 재정적 자원을 확보할 수 있도록 되어야 한다. 규제기관이 원칙적으로는 정부의 다른 기관들과 마찬가지로 동일한 재정 통제의 대상이 됨이 인정되고 있다고 하더라도, 규제기관의 예산은 원자력 기술을 발전시키거나 이를 촉진하는 책임이 있는 정부기관의 예산 검토 및 승인의 대상이 되어서는 아니 된다(GS-G-1.1 제2.8조).

- 전문성 관점이다. 규제기관은 안전에 대한 그의 책임과 관련된 영역에서 독자적인 기술적 전문성을 가지고 있어야 한다. 따라서 규제기관의 관리조직은 규제기관의 기능을 수행하는 데에 필요한 것으로 여겨지는 능력과 기술적 전문성을 가지고 있는 직원을 채용할 수 있는 독자적인 책임과 권한을 가지고 있어야 한다. 이에 더하여, 규제기관은 안전과 관련된 기술의 발전에 대한 인식을 유지하고 있어야 한다. 규제기관의 규제에 관한 결정을 내림에 있어서의 지원을 받기 위해, 운전자 또는 원자력 산업으로부터의 재정지원 및 그밖의 지원으로부터 외부의 독립된 기술적 전문의견 및 자문을 얻기 위하여 규제기관은 전문적 의견 및 자문을 제공하고 연구 및 개발사업을 위한 계약을 수주하는 독립적인 자문기관을 설립하고 재정지원을 행할 수 있는 권한을 가져야 한다. 특히 규제기관은 공·사의 조직 또는 개인으로부터 필요하고 적절한 보고서와 의견을 받을 수 있어야 한다(GS-G-1.1 제2.9조).
- 정보공개 관점이다. 규제기관의 책임 중의 하나는 일반에게 정보를 공개하는 것이다. 규제기관은 규제요건, 결정 및 의견과 이들이 기초하는 근거에 대하여 일반인들과 독립적으로 소통을 할 수 있는 권한을 가져야 한다. 일반인들은 규제절차가 이루어지고 그에 관한 결정이 공개적으로 이루어지는 경우에만 원자력 기술의 안전한 이용에 대하여 신뢰를 가질 것이다. 정부의 기관들은 독립적인 전문가들과 주요한 이해관계자들(예: 원자력 산업, 노동자 및 일반인)을 대표하는 전문가들이 안전 및 그와 관련된 문제들에 대한 그들의 의견을 밝힐 수 있는 체계를 수립하여야 한다. 전문가들이 발견한 사항은 일반에 공개되어야 한다(GS-G-1.1 제2.10조).
- 국제협력의 관점이다. 규제기관은 협력 및 규제 관련 정보의 교환을 촉진하기 위하여 다른 국가의 규제기관 및 국제기구들과 상호 교류할 수 있는 권

한을 가지고 있어야 한다(GS-G-1.1 제2.11조).

(3) 조직구성

규제기관은 그의 책임이행과 기능의 수행을 효율적으로 할 수 있도록 그 조직을 구성하고 자원을 관리하여야 한다. 이는 설비 및 운용활동의 방사능 위험과 비례하는 방식으로 이루어져야 한다. 다만 규제기관의 조직구조는 국가의 법적 체계와 관행에 따라 국가별로 차이가 있을 수 있다. IAEA의 안전기준은 규제기관의 기능에 근거하여 조직구조에 대한 일반적인 지침을 제공하지만, 안전과 관련된 문제에 대해 적절한 규율을 제공하는 다른 조직구조가 효율적일 수 있음을 인정한다(GS-G-1.1 제3.3조).

규제기관에 의하여 수행되어야 하는 주요한 기능은 규정 및 지침의 제정·점검 및 평가·권한의 부여·검사 및 집행이다. 규제기관은 또한 재난관리 및 일반인들에 대한 정보 제공에 대한 기능과 책임을 갖는다. 나아가 운전상의 경험의 반영은 원자력 설비의 안전한 운전에 대해 중요한 정보를 제공한다. 따라서 규제기관은 자국 및 타국의 운전상 경험의 반영을 통한 교훈을 최대한 활용할 수 있도록 조직되어야 한다. 조직의 규모가 큰 경우에는 이러한 각 기능들이 규제기관 내의 개별적인 부서에 분산될 수 있다. 조직의 각 개별적인 부서들은 고유한 전문가들을 보유할 수 있다. 그러나 특정한 기능에 대한 책임을 부여 받은 각 조직 부서들이 필요한 전문적 기술을 활용할 수 있도록 하기 위하여 전문가들을 관계망을 통하여 묶는 것이 종종 실질적이고 효율적이다. 평가 및 검사 기능의 사이에는 특히 통합과 상호 연결이 필요하다(GS-G-1.1 제3.4조). 또한 규제기관은 원자력 설비 내 및 그 인근에서의 독립적인 방사능 측정 그리고 그의 규제기능을 지원하기 위한 원자력과 관련된 연구 및 개발의 주도, 협력 및 감독과 같은 추가적인 기능을 수행할 수 있다(GS-G-1.1 제3.5조).

규제기관은 책임의 이행과 기능의 수행을 효율적이고 효과적으로 수행할 수 있도록 조직되어야 한다. 규제기관은 자신이 규제하여야 하는 설비와 운영활동의 특성 및 크기에 맞춘 조직규모를 갖추어야 하며 자신의 책임을 이행하기 위해 필요한 권한 및 적절한 자원을 제공받아야 한다. 다만, 규제기관의 조직구조 및 규모는 많은 요인들에 의하여 영향을 받기 때문에 모든 국가가 단일한 조직모형을 따르도록 하는 것은 적절하지 않다. 규제기관의 정부에 대한 보고경로는 원자력 또는 방사능 관련 기술의 촉진을 담당하고 있는 기관 또는 조직, 또는 원자력 설비와 운용에 책임을 지고 있는 기관 또는 조직으로부터 실질적으로 독립되어 있어야 한다(GS-R-1 제4.1조). GS-G-1.1에서는 이러한 GS-R-1 제4.1조의 내용을 그대로 이어받아 규제기관은 자신의 책임과 기능을 효율적이고 효과적으로 이행할 수 있는 조직구조를 갖추어야 한다. 규제기관은 자신의 규제대상인 설비와 운용활동의 범위와 특성에 맞춘 조직구조와 규모를 갖추어야 하고 그의 책임을 이행하기에 적합한 자원을 제공받고 필요한 권한을 부여 받아야 한다. 규제기관의 조직구조 및 규모는 많은 요소들에 의하여 영향을 받으며, 모든 국가에 대해 단일한 조직적 모형을 요구하는 것은 적절하지 않다. 규제기관의 정부조직에 대한 보고체계는 원자력 또는 방사능 관련 기술을 촉진하는 책임이 있거나 그러한 설비 또는 운용활동에 책임이 있는 기관 또는 단체로부터 실질적으로 독립되어 있어야 한다(GS-G-1.1 제3.1조)라고 규정하고 있다.

규제기관은 그에게 부여된 규정상의 의무를 효과적으로 이행할 수 있도록 조직을 구성하고 그의 가용자원을 관리할 책임을 진다. 규제기관은 차등적 접근법에 따라, 설비 및 운용활동의 방사능 위험에 비례하여 자원을 배분하여야 한다. 따라서 관련된 방사능 위험이 매우 낮은 경우에는 규제기관이 규제의 일부 또는 전부에서 특정한 활동을 제외하는 것이 적절할 것이며, 관련된 방사능 위험이 관련성이 매우 높은 경우에는 규제기관은 수권이 있기 전의 신청된 설비 및 운용활동과 그 수권 이후의 사항에 대해서도 상세한 검토를 수행하는 것이 적절할 것이다(GSR Part 1 제4.5조).

규제기관의 조직구조와 규모 그리고 그 직원의 기술적 수준은, 규제기관이 조직설립의 초기단계에 그의 규제활동을 준비함에서부터 완벽하게 활동을 수행하는 단계에 이르는 여러 단계를 거치면서 변화할 것이다. 규제기관의 조직구조와 구성요소는 원자력 설비의 장소 선정 · 설계 · 건설 · 시운전 · 운전 및 폐쇄 또는 폐기물 처리시설의 폐쇄에 이르는 기간 중의 어느 때에 발생하는 주요한 문제를 해결하고 효율적으로 활동을 할 수 있도록 되어야 한다(GS-G-1.1 제3.2조).

만일 규제기관이 하나 이상의 조직으로 구성되는 경우에는, 불필요한 중복이 발생하거나 흠결이 발생하지 않도록 그리고 운전자 등에게 부과되는 요건이 충돌하지 않도록 하기 위하여 규제의 책임과 기능이 명확하게 규정되고 조율되도록 효과적인 조정이 이루어져야 한다. 조사 및 측정과 검사 및 집행의 주된 기능은 일관성을 유지하고 필수적인 의견의 수집과 정보의 교환이 이루어 질 수 있도록 조직되어야 한다. 나아가 원자력, 방사능, 방사성 폐기물 및 수송의 안전과 같은 상이한 분야에 관여하는 책임 있는 기관들은 효율적으로 협력하여야 한다(GS-R-1 제4.2조).

규제기관의 조직구조가 어떠하든지, 모든 직원들이 한 곳에서 근무하는지 또는 지휘부가 일부의 직원과 함께 국가 내의 다른 지역에 위치하는지에 대한 결정이 이루어져야 한다. 그러한 결정을 함에 있어서, 설비의 유형 및 지리적 분포, 현장으로 이동의 용이성 및 비용, 다른 정부기관과의 인접 필요성, 검사관들이 그들의 임무를 수행하기 위하여 소요되는 시간 및 지원기관들과의 근접성과 같은 요소들이 고려되어야 한다(GS-G-1.1 제3.8조).

① 관리체계

규제기관이 자신의 규정상 의무를 이행하기 위해서는 자신의 규제대상인 원자력 설비의 안전에 대한 높은 수준의 규제를 달성하고 이를 유지하기 위한 규제관리체계를 수립하여야 하며(GS-G-1.1 제3.9조), 그러한 관리체계의 절차는 공개되고 투명하게 이루어져야 한다 또한 규제기관의 관리체계는 지속적으로 평가되고 개선되어야 한다(GSR Part 1 제4.14조). 이러한 규제기관 관리체계의 많은 부분은 일반적인 공·사조직에서의 관리체계와 유사하다. 효과적이고 효율적인 규제관리체계를 수립하기 위해서는 안전에 있어서의 규제기관 및 운용주체의 상이한 기능과 책임에 대한 명확한 이해가 필요하다. 규제관리체계를 수립함에 있어서 규제기관은 자신의 주요한 기능을 파악하여야 하며, 주된 기능으로부터 파생되어 나오는 지원기능과 통제기능을 고려하여야 한다(GS-G-1.1 제3.10조).

규제기관의 관리체계는 다음의 3가지의 목적을 갖는다(GSR Part 1 제4.15조).

- 규제기관에게 부여된 책임이 적절하게 이행되도록 한다.
- 안전과 관련된 활동에 대한 계획을 수립하고, 통제하며 감독함으로써 규제기관의 업무수행을 유지하고 개선한다.
- 개인적으로든 단체적으로든 안전과 관련된 지도력과 바람직한 태도 및 행동을 개발하고 보완함으로써 규제기관 내에 안전 중심의 문화를 촉진한다.

관리체계는 그 책임을 이행하고 기능을 수행함에 있어서 규제기관이 효율성을 유지하도록 하여야 한다. 여기에는 안전강화를 촉진하는 것과 신뢰를 형성할 수 있도록 적절하고 시기에 맞고 비용을 절감하는 방법으로 그의 의무를 이행하는 것이 포함된다(GSR Part 1 제4.16조).

관리체계는 일관성 있는 방식으로, 규제기관에게 부여된 규정상의 의무가 수행되고 있음에 대한 신뢰를 주기 위하여 필요한 계획적이고 조직적인 조치를 특정하여야 한다. 나아가 규제의 요건은 규제기관의 관리체계의 좀 더 일반적인 요건과 함께 고려되어야 하며, 이는 안전이 침해되는 것을 방지하는 데에 도움이 된다(GSR Part 1 제4.17조).

② 직원 구성 및 교육

규제기관이 그 활동에 있어서 실질적으로 독립성을 확보하기 위해서는 독자적으로 그 역할을 수행할 수 있을 정도의 전문성을 갖추어야 할 필요가 있음은 앞서 본 바와 같으며, 따라서 규제기관의 직원의 구성 또한 규제기관의 독립성을 확보하기 위하여 매우 중요한 의미를 갖는다고 할 것이다. 따라서 GSR Part 1에서는 규제기관으로 하여금 적절하게 검증되고 전문성이 있는 직원을 보유하도록 하고 있으며, 규제기관의 인적 자원계획은 필요한 직원의 숫자와 모든 필요한 규제기능을 수행할 수 있도록 하기 위하여 필요한 지식, 기술 및 역량을 명시하여야 함을 밝히고 있다(GSR Part 1 제4.11조).

규제기관은 그의 기능과 책임을 수행하기에 필요한 자격, 경험 및 전문성이 있는 충분한 숫자의 직원을 고용하여야 하며, 규제기관 내의 직위는 전문적인 성격이 있는 직위와 보다 일반적인 기술과 전문성을 필요로 하는 직위로 구분할 수 있다. 규제기관은 전체적인 관점에서 설비와 운용활동의 안전성을 판단하고 필요한 규제상의 결정을 내릴 수 있는 전문성을 획득하고 유지하여야 한다(GS-R-1 제4.6조).

GS-G-1.1에서는 이러한 GS-R-1의 규정을 바탕으로 규제기관은 그의 기능과 책임을 수행하기 위하여 필요한 수준, 경험 및 전문성을 가지고 있는 충분한 숫자의 직원을 고용하여야 한다. 전문적인 기술을 요하는 지위 및 좀 더 일반적인 기술 및 전문성을 요하는 지위가 존재할 것이다. 규제기관은 전체적인 관점에서, 설비와 운용활동의 안전성을 판단하고 필요한 규제 관련 결정을 내릴 수 있는 전문성을 획득하고 유지하여야 한다(GS-G-1.1 제4.1조). 이러한 규제기관의 직원은 적절한 학문적 수준을 가지고 있어야 하며, 규제대상인 설비의 운전 및 원자력 기술에 대한 경험 또는 관련된 경험을 동시에 가지고 있는 것이 좀 더 바람직하다. 전체로서 규제기관 및 개별적인 직원들은 규제기관의 설립시부터 지속적인 교육절차를 이행하여야 한다. 나아가 규제기관이 자리를 잡고 본격적인 활동을 하고 있을 때에는 핵심적인 관리자 및 고위 기술자들의 직무계승계획 수립에 특별한 주의를 기울여야 한다. 새로운 유형의 설비의 도입, 새로운 기술의 도입, 설비의 노후화 및 설비가 그 운용단계에서 다른 단계로 전이되는 모든 경우는, 그 직원들이 관련 경험이 부족하거나 없을 수 있으므로, 기존 규제기관의 변화를 야기할 수 있다. 규제활동이 좀 더 성숙한 경우에 규제기관의 직원들에게 요구되는 전문성은 규제활동 초기의 그것과는 차이가 있다(GS-G-1.1 제4.2조)라고 확대 규정하고 있다. 이를 위하여 규제기관의 인적 자원계획은 채용에 대한 내용과 (관련되는 경우에는) 직원이 적절한 전문성과 기술을 습득할 수 있도록 직원의 순환에 대한 내용을 담고 있어야 하며 자격 있는 직원의 이직에 대한 보충전략도 포함하여야 한다(GSR Part 1 제4.12조).

규제기관은 기술적 문제 및 인적 자원 문제에 폭 넓은 전문성을 가지고 있는 직원을 포함하고 있어야 한다. 조직을 구성할 때에 이러한 직원이 어느 정도 필요한지를 결정함에 있어서는 원자력 개발계획의 규모와 단계가 고려되어야 한다. 규제기관은 기본적인 규제업무를 수행하고 자문기관에 의해 수행된 업무의 수준과 결과를 평가할 수 있는 충분한 경험이 있는 직원을 충분히 보유하여야 한다(GS-G-1.1 제4.3조).

규제기관의 직원은 다양한 규제활동을 조정하고 관리할 수 있어야 하며, 이러한 활동의 일부는 규제기관 직원에 의해 수행되고 다른 활동들은 자문기관, 지정된 지원기관 및 자문위원회에 의하여 수행된다. 따라서 직원 중의 일부는 기술개발계획관리 또는 사업관리의 경험이 있어야 한다(GS-G-1.1 제4.4조).

규제기관은 다른 정부기관, 국내외의 전문적 및 민간 기관들과 좋은 의사교환 및 협력관계를 수립하고 유지하여야 한다. 이러한 이유에서, 규제기관의 직원들은 이러한 기관들의 책임과 조직구조에 대한 최신의 지식을 구축하여야 하고 그들의 직원들과 연락을 유지하여야 한다(GS-G-1.1 제4.5조).

적절한 법적 체계 내에서 활동하고 적합한 수준과 전문성을 가지고 있는 충분한 숫자의 직원들을 고용함에 더하여, 규제기관의 효율성은 규제기관의 직원들과 운전자들과 다른 관련 기관들에 종사하는 직원들과의 비교에도 의존한다. 그러므로 규제기관의 직원들은 규제관계에 있어서 그들의 권한을 보강해 줄 수 있는 급여와 근무조건을 받아야 하며, 그에 상당한 직위를 부여 받아야 한다(GS-G-1.1 제4.6조).

㉮ 채용

규제기관의 고위 관리자는 수행하여야 할 기능을 검토하고 규제기관이 그의 의무를 이행하기 위하여 필요한 규모와 조직구조를 결정하여야 한다. 규제기관의 적절한 규모는 설비 유형의 다양성과 숫자, 설비를 운전하는 조직들의 숫자, 채택된 규제방식 및 시행되고 있는 법령 체계 등 다양한 요인들에 의하여 결정된다. 각 국가들의 규제기관들은 이러한 요인들 때문에 상이한 규모를 가지고 있다. 규제기관의 고위관리자는 어떠한 직위에 부족한 기술과 지식 및 노동시장에서 수급이 가능한지의 여부를 파악하고, 빈 직위를 어떻게 매우는 것이 최선

인지를 결정하여야 한다. 만일 필요한 지식과 기술을 가진 사람에 대한 공급이 부족한 경우에는, 신입 직원 또는 기존 직원에 대해 기술을 개발할 수 있도록 하는 교육 계획을 수립하는 것이 적절할 수 있다. 이러한 경우에 어떠한 교육요건이 필수적인지 그리고 어떻게 충족하여야 하는지 결정하는 것이 중요하다(GS-G-1.1 제4.7조).

현장 경험은 규제기관의 직원을 채용함에 있어 고려하여야 할 중요한 요소이다. 만일 원자력 개발계획이 수립된 직후라면 채용을 할 수 있는 자원이 한정될 것이지만 원자력 연구기관이 설립되어 있는 국가에서는 원자력 연구에 대한 경험이 있는 사람들을 연구기관들에서 모집할 수 있다. 원자력 개발계획이 충분히 수립되어 있는 경우에는 규제기관의 직원들은 운전자 등의 조직을 포함한 다양한 곳에서 충원될 수 있다. 그러한 조직으로부터 채용된 직원들이 규제기관의 독립성을 침해하는 역할에 배치되지 않도록 하는 조치가 취하여져야 할 것이다. 채용된 직원과 그의 전 소속 조직과의 친분관계가 소멸되기까지는 상당한 시간이 주어져야 한다(GS-G-1.1 제4.8조).

미래의 직원 채용을 위해서, 예컨대 교육기관에 관련 교육과정의 수립을 촉진하고 지원하는 것과 같은 방식이 적합한지 고려되어야 한다. 학생들에게 규제기관에서 적용할 수 있는 실무적 지식을 전달하고 직원의 지식이 최신의 것이 되도록 유지하려는 목적의 교육과정을 거친 직원을 규제기관에 참여시키는 방식은 유용하다. 새로이 채용된 직원은 그들이 교육의 초기단계를 이수하고 그들의 수행능력에 대한 평가가 이루어질 때까지 한정된 업무를 배정받고 감독을 받으며 업무를 수행하여야 한다(GS-G-1.1 제4.9조).

규제기관은 운영자 등이 제출한 안전에 관한 자료를 검토하고 평가함에 있어서 그에 대한 자문기관이나 운영자 등의 안전도 측정 결과에만 의존하여서는 안되므로, 규제 목적의 조사와 측정을 수행하거나 자문기관에 의하여 수행된 측정

결과를 검토하기 위한 정규직 직원을 고용하여야 한다(GS-R-1 제4.8조).

④ 직원의 요건

일반적으로 권장되는 직원으로서의 요건은 규정 및 지침을 수립하고, 점검 및 평가를 실시하며, 검사 및 집행의 주된 기능을 수행하는 직원에 대한 규제기관의 직원에 대한 것이다. 규제기관의 직원은 그들이 규제기관에서 수행하게 될 업무들과 관련성이 높은 분야에 대해 충분한 경험을 가지고 있어야 한다. 교육을 통하여 보충되는 이러한 업무경험은 그들에게 장래의 업무에 대해 대비할 수 있는 것이 되어야 한다. 나아가 규제기관의 직원은 자신의 의사를 명확하게 표현할 수 있어야 한다(GS-G-1.1 제4.10조).

규제기관에 채용된 직원들은 우수한 학문적 수준과 함께, 다음과 같은 요건을 갖추는 것이 바람직하다(GS-G-1.1 제4.11조).

- 관련 분야에 대한 적절한 업무 경험을 가지고 있을 것
- 규제 대상인 설비 및 운용활동의 유형에 대한 적절한 지식을 가지고 있을 것(이는 적절한 교육과정을 통하여 갖출 수 있다)

나아가, 일부의 신입 직원들에 대해서는 적절한 관리경험과 기술적 경험을 가지고 있어서 대규모의 공학적 문제 및 품질보증활동에 대한 협력과 관리의 효율성을 평가하고 판단할 수 있을 것 또한 요구된다.

㉠ 규정 및 지침 담당 직원

규정 및 지침을 수립하는 업무에 배정된 직원은 관련 영역에 대한 충분한 지식을 가지고 있어야 한다. 이러한 직원들은 규정 사이의 일관성과 합치성을 유지

하기 위하여 기존의 규정과 지침에 대해서도 충분한 지식을 가지고 있어야 한다. 이러한 기능 영역에서의 업무 부담은, 자문기관들을 이용하거나 특수한 기술적 경험 및 지식을 필요로 하는 규정 및 지침을 수립하기 위해 다른 기능 영역의 전문가들을 배정하는 등의 방법에 의하여 조정될 수 있다(GS-G-1.1 제4.13조).

영구적이든 항구적이든, 규정 및 지침을 수립하는 부서는 다음과 같은 사람들에게 접근할 수 있어야 한다(GS-G-1.1 제4.14조).

- 규제대상인 운용활동에 경험이 있는 사람
- 규제집행 업무에 경험이 있는 사람
- 규제 조직구조에 대한 지식이 있는 사람
- 규정 및 지침을 수립하는 절차에 대한 지식이 있는 사람
- 법률 전문가 및 규정의 법적 근거에 대한 지식이 있는 사람

ⓛ 점검 및 평가 담당 직원

규제기관의 직원은 점검을 실시하고 독립적인 결정을 내릴 수 있어야 한다. 그들은 그들의 업무 영역에 적용되는 규정 및 지침에 대해 실용적 지식을 가지고 있어야 하며, 그들과 관계되는 원자력 설비의 설계와 운전에 대한 이해를 가지고 있어야 한다. 이러한 영역에 종사하는 직원들의 일부는 업무에 대한 경험이 많지 않거나 또는 전혀 없는 상태에서 채용될 수 있다(GS-G-1.1 제4.16조).

ⓒ 검사 담당 직원

검사관의 주요 활동은, 설비가 위치한 현장에서 사람들과 면담하고, 운용활동을 관찰하고 평가하며, 기록을 검토하고, 필요한 경우에는 결정을 내리고 권고한다는 점에서 다른 규제기능과는 다소 차이가 있다. 모든 검사관들은 안전과

관련된 문제에 관하여 평가하고 운전자 및 운전자와 계약을 체결한 사람들과 논의할 수 있어야 한다. 검사관은 관련된 가능한 모든 정보를 얻기 위하여 사람들을 면담할 수 있어야 하며, 잠재적인 문제를 파악하기 위하여 등록대장 및 그밖의 문서들을 검토할 수 있어야 한다. 나아가 주요한 운용활동(부품의 생산, 설비의 시운전 및 초기 가동)을 검사하는 임무를 부여 받은 직원은 관련 업무에 대한 경험이 있어야 하며, 그들이 검사할 원자력 설비와 유사한 유형의 설비에 대한 경험이 있으면 더욱 좋다. 그들이 수행하는 업무의 일환으로서, 검사관들은 정기적으로 준법감시활동에 관여할 수 있다. 검사관들은 또한 다양한 영역의 설비에 관련되는 규정과 지침에 대해 전반적인 지식과 이해를 가지고 있어야 하며 그들의 적용에 대한 이해를 가지고 있어야 한다. 검사관은 설비에 대한 안전보고서의 주된 근거를 인식하고 있어야 하며 특히, 운전자의 존경을 얻기 위해 중요한 안전체계와 절차 그리고 안전한 운전을 위한 제한과 조건을 인식하여야 한다. 나아가, 상주 검사관은 풍부한 경험이 있으며 직접적인 감독이 없이도 업무를 수행할 수 있어야 하며, 운전자의 의사결정 절차에 얽히지 않고 규제기관을 적절하게 대표할 수 있도록 하기 위해 필요한 기술을 가지고 있어야 한다(GS-G-1.1 제4.17조).

㉣ 직원에 대한 교육

지식관리의 일환으로 규제기관 직원에게 필요한 전문성과 기술을 개발하고 유지하기 위한 절차가 수립되어야 한다. 이러한 절차는 필요한 전문성과 기술의 분석에 기초한 특별한 교육과정의 수립을 포함하여야 한다. 이러한 교육과정은 원칙, 개념 및 기술적 관점과 규제기관이 권한 부여를 위한 신청을 평가하고, 설비 및 운용활동을 검사하고, 규제의 요건을 집행함에 있어서 규제기관이 따르는 절차에 대한 내용을 담고 있어야 한다(GSR Part 1 제4.13조).

적합한 기술을 확보하고 적절한 수준의 전문성을 획득하고 유지하기 위하여 규제기관은 직원들이 잘 편성된 교육과정에 참여하도록 하여야 한다. 이러한 교육과정은 직원이 기술적 발전과 새로운 안전원칙 및 개념을 숙지할 수 있도록 하여야 한다(GS-R-1 제4.7조). 이러한 GS-R-1의 규정은 GS-G-1.1에서도 "적절한 기술의 습득을 확보하고 적절한 전문성을 확보하고 유지하기 위하여 규제기관은 그 직원들로 하여금 잘 편성된 교육과정에 참여하도록 하여야 한다. 이러한 교육은 직원들이 기술적 발전과 새로운 안전원칙 및 개념들을 인식할 수 있도록 하여야 한다(GS-G-1.1 제5.1조)."라고 반복되고 있으며, 이에 더하여 GS-G-1.1에서는 이러한 요건에 따라 규제기관은 규제대상 설비의 숫자와 복잡성에 맞추어 다음의 사항을 갖추도록 하고 있다(GS-G-1.1 제5.2조).

- 교육정책
- 교육을 위한 예산 지원
- 교육과정의 운영과 평가에 대한 책임이 있는 담당직원을 갖춘 조직구조의 일부로서의 공식적인 교육과정, 여기에는 활동의 필요 및 전문가와 관리자에 대한 장기간의 소요가 고려될 수 있다.
- 직원의 개인적 필요와 규제기관에서의 역할에 맞춘 각 직원에 대한 교육계획
- 개인적 및 기관의 필요의 변화와 기술적 및 과학적 발전을 고려하는 교육과정에 대한 정기적 검토 및 개선

직원에 대한 교육은 규제기관의 기능적 영역에 기초하여 이루어져야 한다. 교육의 목적 중 하나는 직원들이 그들 및 다른 사람들에 의하여 수행되는 업무에 대한 이해를 넓게 하는 기술과 지식을 개발할 수 있도록 하는 것이다(GS-G-1.1 제5.3조).

직원에 대한 교육은 직원 및 비용에서 풍부한 자원을 필요로 한다. 필요한 교육의 요건을 설정하고 효과적인 교육과정을 수립하는 데에 충분한 고려와 시간이 소요되어야 하며, 특정한 규제업무를 수행하기 위하여 필요한 개인 또는 일단의 개인들이 특수한 기술 및 지식수준 또한 규정되어야 한다(GS-G-1.1 제5.4조). 준법감시의 원칙을 훈련에 적용시키는 것을 포함하여 규제활동의 일관성을 확보하기 위한 직원훈련의 조직적인 방식의 수립을 위한 노력은 규제기관의 규모에 맞게 이루어져야 한다(GS-G-1.1 제5.5조).

규제기관의 교육과정은 자습, 공식적인 훈련과정, 워크숍 및 세미나(규제기관에 의해서 조직되고 그 자체로, 학술단체 또는 전문 단체에 의하여, 다른 국가 또는 IAEA에 의하여 운영되는) 그리고 국내외의 직업훈련의 조합으로 이루어져야 한다(GS-G-1.1 제5.6조). 교육과정의 조직은 규제기관의 규모 및 보유 자원에 따라 달라진다. 규모가 크고 경험이 많은 규제기관은 스스로 이를 실시할 수 있으나, 소규모의 신설 규제기관은 외부의 지원을 필요로 할 수 있다. 국제적인 정보의 교환은 계속적인 발전을 위한 새로운 사고방식을 습득하기 위한 지속적인 교육의 일부가 되어야 한다(GS-G-1.1 제5.7조).

앞서 언급한 바와 같이, 일반적으로 규제기관을 설립한 국가들에서는 원자력에 관해 필요한 학문적 수준과 관련 업무에 종사한 경험을 갖춘 직원들을 채용할 수 있다. 그러나 규제기능의 수행과 관련한 특정한 지식과 기술을 갖춘 직원의 경우에는 이들을 다른 규제기관으로부터 채용을 하지 않는다면 직원을 채용하는 것은 불가능에 가깝다(GS-G-1.1 제5.8조).

규제기관의 교육과정은 모든 직원들이 그들이 수행하여야 할 업무에 대해 적절한 시각을 보유할 수 있도록 하는 신입교육을 포함하여야 한다. 그들은 전형적으로 법률, 법적 권한, 정책, 내부 지침 및 규제기관의 세부절차에 대한 안내를 받을 필요가 있을 것이다. 그 다음에는, 채용 직후 각 개별직원들에게 일반적인 설계기준 및 설계와 운전상의 특성과 같은 규제대상인 원자력 설비에 특징적인 안전과 관련된 사항에 대한 교육계획이 제공되어야 한다. 교육계획을 수립함에 있어서는 경력관리에 대한 사항도 고려되어야 한다. 정기적인 재교육을 포함한 교육계획은 필요한 교육의 특성, 그의 시기 및 결과 그리고 어디에서 교육을 받아야 하는지 그리고 도달하여야 하는 수준을 특정하여야 한다(GS-G-1.1 제5.9조). 그 다음 단계에서는, 특히 업무에 변화가 발생하는 경우, 지식을 유지하고 법률, 절차 또는 다른 사항들의 중요한 변경에 주의를 기울이기 위한 재교육의 필요가 있을 수 있다. 최근에는 직원으로 하여금 업무의 변경과 승진에 대비하도록 기술적 및 비기술적 개발교육 또한 도입되고 있다(GS-G-1.1 제5.10조).

교육에 대한 관리 행정이 수립되어야 하며, 규제기관 내에 그에 대한 책임이 부여되어야 한다. 규제기관은 교육에 대해 효율적이고 조직적으로 접근하기 위하여 규제기관의 부서 중의 하나로서 (또는 특수한 기관의 지원을 받아) 교육 담당부서를 설립하는 것을 고려하여야 한다. 규제기관은 그 직원들이 특별한 기술들(유형물 또는 재료결함에 대한 파괴/비파괴검사 등)을 교육하는 실험실에 접근할 수 있도록 하여야 하고 또한 원자로 모의실험장치를 갖추는 것이 바람직하다(GS-G-1.1 제5.11조).

③ 재정

앞서 본 GS-R-1에 따르면, 규제기관은 효율적으로 자신의 기능을 수행하기 위하여 적절한 재정을 갖추어야 한다.[33] 이를 위한 특정한 절차가 법령의 집행 또는 국가 재정체계를 통하여 수립되어야 한다. 이들이 최대한 기능을 발휘하기 위해서는 다음을 포함하는 여러 사항과 요인들을 고려하여야 한다(GS-G-1.1 제2.12조).

---

33) 나아가 규제기관이 안정적인 재정을 확보하는 것은 그의 의사결정에 있어서의 독립성을 확보하는 데에도 중요한 역할을 한다고 한다. INSAG(2003), p. 7.

- 다른 규제기관의 재정에 대한 국가적 관행
- 규제 대상 설비의 유형 및 규모
- 규제기관이 조직 구성, 즉 규제기관이 독립적인지, 더욱 큰 조직의 일부인지, 둘 또는 그 이상의 정부 기관들 사이의 기능과 책임이 구분되어 있는지의 여부.

규제기관의 재정규모를 설정함에 있어서 사무실, 사무집기, 직원의 급여, 통신비용, 운송, 검사장비, 훈련 및 그에 따른 물품들이 고려되어야 한다. 나아가 재정은 필요한 경우 연구 및 개발, 자문 및 국제적 협력에 대한 비용도 담보하여야 한다(GS-G-1.1 제2.13조).

규제기관의 재정은 정부 또는 운전자 등의 비용부담 또는 양자의 조합에 의하여 충당되어야 하며(GS-G-1.1 제2.14조), 어떠한 국가가 원자력 개발계획을 수립하고 있는 경우에 규제기관의 비용은 전부 또는 부분적으로 수수료에 의하여 전보될 수 있다. 면허발급, 점검 및 평가, 검사 그리고 규정 및 지침의 제정 비용은 이러한 수수료에 의하여 전보될 수 있음에 반하여 국제적 활동에의 참가와 같은 규제기관의 다른 활동에 대한 비용은 다른 방법에 의하여 충당될 수 있다(GS-G-1.1 제2.15조). 다만 규제기관이 면허에 대한 수수료를 징수하는 경우, 생성된 재원과 규제기관의 예산이 직접적으로 연결되지 않도록 하여야 한다. 예를 들어 수수료는 이러한 목적으로 수립된 '원자력 기금'에 적립되거나 또는 직접적으로 국고에 귀속되어야 한다. 이는 수수료의 부과에 대한 저항과 규제기관의 독립성에 대한 침해를 상쇄하는 데에 도움을 줄 것이다(GS-G-1.1 제2.16조).

④ 자문

만일 규제기관이 조사 및 측정 또는 검사의 책임을 이행하기 위하여 필요한 모든 기술 또는 기능적 영역에 대한 자체적 능력이 부족한 경우에는 자문기관으로부터의 자문 또는 지원을 모색하여야 한다. 이러한 자문 또는 지원을 행하는 기관(전속 보조기관, 대학 또는 민간 자문사 등)이 있는 경우에는, 자문기관들이 운전자 등으로부터 충분한 독립성을 확보할 수 있도록 하는 협정이 체결되어야 한다. 만일 이러한 것이 불가능한 경우에는, 관련 분야에 대한 전문가들이 잘 구성되어 있고 조직되어 있는 외국 또는 국제기구들로부터 자문 또는 지원을 받아야 한다(GS-R-1 제4.3조). 그러나 자문에 따른다고 하여 규제기관의 책임이 면제되는 것은 아니며, 특히 결정을 내리고 제안을 하는 규제기관의 책임은 위임될 수 없다(GS-R-1 제4.4조). 이러한 GS-R-1의 규정은 GS-G-1.1에서도 "만일 규제기관이 조사 및 측정 또는 검사의 책임을 이행하기 위하여 필요한 모든 기술 또는 기능적 영역에 대한 자체적 능력이 부족한 경우에는 자문기관으로부터의 자문 또는 지원을 모색하여야 한다. 이러한 자문 또는 지원을 행하는 기관(전속 보조기관, 대학 또는 민간 자문사 등)이 있는 경우에는, 자문기관들이 운전자 등으로부터 충분한 독립성을 확보할 수 있도록 하는 협정이 체결되어야 한다. 만일 이러한 것이 불가능한 경우에는, 관련 분야에 대한 전문가들이 잘 구성되어 있고 조직되어 있는 외국 또는 국제기구들로부터 자문 또는 지원을 받아야 한다(GS-G-1.1 제3.6조)."라고 하여 반복되고 있다. 다만 GS-G-1.1에서는 이에 더하여 "규제기관이 자신의 책임을 효율적으로 수행하기 위해서는 행정적 지원, 법적 지원, 자문, 자문위원회 및 일반에의 정보제공의 지원뿐만 아니라 국내외의 다른 기관들과의 정기적인 접촉을 위한 준비와 같은 경우에 대하여 추가적인 전문가들의 지원을 받을 수 있어야 한다(GS-G-1.1 제3.7조)."라고 규정하고 있다.

정부 또는 규제기관은 규제기관에 전문가의 의견과 자문을 제공하는 공적인 조직을 설치할 수 있으며, 그러한 공적인 자문기관의 필요 여부는 많은 요인들에 의하여 결정된다. 일시적으로든 영구적으로든 자문기관의 설치가 필요하다고 인정되어 설치되는 자문기관은 독립적으로 자문을 제공할 수 있어야 한다. 자문은 기술적인 영역이나 기술적이지 않은 영역(예: 의료에 방사선을 활용하는 것에 대한 윤리적인 문제)에 대해 이루어질 수 있다. 제공된 자문이 규제기관의 결정 및 권고에 대한 어떠한 책임을 면제하는 것이어서는 안된다(GS-R-1 제4.9조). 즉, 규제기관은 전문가의 의견과 자문을 구하는 절차에 대하여 공식적인 지위를 부여하는 결정을 내릴 수 있다. 임시적으로든 항구적으로든, 자문지관의 설치를 고려할 필요가 있는 경우, 그러한 기관들은 사실상 기술적이든 기술적이 아니든, 독립적인 자문을 제공하는 것이 중요하다(GSR Part 1 제4.18조).

규제기관 또는 지정된 지원 단체들이 일정한 수준의 적절한 숫자의 인원 또는 적절한 기술적 다양성을 확보하지 못하거나 업무의 부담이 정규직원의 채용을 필요로 하는 정도가 아닌 경우에는 특정한 업무의 수행을 위하여 자문을 활용할 수 있다. 자문기관의 기술적 수준이나 경험은 유사한 업무를 수행하는 규제기관 직원의 기술적 수준 또는 경험과 동일하거나 그 보다 높아야 한다. 좀 더 일반적으로는 자문은 규제기관이 추가적인 수준 또는 분야의 전문가를 필요로 하는 업무를 수행하거나 중요한 문제에 있어서 다른 관점에서의 의견을 필요로 하는 경우에 이를 지원하기 위하여 활용된다(GS-G-1.1 제3.28조). 이러한 외부의 전문가들에 의한 기술적 또는 다른 전문적 자문 또는 용역은 다양한 방법으로 규제기관에 제공될 수 있다. 규제기관은 지원전담조직의 설치를 결정할 수 있으며, 그러한 경우 지원조직의 업무에 대한 규제기관의 통제 및 지시의 한도에 대한 명확한 한계가 정하여져야 한다. 다른 형태의 외부지원은 규제기관과 자문 또는 용역의 제공자 사이의 공식적인 계약을 필요로 할 것이다(GSR Part 1 제4.19조).

정부 또는 규제기관은 전문가의 의견 및 자문의견이 규제기관에 제공되는 절차에 공적인 조직구조를 부여할 수 있다. 예를 들어 다른 정부부처, 다른 국가의 규제기관, 과학 단체 및 규제 대상 산업으로부터 선임되어 광범위한 배경을 지닌 자문위원회는 규제정책 및 규정의 수립에 있어서 폭 넓은 관점을 제공할 수 있다. 잘 설립된 위원회는 정책과 규정이 명확하고, 실용적이며 완벽한 것이 되도록 함으로써, 그리고 규제 대상 산업의 이해와 엄격한 규제적 통제의 필요성 사이의 균형을 유지함으로써 규제기관을 위하여 가치 있는 활동을 수행할 수 있다(GS-G-1.1 제3.30조). 이러한 자문위원회의 또 다른 유형은 복합적인 기술적 문제를 평가하는 데에 필요한 폭넓은 기술을 보유하고 있는 사람들로 구성된 기술위원회이다. 이러한 위원회는 수권절차 내에서 특정한 역할을 수행할 수 있으며, 임시로 설립되어 자문기관과 유사한 기능을 수행하지만, 여러 상이한 기술을 필요로 하는 복합적인 문제를 취급할 수 있다. 그러나 어떠한 형태의 자문도 결정을 내리고 제안을 하는 규제기관의 책임을 면하게 하지는 못한다(GS-G-1.1 제3.31조).

자문 또는 지원의 획득은 규제기관에게 주어진 책임을 면하게 하는 것이 아니다. 규제기관은 정보에 기초한 결정이 내려질 수 있도록 하는 핵심적인 전문성을 갖추고 있어야 한다. 결정을 내림에 있어서, 규제기관은 자문기관에 의하여 제공된 자문과 수권 당사자 및 신청자들에 의해 제공된 정보를 평가하기 위하여 필요한 수단을 갖추고 있어야 한다(GSR Part 1 제4.22조).

규제기관은 자문기관에 의하여 수행되는 업무를 평가하고 활용하여야 하기 때문에 그는 자문을 통하여 수행되는 업무의 범위를 설정하여야 한다. 자문기관은 상세한 문서를 제출하여야 한다. 이러한 보고서에는 자문기관의 평가의 근거와 방식, 결론 및 규제기관을 위한 다른 관련 제안들이 포함되어야 한다. 자문을 활용함에 있어서는 다음과 같은 관점들이 고려되어야 한다(GS-G-1.1 제3.29조).

- 규제기관의 직원은 그들이 문제를 파악하고, 자문기관으로부터 조언을 얻는 것이 적합한지 결정하고 자문의견을 평가할 수 있기에 충분한 기술적 지식을 가지고 있어야 한다.
- 자문의견을 평가하고 그것을 채용할 것인지 그리고 어떻게 활용할 것인지 결정하는 것은 규제기관의 책임이다.
- 자문기관은 그들이 공정한 자문을 행할 수 있도록 선정되어야 한다. 자문기관의 전문가로서의 다른 활동들이 자문의견에 편향성을 부여하지 않도록 함이 확인되어야 하며, 모든 이해관계의 충돌에의 가능성은 파악되고 최소화되어야 한다.

규제기관에게 자문 또는 용역을 제공하는 조직들 사이에 이해관계의 충돌이 발생하지 않도록 하는 합의가 이루어져야 한다. 만일 이것이 국내에서 가능하지 않은 경우에는 필요한 자문 또는 지원을 그러한 이해관계의 충돌이 없는 다른 국가의 조직 또는, 필요한 경우에는 국제기구로부터 모색하여야 할 것이다(GSR Part 1 제4.20조).

만일 필요한 자문 또는 지원을 규제기관과 이해관계가 충돌할 가능성이 있는 조직으로부터만 구할 수 밖에 없는 경우에는, 이러한 자문 또는 지원의 모색은 감독을 받아야 하며 제공된 자문에 대해서는 이해관계의 충돌이 없는지 주의 깊게 판단되어야 한다(GSR Part 1 제4.21조).

자문의 활용에 관해 GS-G-1.1 제3.28조에 규정된 관점들은 자문위원회의 구성이나 자문위원회의 활용에 적용될 수 있으나, 자문위원회의 경우에는 하나의 추가적인 요소가 있다. 즉 자문위원회가 설립되기 전에 위임사항이 먼저 명확하게 규정되어야 하며, 위원을 선정하기 위한 특별한 기준이 마련되어야 한다는 것이다. 이는 위원회의 역할과 그 구성에 대한 사후 논쟁의 발생 가능성을 감소시킬 것이다. 또한 위원회는 그들의 회의에 집중된 의제를 가지고 있어야 하며, 여기에는 그들이 적시에 자문을 제공하기 위한 논의의 기한이 포함된다(GS-G-1.1 제3.32조).

(4) 외부관계

규제절차에 이해관계자들이 적절하게 참여할 수 있도록 하는 것은 공공의 신뢰를 획득할 수 있도록 하는 안전과 확실성을 강화할 것이다. 이해관계자의 관여는 그것이 없는 경우 간과할 수 있는, 철저한 검토를 회피할 수 있었을 문제에 대한 관심을 야기할 수 있다. 규제기관에 대한 공공의 신뢰는 일반인들에 의하여 제기된 문제가 진지하게 고려되고 주의 깊고 공개적으로 평가되는 경우에 향상된다.[34]

① 다른 기관들과의 관계

규제기관의 업무 및 책임은 정부의 상이한 단계에 있는 많은 기관들의 업무 및 책임과 상호 작용 할 수 있다. 이러한 기관들의 예시는 다음과 같다(GS-G-1.1 제3.35조).

- 환경보호 관청
- 공공책임과 관계된 문제를 다루는 관청
- 물리적 보호 또는 안전을 담당하는 관청
- 수자원 및 토지이용에 대한 계획을 담당하는 관청

---

34) INSAG(2006), p. 3.

- 공공 및 직업적 보건과 안전을 담당하는 관청
- 화재 예방 관청
- 운송관청
- 사법집행 기관
- 토목구조물 및 건축물 그리고 전기 및 기계적 장비에 대한 책임이 있는 기관
- 재난 대비에 대한 책임이 있는 그밖의 기관
- 방사성 유출물의 방출 제한에 대한 책임이 있는 그밖의 기관
- 특히 유사한 기능을 수행하는 그밖의 규제기관

정부는 다양한 위험이 적절히 규율되도록 하는 조치를 취하기 때문에 규제기관들 사이의 책임이 중첩되는 것은 불가피하다. 규제기관과 다른 기관들의 책임이 상호작용을 하거나 서로 접하기 때문에 각 기관의 책임과 상호작용의 영역 및 상이한 요건들의 충돌을 해결하기 위한 수단을 결정하는 공식적인 협정을 통해 이러한 기관들 사이의 관계를 정립하여야 한다. 또한 이러한 책임의 중첩이 운전자 등에게 상충되는 요건을 부과하는 결과가 되지 않도록 하여야 한다. 대부분의 경우 관련 기관들 사이의 정기적인 연락회의가 고려되어야 한다(GS-G-1.1 제3.36조).

다른 기관과의 협력관계를 증진하기 위하여, 규제기관의 연락에 대한 책임을 개인 또는 부서에 부여하여야 한다. 규제기관의 모든 직원들은 책임의 중첩의 이유와 의미 및 모든 단계에서 좋은 협력관계가 필요하다는 사실을 인식하여야 한다(GS-G-1.1 제3.37조). 또한 규제기관은 그의 책임과 관련된 영역에서 명확하고, 정확한 정보가 적시에 운전자 등 및 다른 정부기관들에게 제공될 수 있도록 조직되어야 한다(GS-G-1.1 제3.38조).

② 수권 당사자 등과의 관계

효과적인 원자력 안전관리를 위해서는 규제기관이 실질적으로 독립성을 유지하는 것이 필수적이다. 이러한 독립성은 특히 운전자 등과의 관계에서도 문제가 되므로, 규제기관과 운전자 등은 상호 이해 및 존중, 그리고 솔직하고 공개적이며 단순히 공식적인 관계를 유지하는 것이 장려되어야 한다(GS-R-1 제4.10조).

규제기관의 일차적인 목표로서, 규제기관은 설비 및 운용활동에 대한 감시를 수행하여야 한다. 규제기관은, 독립성을 유지하면서, 안전을 확보한다는 공통의 목적을 달성하기 위하여 수권 당사자와의 관계를 유지하여야 한다. 안전과 관련된 문제에 대해 각자의 입장을 이해하고 논의를 하기 위하여 필요한 경우 회의를 개최하여야 한다(GSR Part 1 제4.23조).

규제기관은 안전과 관련된 문제와 전문가들 사이의 심도 있는 논의를 제공하는 솔직하고, 공개적이며 공식적인 관계를 통하여 상호간의 이해와 수권 당사자에 대한 존중을 촉진하여야 한다(GSR Part 1 제4.24조).

규제기관의 결정은 적절하게 정당화되어야 하며, 그 결정에 대한 근거가 설명되어야 한다(GSR Part 1 제4.25조).

③ 일반에 대한 정보제공

많은 연구들의 공통된 결과는 많은 일반인들이 종종 다양한 원자력 안전문제에 대하여 부정확한 개념을 가지고 있음을 나타낸다. 많은 경우 일반인들은 사고의 잠재적 결과의 위험과 심각성에 대하여 과대평가한다. 동시에 그들은 면허 보유자와 규제기관이 그 위험을 고려하고 이를 방지하거나 경감하기 위하여 수행하는 노력을 과소평가한다. 따라서 일반의 정확한 관심사를 이해하고 원자력

안전문제에 대한 관심의 정도를 파악하기 위한 조사를 실시하는 것은 중요한 의미를 갖는다. 소통은 이러한 관심사의 정도가 높아 정확한 정보와 어떠한 결정이 이루어졌는지에 대한 필요가 있는 부분에 집중되어야 한다.[35] 특히 후쿠시마 원자력 발전소의 사고를 통하여 일반인들 사이에 원자력에 대한 불안감이 증가하였기 때문에 IAEA에서도 일반인들에 대한 정보제공 및 이해관계자들과의 협의의 중요성을 강조하고 있다. 따라서 GSR Part 1에서는 규제기관으로 하여금 설비 및 운용활동과 관련하여 발생 가능한 방사능 위험과 규제기관의 절차와 의사결정에 대하여 이해관계자들과 일반인들에게 정보와 협의를 제공할 수 있는 적절한 방법의 수립을 촉진하도록 하는 것을 안전 요건의 하나로 규정하고 있다.

규제기관은 정기적으로 그리고 비정상적 상황과 관련하여서 그의 활동에 대한 정보를 공공에 제공할 수 있는 조직을 갖추어야 한다. 일반에게 제공되는 정보는 사실에 기반하는 것이어야 하며 규제기관의 독립성을 반영하여 가능한 객관적이어야 한다. 규제기관은 비밀유지에 대한 국가의 법령을 준수하는 한도 내에서 가능한 많은 정보를 공개하여야 한다. 공공에 대한 정보제공은 정보제공에 관한 전문가에 의하여 관리되어 제공되는 정보가 명확하고 이해할 수 있는 것이 되도록 하여야 한다. 대규모의 규제기관에서는 공공에의 정보제공에 특화된 부서의 설립이 고려되어야 한다(GS-G-1.1 제3.39조).

규제기관은 직접적으로 또는 수권 당사자를 통하여 의사교환을 위한 효율적인 체계를 수립하여야 하며, 이해관계자들과 일반인들에게 정보를 제공하고 의사결정절차에 대해 알려주는 회의를 개최하여야 한다. 이러한 의사교환에는 다음과 같은 건설적인 관계가 포함되어야 한다(GSR Part 1 제4.66조).

- 규제기관의 판단 및 결정에 대해 이해관계자들 및 일반인들과의 의사교환

---

[35] INSAG(2006), p. 5.

- 규제기관의 효율적인 업무수행을 위하여 필요하다고 인정되는 경우 정부의 고위 관계자들과의 직접적인 의사교환
- 공 · 사의 단체 또는 개인으로부터 규제기관에게 그러한 문서 또는 의견의 제시가 필요하다고 적절하다고 여겨지는 경우의 의사교환
- 규제기관의 요건, 판단 및 그의 근거에 대한 일반에게의 의사전달
- 사고 및 비정상적인 사태를 포함한 설비 및 운용활동에서 발생한 사건 및 그밖의 정보의 수권 당사자, 정부 기관, 국내 및 국제기구, 그리고 일반인들에 대한 제공

규제기관은 일반인들에 대한 정보제공활동 및 협의를 하는 경우, 설비 및 운용활동과 관련한 방사능 위험, 사람 및 환경을 보호하기 위한 요건 그리고 규제기관의 절차에 관하여 이해관계자들, 일반인 및 언론 매체에 정보를 제공할 수 있는 적절한 방법을 수립하여야 한다. 특히, 수권 받은 설비 및 운용활동의 인근에 거주하는 이해관계자들 및 경우에 따라서는 그밖의 이해관계자들에게 공개적이고 포괄적인 절차를 통하여 협의가 이루어져야 한다. 일반인들을 포함한 이해관계자들은 국가의 입법 및 국제적 의무의 대상이 되는 중요한 규제관련 결정을 위한 절차에서 협의의 기회를 가져야 한다. 이러한 협의의 결과는 규제기관에 의하여 투명하게 고려되어야 한다(GSR Part 1 제4.67조).

수권 당사자는 일반에게 설비의 운영 또는 운용활동의 수행과 관련되는 가능한 방사능 위험(발생 가능성이 매우 낮은 사건을 포함하여 운영 내지 사고를 통하여 발생하는)에 대하여 정보를 제공하여야 한다. 이러한 의무는 수권 또는 그밖의 법적 방법을 통하여 규제기관이 제정한 규정에 특정되어 있어야 한다(GSR Part 1 제4.68조).

일반인에 대한 정보제공활동은 차등적 접근법에 따라 설비 및 운용활동에 관

련된 방사능 위험을 반영하여야 한다(GSR Part 1 제4.69조).

④ 이해관계자들의 의사결정절차 참여

원자력 안전 규제기관을 비롯한 원자력 관련 기관의 의사결정절차에 이해관계자들을 참여시키는 문제는 국제원자력안전자문단(INSAG)이 2006년에 간행한 『원자력 문제에 대한 이해관계자의 참여』(Stakeholder Involvement in Nuclear Issues, 이하 'INSAG-20')의 중요한 주제이다.

새로운 원자력 설비를 설치하기 위한 계획에 착수하거나 낡은 설비를 개수하거나 또는 예정된 방사능의 방출에 대한 기술적 한계를 구체적으로 설정하는 경우에는, 조기에 이해관계자들이 관여하도록 하여 사람들이 그 절차와 그 결과의 형성에 관여할 수 있도록 하는 정당한 기회를 갖도록 하는 것이 중요하다. 이해관계자들의 의미 있는 참여를 위해서는 이해관계자들에게 위험에 대한 문제와 관심사 및 관련된 질문을 제기하고 그에 대한 대답을 들을 수 있는 기회를 제공하는 것이 필요하다. 만일 그 대답이 지연되는 경우에는 이해관계자들에게 언제 대답이 이루어질 것인지에 대한 합리적인 추정치가 제공되어야 한다. 영향을 받는 이해관계자들에게 적시에 정보를 제공하는 것은 정당한 관심사가 절차의 초기단계에서 해결되도록 함으로써 의사결정절차를 신속하게 진행할 수 있게 한다. 이는 사업계획의 성공가능성을 증가시킨다(INSAG-20 제26조).

INSAG-20에서는 이해관계자들의 의사결정에의 참여에 대해 다음과 같은 예시를 들고 있다.

- 원자력 에너지를 국가 에너지 계획에 포함시키기 위한 논의
- 원자력 규제를 수행하는 법률의 제정

- 새로운 원자력 발전소, 핵연료주기설비 또는 고준위폐기물 저장소의 설치에 관한 결정
- 재난대비계획의 수립 및 집행
- 통제된 방사능 방출 및 환경 방사능 측정
- 오래된 원자력 설비 지역의 환경 복구
- 원자력 설비의 운전정지 및 철거
- 방사성 물질의 운송
- 원자력 설비 및 물질의 보안과 관련된 문제

사회적으로 민감한 원자력 문제에 대한 결정을 하여야 하는 단일한 관청 또는 복수의 관청들은 일반인들에게 잘 수립된 절차를 통하여 정보를 제공하여야 할 의무를 부담한다. 일반인들은, 개인적으로든 또는 조직된 단체를 통해서든, 의사결정권자들이 최종적으로 결정을 내리기 전에 공식적으로 분석하고 고려하여야 하는 의견과 제안을 제시할 권리를 갖는다. 의사결정절차에의 일반의 관여는 합의에 도달하는 것을 목적으로 하여서는 안되며 문제에 대한 주민투표처럼 여겨져서도 안된다(INSAG-20 제29조).

발전된 원자력 사업계획을 가지고 있는 많은 국가들은 특히 환경과 관련된 문제에 대하여 이해관계자들의 의미 있는 관여를 위한 절차를 수립하고 있다. 미국과 영국의 경우에는 검토위원회 등의 권한으로 원자력 문제에 대한 공청회가 종종 개최된다. 그러나 영국에서는 최근 하원 과학기술 특별위원회의 청문회에서 과거 이해관계자의 관여를 장려하였던 방식이 오늘날에는 충분치 않다는 결론을 내렸다(INSAG-20 제30조).

방사선 방호와 관련된 문제에 대하여 NEA의 방사선방호 및 공중보건위원회(Committee on Radiation Protection and Public Health)에 의해 조직된 Villigen

Workshop은 방사성 방호와 관계된 문제에 대한 의사결정절차에의 이해관계자들의 관여 지침의 수립을 논의하였다. 이의 주된 결론은 상황과 이해관계자들의 다양성 때문에 특정한 절차의 제정이 매우 복잡하다는 것이었다. 따라서 일반적인 절차에 대해서만 합의가 이루어질 수 있었다. 이러한 절차에 내재되는 어려움은 감정적인 추론, 독단 또는 전문가들의 복잡하거나 이해할 수 없는 정보의 제공 등이 있다(INSAG-20 제31조).

(5) 업무의 수행

규제기관의 업무 수행은 국가의 다른 행정행위와 마찬가지로 안정적이고 일관성을 유지하는 것이어야 한다. 따라서 GS-R-1 제3.2조에 규정된 규제기관의 주된 기능은 국가의 법률 체계 내에서, 법률 체계에 따라 이루어져야 한다. 규제절차는 설비의 수명이 다할 때까지 또는 운용활동이 존속하는 한 지속된다. 설립된 규제기관의 기능적 책임을 수행하는 일상적인 활동은 수권, 조사 및 측정, 검사 및 집행과 관계되는 것일 것이다. 안전원칙, 규정 및 지침을 수립, 개정 또는 채택하는 다른 기능들은 그보다는 덜 빈번하게 이루어질 것이다(GS-R-1 제5.1조).

규제절차는 특정한 정책, 원칙 및 관련 기준에 근거하고 관리체계에 의하여 수립된 특정한 절차에 따르는 공식적인 절차이어야 한다. 절차는 규제를 위한 통제의 안정성과 일관성을 확보하여야 하며 의사결정에 있어서 규제기관 직원의 주관을 배제하여야 한다. 규제기관은 자신의 결정에 대하여 문제가 제기되는 경우 이를 정당화할 수 있어야 한다. 규제기관이 검토 및 평가와 그에 대한 검사를 하는 경우, 신청자에게 그의 요건, 판단 및 결정이 기초하고 있는 목적, 원칙 및 관련 기준에 대한 정보를 제공하여야 한다(GSR Part 1 제4.26조).

규제기관은 일반적인 목적으로서 지속적인 안전의 강화를 강조하여야 한다. 그러나 잘 수립된 관행을 변경하는 것과 관련된 위험 또한 인식하여야 한다. 규제요건의 예방적 변경은 달성하려 하는 안전의 강화의 가능성을 판단하기 위하여 주의 깊게 검토되어야 한다. 규제기관은 규제요건의 변경에 대한 그러한 제안의 근거에 대하여 이해관계자들에게 정보와 조언을 제공하여야 한다(GSR Part 1 제4.27조).

이해관계자들 사이에서의 신뢰를 확보하기 위하여 규제기관의 의사결정절차 및 규제 요건 자체에 일관성이 있어야 한다(GSR Part 1 제4.28조).

설비 또는 운용에 대해서는 사전에 신고를 하여야 하거나 신고에 대한 면제가 있어야 한다. 그렇지 않은 경우, 특정한 유형의 운용활동은 일반적으로 상세한 기술적 규정에 따라 엄격하게 수행되도록 권한이 부여될 수 있다(방사능 물질의 정기적인 선적과 같은 경우 상세한 운송규정에 따라 승인이 이루어진다[GS-R-1 제5.2조]).

따라서 규제기관의 활동은 명확하고 일관성 있게 이루어져야 하며, 요약하면 다음과 같다.

- 명확한 법률·법령상의 근거와 지위를 가지고 있어야 한다.
- 쉽게 이해될 수 있고, 일관적이고 논리적이어야 한다.
- 규제기관의 목적과 목표에 명확하게 연결되어야 한다.
- 최첨단의 기술과 과학 수준, 예를 들어 국제적으로나 지역적으로 승인된 기대수준과 요건과 같은 기준을 따라야 한다.[36]

---

36) NEA(2014), p. 17.

① 운용 권한의 부여

권한의 부여는 관련된 주요 당사자들(규제기관과 운전자 등)의 책임에 대한 규제체계의 법적 틀을 형성하는 법령과 관련된 주요한 절차이다. 규제기관은 수권절차를 효율적으로 수행할 수 있도록 조직되어야 한다. 나아가 규제기관은 수권에 대한 기록을 보존하여야 하며 수권절차와 관련된 문서들을 보존하여야 한다. 일부의 국가에서는 공적인 자문절차가 전체적인 수권절차에서 필수적인 것으로 여겨지고 있다(GS-G-1.1 제3.16조).

설비 및 운용활동에 대한 권한을 부여 받기 전에, 신청자는 규제기관이 상세하게 규정된 절차에 따라 검토하고 평가할 수 있도록 하기 위해 상세한 안전평가서를 제출하여야 한다. 적용되는 규제규정의 범위는 잠재적인 위험의 정도와 특성에 맞추어져야 한다. 예를 들어, 치과에서 사용되는 X-ray 기기는 규제기관에 등록만 하면 되지만, 방사성 폐기물 저장소는 여러 단계의 수권절차를 거쳐야 한다(GS-R-1 제5.3조).

규제기관은 운전자가 수권을 받기 위하여 신청하면서 제출하여야 하는 문서의 형식과 내용에 대한 지침을 공포하여야 한다. 운전자는 정해진 기간에 맞추어 특정되거나 요청된 모든 정보를 규제기관에게 제공하여 규제기관이 이를 이용할 수 있도록 하여야 한다. (원자력 발전소와 같은) 복합적인 설비에 대한 권한 부여는 여러 단계를 거쳐 이루어지며 각 단계별로 별도의 심사의 대상이 되어, 별도의 허가 또는 면허를 필요로 한다. 이러한 경우에, 절차의 각 단계에서는 이전 단계에서의 검토 결과를 고려하여 심사 및 평가가 이루어져야 한다(GS-R-1 제5.4조).

규제기관에서의 점검 및 평가는 규제에 대한 일련의 결정이 된다. 수권의 각 단계에서 규제기관은 다음의 하나에 해당하는 공식적인 조치를 취할 수 있으며,

규제기관은 이러한 결정에 대한 이유를 공식적으로 기록하여야 한다(GS-R-1 제5.5조).

- 필요한 경우, 운전자의 이후 활동에 대한 조건 또는 제한을 부가하는 수권
- 수권의 거부

수권 이후 사후적으로 이루어지는 변경, 갱신, 중단 또는 취소는 명확하게 규정된 절차에 따라 이루어져야 한다. 그러한 절차는 수권의 갱신 또는 수정에 대한 적시 신청에 대한 사항을 포함하고 있어야 한다. 변경 또는 갱신과 관련된 규제기관의 심사 및 평가는 제5.3조에 규정된 요건에 따라 이루어져야 한다(GS-R-1 제5.6조).

② 점검 및 평가

점검 및 평가는 규제절차의 단계에 따라 그리고 당해 설비 또는 운용활동의 잠재적인 위험의 정도와 특성에 맞추어 이루어져야 하며(GS-R-1 제5.7조), 점검 및 평가활동에 있어서, 규제기관은 판단의 근거가 되는 원칙과 관련 기준들을 규정하여 운전자들이 이를 알 수 있도록 하여야 한다(GS-R-1 제5.8조).

점검 및 평가는 규제기관의 계속적인 기능 중의 하나이다. 점검 및 평가에 대한 책임은 규제기관의 부서 또는 개인에게 주어져야 한다. 점검 및 평가는 종종 점검의 대상이 되는 설비의 복잡성과 점검 및 평가 작업의 특성과 규모에 따라 일단의 전문가들을 규합하여 이루어질 필요가 있다. 이러한 일단의 전문가들은 규제기관과는 별도의 부분으로 조직되거나 그때마다 조직화될 수 있다. 그러한 모든 경우에는 활동의 조정을 위하여 감독관 또는 활동관리자가 임명되어야 한

다. 규제기관 내에서 충분한 전문가를 확보할 수 없는 경우에는 점검 및 평가활동의 일부가 계약에 의하여 외부, 예를 들면 지정된 지원 조직 또는 자문기관 등에서 수행될 수 있다(GS-G-1.1 제3.14조).

점검 및 평가는 규정 및 지침에서 설정된 원칙과 기준에 따라 이루어져야 한다. 점검 및 평가활동은 규제기관 내의 상이한 부서 사이의 효율적인 의사교환과 상호작용을 필요로 한다. 점검 및 평가의 주요 기준, 특성 및 결과는 장래의 참고를 위하여 문서의 형식으로 기록되고 보존되어야 한다(GS-G-1.1 제3.15조).

점검 및 평가는 일차적으로 운전자 등이 제출한 정보에 근거하여 이루어진다. 운전자 등이 제출한 기술적인 사항에 대한 보고에 대한 전체적인 점검 및 평가는 당해 설비 또는 운용활동이 관련되는 안전의 목적, 원칙 및 기준에 따른 것인지를 판단하기 위하여 규제기관에 의하여 수행되어야 한다. 이러한 절차에 있어서 규제기관은 다음의 사항을 만족시키는 설비 또는 장비의 설계에 대한 이해, 그러한 설계가 근거하고 있는 안전의 개념 및 운전자 등이 부여하고 있는 운전의 원칙을 파악하여야 한다(GS-R-1 제5.9조).

- 정보가 설비 또는 제안된 운용활동의 안전성을 나타내고 있다.
- 운전자가 제출한 사항에 포함되어 있는 정보는 정확하고 규제의 요건을 충족하고 있다는 것을 확인하기에 충분하다.
- 기술적 해결방안 및 새로운 기술이 경험이나 실증을 통하여 또는 경험과 실증을 통하여 필요한 안전 수준을 달성할 수 있다는 것이 증명되거나 인정되었다.

규제기관은 설비와 운용활동을 엄밀하게 점검 및 평가할 수 있는 체계를 갖추어야 한다. 규제기관은 가능하다면, 최초의 지역 선정·설계·건설·시운전 및 운전에서부터 폐로·폐쇄 또는 해체에 이르는 설비 또는 운용활동의 전개과정을 추적하여야 한다(GS-R-1 제5.10조).

설비 또는 운용활동의 안전에 관계된 모든 사항(또는 안전과 관계된 사항에 대하여 간접적이지만 중대한 영향을 미치는 사항)의 변경은 관련된 잠재적인 위험의 규모와 특성을 고려하여 점검 및 평가의 대상이 된다(GS-R-1 제5.11조).

③ 검사 및 집행

규제기관의 검사 및 집행활동은 규제기관의 책임의 전 범위를 포괄하여야 한다. 규제기관은 운전자 등이 예를 들어, 수권 또는 법령을 통하여 부여된 조건을 충족하고 있다는 것을 확인할 수 있도록 검사를 수행하여야 한다. 이에 더하여 규제기관은 필요한 경우, 운전자 등에게 공급되는 상품이나 용역의 제공자들의 활동까지도 검사하여야 한다. 조건 및 요건을 위반하거나 그를 충족하지 못하는 경우에 필요하다면 규제기관은 집행을 위한 조치를 취하여야 한다(GS-R-1 제5.12조).

규제기관의 검사 및 집행활동의 주된 목적은 다음 사항을 확보하기 위한 것으로서, 규제기관의 검사가 운전자 등의 안전에 대한 책임을 면제하거나 운전자 등이 수행하여야 하는 제어, 감독 및 검증 활동을 대체하여서는 안된다(GS-R-1 제5.13조).

- 설비, 장비 및 업무의 수행이 모든 필요한 요건을 충족하고 있어야 한다.
- 관련 문서와 지시들이 유효하며 규정을 준수하고 있어야 한다.
- 운전자 등에 의하여 고용된 사람들(계약자 포함)이 자신들의 업무를 효율적으로 수행하기 위해 필요한 전문성을 갖추고 있어야 한다.

- 흠결 및 불일치가 파악되고 지체 없이 수정되거나 개선되어야 한다.
- 모든 교훈이 파악되고 적절한 경우 다른 운전자 등과 공급자들 및 규제기관에게 전파되어야 한다.
- 운전자 등이 적합한 방식으로 안전을 관리한다.

검사활동에서의 협력을 위한 기관의 부서를 설치하는 것을 고려하여야 하며, 이는 대부분의 경우에 장점이 있다. 검사는 설비의 특정한 부분에 관계되며, 이는 개별적인 검사관 또는 일단의 검사관에 의하여 수행될 수 있다. 여기에는 일단의 전문가들이 설비를 직접 방문하는 것도 포함될 수 있다. 특정한 설비에 대한 검사를 계획하고 감독하며 검사 결과를 정리하기 위하여 활동관리자 또는 감독관이 임명되어야 한다(GS-G-1.1 제3.17조). 검사를 수행하는 조직의 구조는 검사활동의 규모와 전문가들의 활용 가능성에 따라 결정된다. 규제기관 내에서 충분한 전문가를 확보하지 못하는 경우에는 검사활동의 일부가 규제기관 직원의 감독을 받는 계약에 의하여 수행될 수 있다(GS-G-1.1 제3.18조).

규제기관은 계획적이고 조직적인 검사활동을 수립하여야 한다. 규제절차에서 수행되는 검사의 범위는 당해 설비 또는 운용활동과 관련된 잠재적인 위험의 규모 및 특성에 따라 달라진다(GS-R-1 제5.14조). 규제기관에 의해 수행되는 검사는, 공식적인 것이든 비공식적인 것이든 계속적인 활동이어야 한다. 만일 규제기관이 검사를 수행함에 있어서 자문기관의 자문을 받는 경우에도 규제기관은 이러한 검사에 기초하여 취한 조치에 대한 책임을 부담한다(GS-R-1 제5.15조).

설비 및 운용활동에 대한 검사를 실시함에 있어 상주검사관을 활용하는 것은 규제기관으로 하여금 언제든지 운전자 등의 체계·요소·실험·절차 및 다른 활동들에 대한 현장 관찰을 수행하는 역량을 증가시키는 장점이 있다. 또한 검사관이 현장에 계속 주재하는 것은 운전자 등의 독선이나 위반을 억제하는 데에 도움을 주며 규제기관이 문제를 파악하고 적시에 대응하는 역량을 증진시킬 수 있다. 상주검사관을 이용함으로써 어떠한 수준의 인적 자원에 의해서도 빈번하고 심도 있는 검사를 최적으로 조직할 수 있으며, 규제기관은 운전자 등의 일정에 대해 보다 자세한 정보를 파악하여 검사의 대상이 되는 핵심적인 운전자의 활동을 좀 더 잘 조정할 수 있게 된다. 비상주검사관과 설비 사이의 물리적인 거리는 고려하여야 하는 요인이다. 이는 비용, 검사관의 소요시간 및 예기치 못한 상황에 대해 대응하여야 하는 시간에 소요되는 자원에 대해 의미를 갖는다. 상주검사관의 활용은 현장에 대한 검사의 수행에 관하여 규제기관과 계약을 체결한 외부 자문기관 또는 지정된 지원 조직의 범위에 따라 결정된다. 상주 및 비상주검사관의 책임과 운용은 안전에 대한 운전자의 책임을 감면하지 않는 방식으로 규정되어야 한다(GS-G-1.1 제3.20조).

이에 대하여 비상주검사관을 활용하는 것은 상주검사관을 활용하는 경우에 비하여 인적 자원의 소요를 절감할 수 있다. 비상주검사관은 하나 이상의 현장을 검사하며, 이는 제한된 인적 자원을 보다 효율적으로 활용하는 것이 될 것이다. 이에 대신하여 비상주검사관은 특정한 설비에 지정되어 그 설비에서의 검사 활동을 실시할 수 있다. 비상주검사관이 규제기관의 점검 및 평가와 권한 부여의 책임을 이행하는 데에 보다 잘 이용될 수 있으며, 운전자 등과의 관계에 있어 비상주검사관의 객관성은 덜 침해될 수 있다. 나아가 비상주검사관은 규제기관의 활동과 의사결정에서 부적절하게 소외될 가능성이 낮다(GS-G-1.1 제3.21조).

검사관의 독립성과 객관성을 유지하기 위하여 그들이 임무를 수행하는 설비를 때때로 변경하거나 그들에게 본부에서의 일반적인 업무를 수행하도록 하는 것을 고려할 필요가 있다. 상주검사관을 활용하는 경우에는 상호 지원을 위하여 하나 이상의 특정한 현장을 순환하는 것을 고려하여야 한다. 그들의 규제활동에서의 효율성을 유지하기 위하여 상주검사관과 본부 사이에 적절한 소통이 이루어져야 한다(GS-G-1.1 제3.22조).

　규제기관은 정기적인 검사활동 이외에도 즉각적인 검사를 필요로 하는 이상 징후가 발생한 경우에는 긴급검사를 실시하여야 한다. 이러한 규제기관의 검사는 그러한 이상 징후를 즉시 조사하여야 하는 운전자의 책임을 면제하여서는 안된다(GS-R-1 제5.16조).

　검사의 결과 추가적인 점검 및 평가 또는 집행조치가 필요할 수 있다. 이러한 경우에 검사활동이 어떻게 조직되는지와는 별개로 규제기관의 다른 부서들과의 강력하고 효율적인 연계가 필요하다. 서면의 검사보고서가 작성되어야 하며, 필요한 경우 그 결과는 피검기관에게 전달되어야 한다(GS-G-1.1 제3.19조).

　집행조치는 특정한 조건 및 요건에 대한 불일치에 대응하기 위한 것이다. 그 조치는 불일치의 정도에 상응하여야 하며, 따라서 위반에 대한 서면경고에서부터 궁극적으로 수권의 철회에 이르는 상이한 집행조치들이 존재한다. 모든 경우에 운전자 등은 불일치를 해소하여야 하고, 정해진 기간에 따라 자체적인 검사를 실시하여야 하며 재발을 방지하기 위한 모든 조치를 취하여야 한다. 규제기관은 운전자 등이 모든 개선조치를 효율적으로 수행할 수 있도록 하여야 한다(GS-R-1 제5.18조).

　점검 및 평가, 검사 그리고 운전자가 작성한 보고서의 검토 그리고 회계감사를 통하여 운전자 등의 위반행위를 탐지할 수 있다. 규제기관의 조직구조는 집행조치가 지속적이고 객관적으로 이루어질 수 있도록 되어 있어야 한다. 검사관에게 주어지는 권한의 정도는 규제기관의 조직구조 및 검사관의 역할과 경험에 따라 결정된다(GS-G-1.1 제3.23조).

　안전에 심각한 영향을 미치지 않는 요건의 위반이나 요건으로부터의 일탈 또는 만족스럽지 않은 상황이 설비 또는 운용 활동에서 발견될 수 있다. 그러한 경우에 규제기관은 운전자에게 각 위반행위의 특성과 규제의 이유와 개선조치를 취할 시간을 파악하도록 하는 서면의 경고 또는 지시를 하여야 한다(GS-R-1 제5.19조). 또한 안전의 수준이 악화된다는 증거가 있거나, 규제기관의 판단에 의하여 즉각적인 작업자, 공공 또는 환경에 대한 방사능 위험을 제기할 중대한 위반이 있는 경우에, 규제기관은 운전자에게 운용활동의 단축을 요구하고 적절한 수준의 안전을 회복하기 위하여 필요한 추가적인 조치를 취하도록 요구하여야 한다(GS-R-1 제5.20조). 나아가 지속적, 영구적 또는 현저하게 중대한 불이행 또는 설비의 중대한 고장이나 설비의 손상으로 인한 방사능 물질의 환경으로의 유출이 발생하는 경우에 규제기관은 운전자 등에게 운용활동의 단축을 요구하고 수권의 중단 또는 취소를 할 수 있다. 운전자 등은 불안전한 모든 상황을 제거하도록 명령받아야 한다(GS-R-1 제5.21조). 이러한 운전자 등에 대해 부과되는 모든 집행에 대한 결정은 서면으로 확인되어야 한다(GS-R-1 제5.22조).

현장에서 집행조치를 취할 수 있는 검사관의 권한의 범위는 규제기관에 의해 결정되어야 하며(GS-R-1 제5.23조), 현장에서의 집행권이 개별 감사관에게 부여되어 있지 않은 경우에는 규제기관에의 정보전달은 상황의 급박성에 맞게 이루어져야 하며, 이를 통하여 필요한 조치가 적시에 이루어질 수 있어야 한다. 감사관의 판단에 의할 때 작업자 또는 일반의 안전과 건강이 위험하다고 인정되는 경우, 그에 대한 정보는 즉시 전달되어야 한다(GS-R-1 제5.24조).

④ 규정과 지침의 제정

규정과 지침의 체계는 국가의 법체계, 규제대상인 설비 및 운용활동의 특성과 범위에 맞도록 선택되어야 한다. 규제기관이 규정을 직접 제정하지 않는 경우에는 입법부와 행정부가 그러한 규정을 제정하고 적합한 기간에 승인이 이루어질 수 있도록 하여야 한다(GS-R-1 제5.25조).

규정의 주된 목적은 모든 운전자 등이 준수하여야 하는 요건을 설정하는 것이다. 이러한 규정들은 개별적인 수권행위에 포함되는 좀 더 상세한 조건과 요건을 위한 틀을 제공하여야 한다(GS-R-1 제5.26조). 필요한 경우에 규정을 준수하기 위한 방법에 대한 강제성이 없는 지침이 제정되어야 한다. 이러한 지침은 설계의 적합성을 측정하고 운전자가 규제기관에 제출하는 분석결과와 문서에 대한 데이터 및 작성 방법에 대한 정보를 포함할 것이다(GS-R-1 제5.27조). 또한 규정과 지침을 제정함에 있어서, 규제기관은 이해관계자들의 의견을 고려하고 경험을 반영하여야 한다. IAEA의 안전기준과 같은 국제적으로 인정된 표준과 권고들 또한 신중하게 고려하여야 한다(GS-R-1 제5.28조).

규정 및 지침의 빈번한 제정 또는 개정이 필요한 경우에는 이러한 목적을 위한 영구적인 부서의 설립을 고려하여야 한다. 규정 및 지침의 제정 또는 개정이 빈번하게 요구되지 않는 경우에는 필요한 경우 그를 위한 자원을 동원할 수 있는 체계를 갖추는 것으로 충분할 것이다. 규정과 지침을 제정함에 있어서는 해당 분야에 대한 가장 지식이 높은 사람들을 활용하여야 할 것이며, 이는 규제기관의 모든 활동의 근간을 형성하는 것이다(GS-G-1.1 제3.11조).

규정 및 지침의 수립은 규제기관 내외로부터의 충분한 자문을 바탕으로 이루어져야 한다. 따라서 관련 정부부처, 다른 규제기관, 영향을 받는 운전자들 및 이해관계자들 그리고 필요한 경우에는 일반인들에게도 검토 및 의견제시의 기회가 주어져야 한다(GS-G-1.1 제3.12조).

규정 및 지침을 수립함에 있어서는 국제적 표준 및 권고, 당해 국가가 참여하고 있는 협약에 의한 의무, 관련 산업표준 및 기술의 발달에 대해 충분히 고려하여야 한다. 또한 다른 국가의 규정 및 지침에 대해서도 고려하여야 하며 이는 수립과정에서 규제기관의 업무 부담을 경감시킬 것이다(GS-G-1.1 제3.13조).

⑤ 재난대비

규제기관은 운전자 등으로 하여금 재난에 대비한 적절한 준비를 갖추도록 하여야 한다. 이러한 임무는 조직의 규모에 따라서 별개의 부서에 의하여 수행될 수 있으나, 검사 또는 점검 및 측정 기능의 일부로 수행되는 경우가 많다(GS-G-1.1 제3.24조).

재난 시 규제기관이 역할은 국가에 따라 상당히 차이가 있으며, 이는 일반적으로 재난에 대한 대응이 어떻게 조직화되는지에 따른다. 대부분의 국가에서 규제기관은 재난대비에 대한 책임이 있는 기관에 자문을 제공하는 역할을 수행한다. 가장 큰 조직이라고 할지라도, 자원을 이러한 기능에만 투입하는 것은 정당화되지 못한다. 따라서 필요한 경우 필수적인 자원을 획득하고 그들을 적절히 투입할 수 있는 절차가 수립되어야 한다. 규제기관의 조직구조는 그러한 절차의 수립, 재난 대비에 관하여 다른 기관과의 연락 및 훈련 실시에 있어서 협력을 책임지는 개인 또는 부서를 명확히 규정하고 있어야 한다(GS-G-1.1 제3.25조).

⑥ 지원업무

규제기관은 일반적 행정업무에 종사하는 다수의 직원들 또는 부서를 가지고 있어야 하며, 직원들의 숫자 또는 부서의 규모는 규제기관의 규모에 따라 결정된다. 행정적 지원에는 다음과 같은 활동들이 포함된다(GS-G-1.1 제3.26조).

- 채용 및 훈련, 내부적 정보교류, 의료보호를 위한 준비, 출장준비 등을 포괄하는 인사행정
- 컴퓨터 또는 데이터 관리 및 특별한 출판물에의 접근을 포함하는 도서관 관리

- 문서의 준비, 저장, 검색, 재생산 및 배포를 포함하는 문서관리
- '기업정보(corporate memory)'의 보존
- 내부적 계획수립, 건축물 및 장비의 관리, 통신체계 및 보안체계의 운용을 포함하는 일반 행정업무
- 물품의 조달, 회계, 급여 및 송장의 작성을 포함하는 재무행정

또한 규제기관은 그 특성상 전문적인 법적 지원을 필요로 하는 활동들과 관계되어 있다. 법적인 지원은 규제기관의 직원 또는 다른 정부기관에 의해서 제공되거나 계약에 의해서 제공받을 수도 있다. 규제기관은 법적인 기능과 기술적 및 관리적 기능과의 상호작용을 명시적으로든 묵시적으로든 반영하는 조직체계를 갖추어야 한다. 전문적인 법적 참여를 필요로 하는 전형적인 활동에는 다음이 포함된다(GS-G-1.1 제3.27조).

- 기본적 법령의 제정
- 규정의 제정 및 국가 법체계와의 합치성 검토
- 법률 관련 문헌의 초안 검토를 통한 규정의 합치성 확보
- 국가의 법령과 국제협약 및 협정과의 합치성 확보
- 규제기관의 내부적 행정절차 수립에의 지원
- 수권절차에 대한 법적 자문의 제공
- 제안된 집행조치에 대한 법적 자문의 제공
- 집행조치에 있어서 규제기관의 대표
- 법원에서 규제기관의 대표
- 공공 정보공개에 대한 기술부서 및 공보담당관들에의 지원 제공

⑦ 연구 및 개발

규제기관은 설비의 운전자 등으로 하여금 안전에 대한 적절한 지식체계를 수립하기 위한 연구 및 개발을 수행하도록 장려하여야 한다. 그러나 운전자 등의 연구 및 개발이 충분치 않거나 규제기관이 특정한 중요한 발견 사실을 확정하기 위하여 독립적인 연구 및 개발을 수행하여야 할 필요가 있는 경우가 있다. 규제기관은 검사기술 및 분석방법 또는 새로운 규정과 지침의 제정과 같은 영역에서의 자신의 규제기능을 지원하기 위하여 연구 및 개발을 실시하거나 위탁할 수 있다(GS-G-1.1 제3.33조).

규제기관의 조직구조는, 연구부서를 수립하거나 연구 및 개발의 필요성을 규정하고, 주도하며, 협력하고, 필요한 작업을 감독하며, 결과를 평가할 수 있는 직원을 채용함으로써 이러한 연구 및 개발의 필요성을 반영하여야 한다. 연구가 어떻게 수행되는지와 관계없이, 규제기관은 연구활동이 장기적이든 단기적이든 규제의 필요성에 중점을 두고 그 결과가 적절한 조직 부서에 배포될 수 있도록 하여야 한다(GS-G-1.1 제3.34조).

(6) 안전중심의 문화

규제기관은 기본적으로 공적인 안전에 중점을 두어야 한다. 이에 더하여 견고한 안전 중심의 문화 또한 규제기관에 있어서 매우 중요하다. 이러한 문화는 개별적인 직원, 지휘자 및 전체로서의 조직을 포괄하여야 한다. INSAG에서 작성한 '안전중심의 문화(Safety Culture)'는 원래 운전자들을 위하여 작성된 것이지만 그 개념은 규제기관에도 동일하게 적용된다. 이는 안전 중심 문화에 대하여 다음과 같이 규정하고 있다. "안전 중심의 문화는 원자력 안전의 중요성을 반영하는 원자력 발전소의 안전을 가장 중점적인 우선과제로서 형성하는 조직과 개인들이 특성과 태도의 총합이다."

규제기관의 안전중심 문화는 기관의 최고위 단계에서 시작되며 다음과 같은 개인적 및 조직적 특성을 포함한다.

- 규제기관 내부의 안전중심 문화는 명확하고 조직 내에서의 안전에 대한 인식을 최고의 수준이 되도록 증진할 것이 기대된다.
- 지도자들은 그들의 결정과 행동에 있어서 안전에 대한 헌신을 나타낸다.
- 모든 개인들은 안전에 대해 개인적인 책임을 지며, 개별적으로 신뢰성을 갖추고 높은 가치와 윤리성을 나타낸다. 그들의 개인적 책임은 명확하다.
- 안전에 대해 영향을 미칠 가능성이 있는 문제들이 파악되고, 평가되며 적시에 해결된다.
- 안전을 추구하고 실현하기 위한 지속적인 학습기회가 제공된다.
- 누구나 자유롭게 보복, 협박, 학대 또는 차별에 대한 두려움 없이 안전에 대한 우려를 제기할 수 있다.
- 의사교환이 효율적으로 이루어지고 있으며 안전에 대해 계속 중점이 두어진다.
- 조직에 신뢰와 존중이 퍼져있다.
- 사람들은 의문을 제기하는 태도를 가지고 있으며 기존의 상황과 활동에 대해 자기만족을 하지 않으려 한다.[37]

---

37) NEA(2014), p. 13.

6 검토

　이상의 내용을 바탕으로 원자력 안전관리에 관한 주요 원칙과 원자력 안전관리를 담당하는 기구의 조직 및 운영 그리고 민관 협력을 이끌어 내는 방법에 대한 국제기구들의 기준을 정리하면 다음과 같다.

(1) 원자력 안전관리에 관한 주요 원칙

　앞서 본 IAEA의 '안전에 관한 기본원칙(Fundamental Safety Principles)'에서 제시하고 있는 바에 의하면 원자력에 대한 안전관리는 다음 10가지의 원칙에 따라 이루어져야 한다고 할 것이다.

- 제1원칙(안전에 대한 책임): 안전에 대한 책임은 방사능 위험을 야기하는 설비 및 운용활동을 수행하는 개인 또는 단체가 부담하여야 한다.
- 제2원칙(정부의 역할): 규제기관의 독립성을 포함하는 효율적인 법적 및 정부 체계가 수립되고 유지되어야 한다.
- 제3원칙(안전에 대한 지도와 관리): 방사능 위험의 야기와 관련된 기관, 설비 및 운용활동에 있어서의 안전에 대한 효율적인 지도와 관리가 수립되고 유지되어야 한다.
- 제4원칙(설비와 운용활동의 정당화): 방사능 위험을 야기할 수 있는 설비 및 운용활동은 전체적인 이익에 양보하여야 한다.
- 제5원칙(방호의 최적화): 방호는 합리적으로 달성할 수 있는 최고 수준의 안

전을 제공할 수 있도록 최적화되어야 한다.
- 제6원칙(개인들에 대한 위험의 제한): 방사능 위험을 제어하는 수단들은 수인할 수 없는 위해의 위험을 누구도 부담하지 않도록 하여야 한다.
- 제7원칙(현재 및 장래 세대의 보호): 현재와 장래의 사람들 및 환경은 방사능 위험으로부터 보호되어야 한다.
- 제8원칙(사고의 예방): 원자력 또는 방사능 사고의 위험을 방지하고 그를 경감하기 위한 실질적인 모든 노력이 기울여져야 한다.
- 제9원칙(재난에의 대비와 대응): 원자력 또는 방사능 사고에 대한 재난대비 및 대응을 위한 준비가 이루어져야 한다.
- 제10원칙(규제되지 않는 방사능 위험에 대한 예방적 조치): 규제되지 않는 방사능 위험을 경감하기 위한 예방적 조치가 정당화되고 최적화되어야 한다.

이러한 10가지의 원칙 중에서 원자력 규제기관과의 관련성이 높은 원칙은 제1원칙(안전에 대한 책임), 제2원칙(정부의 역할)과 제3원칙(안전에 대한 지도와 관리)이라고 할 것임은 앞서 본 바와 같다.

(2) 원자력 안전관리기관의 요건

NEA에서 2014년 간행한 『효과적인 원자력 규제기관의 특성』(*Characteristics of an Effective Nuclear Regulator*, NEA No. 7185)에서는 위와 같은 원칙들과 각종 국제안전기준을 바탕으로 하여 원자력 안전관리 기관이 갖추어야 할 요건에 대해서 정리하고 있으며, 이를 바탕으로 원자력 안전관리 업무에 종사하는 규제기관의 조직구성 및 운영에 대해 국제사회가 요구하는 기준은 다음과 같이 정리할 수 있을 것이다.

① 독립성

규제기관의 기능은 원자력 에너지의 촉진 또는 이용과 관련된 다른 기관 또는 조직이나 다른 이해관계 있는 기관들과 실질적으로 독립되어 있어야 한다. 기능적 독립성은 부적절한 영향을 받음이 없이 규제에 관한 독립적인 의사결정을 내릴 수 있도록 하는 것이며, 여기에는 독립적이고, 투명하며, 균형 있고 편중되지 않는 규제결정을 내리고 이를 사람들에게 인식시키는 것이 포함된다. 이러한 독립성은 규제기관이 필요한 경우에는 안전하지 않은 설비의 폐쇄를 요구하는 것과 같은 강력한 결정을 내릴 수 있도록 하여준다. 이를 위해서는 의사결정 및 집행의 역량과 투명성 및 정부, 의회 및 이해관계자들과의 적극적 관계를 포함하는 법체계의 강력한 지원을 필요로 한다.

규제기관이 그의 의사결정에 있어서 부적절한 영향으로부터 실질적으로 독립성을 유지하기 위한 요소들에는 다음과 같은 것들이 있다.

- 정치적 독립성
  - 일상적인 업무 및 위기 상황에서 자신의 전문적인 분야에 관해서는 독립적으로 규제에 대한 판단과 결정을 내릴 수 있는 권한을 부여받아 이를 행할 수 있어야 한다.
  - 안전과 관련된 객관적인 요건에 규제에 관한 결정을 내릴 수 있는 능력과 집행 수단이 포함되어 있어야 한다.
  - 설비 및 운용활동의 안전과 관련된 사항에 대하여 정부 부처 및 정부 기관들에게 독립적인 자문을 행할 수 있도록 권한이 부여되어야 한다.

- 재정적 독립성
    - 자신에게 부여된 임무를 적절하고 적시에 이행할 수 있도록 신뢰할 수 있는 재정적 자원 및 신뢰할 수 있는 기금과 인원이 제공되어야 한다.
    - 국가의 체계 내에서 명확하게 규정된 재정 조달 체계 및 예산배정절차가 제공되어야 한다.

② **전문성**

핵심 기술에 대한 전문성과 경험은 효율적인 규제업무를 수행할 수 있도록 하며, 이러한 전문성은 독립성, 투명성, 신뢰성과 믿음과 같은 효율적인 규제기관의 다른 특성들의 기초이다. 나아가 규제기관이 기술적 및 과학적 전문성을 바탕으로 독자적인 의사결정을 내릴 수 있어야 규제기관의 실질적으로 독립성을 갖추게 된다고 할 것이다.

규제기관의 기술적인 전문성은 필수적이고 기본적인 요소이지만 그것만으로는 충분하지 않으며, 그에 기초하여 다른 보충적인 전문성이 형성되어야 한다. 관련되는 전문성에는 조직적 및 인적 요소에 대한 지식, 법적 역량 및 핵심적인 규제에 관한 역량이 포함된다. 효과적으로 법을 집행하기 위한 역량과 능력 또한 규제기관의 결정이 안전의 수준에 대해 목적하는 바의 효과를 거두도록 하기 때문에 규제기관의 결정에 있어 핵심적인 요소이다.

규제기관은 기존의 직원들과 신입 직원들이 기술적 및 규제에 관한 능력을 유지하고 향상시킬 수 있는 설비와 방법을 보유하고 있어야 한다. 교육과정은 관련영역들을 포함하고 있어 기술적, 조직적 및 인적 요소와 규제의 전문성이 유지되고 향상될 수 있도록 하여야 한다.

③ 공개성과 투명성

공개성과 투명성은 정보의 공개와 이해관계자들의 관여에 대한 정책을 채택하고 일반인들에게 규제절차에 대한 정보를 제공하는 것을 의미한다.

적합한 이해관계자를 의사결정절차에 참여시키는 것은 의사결정에 대해 좀 더 넓은 근거를 확보할 수 있도록 하는 기회를 제공하는 것이며 이는 또한 규제기관이 사회에서 신뢰를 확보하는 데에도 기여할 수 있다. 이해관계자들의 의견을 고려함으로써, 규제기관은 사람들에게 필요한 수준의 안전과 환경을 보호하는 결정을 적시에 내리는 신뢰할 수 있고 전문적이며 독립성을 가진 기관이라고 비추어질 것이다.

정보의 공개에 관한 정책의 주요한 결과물은 안전에 관한 정보와 이해관계자들이 관심을 가질 적절한 연간보고서와 검사결과를 출간하는 것이다. 원자력 설비에서의 사건과 사고, 그들의 안전과의 관련성 및 규제방법에 대한 정보들은 공개적으로 이용가능하여야 하고, 일반인 및 다른 관할 기관과의 소통은 명확하여야 한다.

정보의 이용가능성과 규제 활동의 투명성 및 규제 결정에 대한 보고는, 의사결정이 풍부한 기준과 절차에 의하여 뒷받침되고 있다는 점에 대한 일반의 신뢰를 증가시킬 수 있다.

이러한 요건들은 모두 규제기관이 국민들의 신뢰를 확보하기 위한 것이라고 볼 수 있다. 즉, 원자력 안전규제에 있어서 가장 빈번하게 빚어지는 논쟁이 "얼마나 안전해야 안전한 것인가"라는 것이며, 이에 대한 답은 추상적이기는 하지만 국민들이 만족할만한, 최소한 국민들이 납득할만한 수준의 안전을 확보해야 한다는 것이라는 점[38]에 비추어 볼 때, 규제기관의 활동은 무엇보다 국민들의 신뢰를 확보하는 데에 중점을 두어야 할 것이다. 따라서 규제기관의 모든 조

---
38) 김길수(2015), 162면.

직 구성과 운영 및 민관협력 방안은 독립성, 전문성 및 투명성을 통하여 국민들로 하여금 규제기관이 적절한 수준에서 원자력의 위험을 통제하고 있다는 신뢰를 갖도록 하는 것에 맞추어져야 할 것이다.

ITRODUCTION
TO
**NUCLEAR
SAFETY
MANAGEMENT**

주요 국가의 원자력 규제기관 3

1. 미국의 원자력규제위원회[39]

1954년의 「원자력법」(Atomic Energy Act of 1954)과 1974년의 「에너지기구재조직법」(Energy Reorganization Act of 1974)이 원자력규제위원회(United States Nuclear Regulatory Commission: U.S. NRC)의 설치와 규제 활동의 법적 근거가 되고 있다. 원자력규제위원회는 1954년 「원자력법」 제161조에 따라 "민간부분의 핵물질과 원자력시설에 대한 안전규제를 통하여 방사선 재해로부터 국민의 건강·안전과 환경을 보호"하기 위하여 설립되었다.

[39] 이하의 내용은 미국 원자력규제위원회(NRC)의 홈페이지(https://www.nrc.gov/)를 주로 참조하였다(2022. 12. 26. 최종방문).

원문보기

(1) 근거 법률

현재 원자력규제위원회의 조직이나 활동의 근거가 되는 것은 핵물질이용의 기본법인 1954년 「원자력법」과 원자력규제위원회의 임무와 조직 등을 규정하고 있는 1974년 「에너지기구재조직법」이다. 그밖에 원자력규제위원회의 방사성폐기물 규제 등의 업무에 관해서는 1978년 「우라늄 제조 폐기물 방사능규제법」(Uranium Mill Tailing Radiation Control Act of 1978), 1982년 「방사성폐기물정책법」(Nuclear Waste Policy Act of 1982) 등에서 규정하고 있다. 핵비확산에 대해서는 1978년 「핵비확산법」(Nuclear Non-Proliferation Act of 1978)에서, 또한 규칙 제정절차에 대해서는 「행정절차법」(Administrative Procedure Act) 및 「환경정책법」(National Environmental Policy Act)에서 정하고 있다.

(2) 조직구성

① 위원 및 위원회

원자력규제위원회는 상원의 조언과 승인 하에 대통령이 임명하는 5명의 위원으로 구성되며 임기는 5년이다. 이 가운데 1명이 대통령에 의해 위원장 겸 대변인으로 임명된다. 정치적 독립성을 유지하기 위해 5명의 위원 가운데 동일 정당의 위원은 3명 이내로 하여야 한다. 위원은 미국인이어야 하며, 재임 중 직무상의 무능, 태만, 위법행위가 없는 한 해임되지 않으며, 다른 직업과의 겸직은 금지되어 있다.

위원장은 본인의 부재 등으로 직무를 수행할 수 없는 경우 그 직무를 대행할

1명의 위원을 지명할 수 있다. 위원장 또는 위원장대행은 위원회의 모든 회의를 주재하고, 회의는 위원 3명 이상의 출석으로 개회하며, 과반수의 투표로 결정한다. 위원장을 비롯한 각 위원은 위원회가 행하는 의사결정 등에 대하여 동등한 책임과 권한을 가지며, 모든 결정에 대하여 동일한 한 표를 행사할 권리를 가진다. 위원장 또는 위원장대행은 위원회의 공식적인 대변인이며, 위원회의 정책과 결정이 성실하게 수행되는지 여부를 감독하고, 그 결과에 관하여 정해진 시기에 위원회에 알려야 한다.

위원장은 위원회의 최고책임자로서 위원회의 모든 집행 및 관리상의 직무, 즉 ㉠ 위원회에 고용되는 직원의 임명과 감독, ㉡ 위원장에 의해 임명되고, 감독을 받는 직원 및 위원회의 운영관련 업무 분장, ㉢ 예산의 사용 및 지출 등의 직무를 수행해야 한다. 위원장이 위원회에 설치되는 주요한 관리부분의 장을 임명한 경우에는 위원회의 승인을 받아야 한다. 위원은 직무상의 무능력, 업무태만 또는 부정행위가 있으면 대통령에 의하여 파면되고, 위원회의 위원으로서 재직하는 동안 다른 직업이나 업무에 종사하거나 고용되지 못하며, 위원과 직원 모두 개인적 이해관계가 있는 사항에 관여할 수 없다.

앞서 본 바와 같이 5명의 위원 중 3명 이상이 동일한 정당으로부터 추천을 받을 수 없도록 되어 있다는 사실은, 양당제 정치가 이루어지고 있는 국가에서 한 정당이 어느 정도로 국정을 장악하고 있는지에 불구하고, 위원회가 일방적으로 정당편향적이 되지 않도록 하여준다. 위원들은 또한 상대적으로 장기간인 5년의 임기를 보장받고 있으며, 특정한 사유가 아니면 해임되지 않도록 하여 위원의 독립성을 보장할 수 있도록 하는 법적인 장치가 마련되어 있다.

나아가 이해관계의 충돌을 방지하기 위하여 위원 및 위원회의 직원들은 규제의 대상이 되는 당사자들과 개인적이거나 금전적 이해관계를 맺지 못하도록 엄격하게 금지하고 있다. 이는 독립성과도 관련이 있으나, 투명성 또한 이러한 측면에서 중요한 의미를 갖는다. 원자력규제위원회는 부적절한 관계를 파악하고 해소하기 위하여 매년 재산공개 보고서를 작성하도록 하고 있다.[40]

② 실무부서

㉮ 조직체계

원자력규제위원회(NRC)의 내부 실무조직으로서 집행국장(Executive Director for Operations) 아래에 원자로 및 대비사업담당차장(Deputy Executive Director for Reactor and Preparedness Programs)과 방사성 물질, 폐기물, 연구, 주(州), 자치정부, 준법, 행정 및 인적 사업담당차장(Deputy Executive Director for Materials, Waste, Research, State, Tribal, Compliance, Administration and Human Capital Programs)이 있다. 원자로 및 대비사업담당 차장의 아래에는 미국을 4개의 권역으로 구분하여 각 권역별 행정관(Regional Administrator)과 신규원자로실(Office of New Reactors: NRO), 핵안보 및 사고대응실(Office of Nuclear Security and Incident Response: NSIR), 원자로규제실(Office of Nuclear Reactor Regulation: NRR)이 있다. 방사성 물질, 폐기물, 연구, 주, 준주, 자치정부, 준법, 행정 및 인적 사업담당차장의 아래에는 원자력규제연구실(Office of Nuclear Regulatory Research: RES), 집행실(Office of Enforcement: OE), 핵물질안전보장실(Office of Nuclear Material Safety and Safeguards: NMSS), 조사실(Office of Investigation: OI), 행정지원실(Office of Administration: ADM), 인적자원담당관실(Office of the Chief Human Capital Officer: OCHCO)이 있다.

신규원자로실(NRO)은 신설 원자로 설비에 대한 면허를 부여하는 것을 그 임무로 하고 있으며 따라서 새로운 상업용 원자로의 위치선정, 면허부여 및 감독에 대한 책임을 부담하고 있다.

---

40) https://www.nrc.gov/about-nrc/values.html (2023. 2. 27. 최종방문).

원문보기

핵안보 및 사고대응실(NSIR)은 원자력설비의 보안과 관련된 기술적 문제에 대한 판단을 위한 원자력규제위원회의 전체적인 정책을 수립하고 관리의 방향을 설정하며, 국토안보부(DHS) 및 에너지부(DOE)를 비롯한 다른 정부부처 또는 기관들과 안보에 대해 교류한다.

원자로규제실(NRR)은 상업용, 실험용 및 연구용 원자로에 대한 규칙의 제정, 면허의 부여, 감독 및 재난대응의 주요한 4가지 영역에서의 광범위한 범위의 규제활동을 실시한다.

원자력규제연구실(RES)은 원자력 규제에 관한 연구에 대한 계획의 수립, 권고, 관리 및 연구사업의 시행을 담당하며 이러한 연구에 관하여 원자력 규제위원회(NRC) 및 그 소속의 모든 공무원들과 협력한다.

집행실(OE)은 원자력규제위원회(NRC)가 부과하는 요건들의 집행을 위한 정책과 활동의 수립 및 그 시행을 감독, 관리하고 명한다.

핵물질안전보장실(NMSS)은 상업용 원자로에서 사용되는 원자력 연료의 안전한 생산, 고준위 방사성 폐기물 및 사용후 핵연료의 안전한 저장·운송 및 처분, 원자력법의 규제를 받는 방사성 물질의 운반을 규율하는 활동에 대한 책임을 지고 있다.

조사실(OI)은 원자력규제위원회 직원들 및 계약자들의 부정행위에 대한 모든 신고의 조사를 포함하여 면허권자, 신청자 및 그들의 계약자 또는 공급자들에 대한 조사를 위한 정책, 절차 및 기준을 수립한다.

행정지원실(ADM)은 필요한 물품의 획득, 설비 및 경비, 자산관리 등을 비롯하여 원자력규제위원회의 활동을 지원하기 위한 각종 행정업무를 통합적으로 수행하는 부서이다.

인적자원담당관실(OCHCO)은 원자력규제위원회의 인적 자원 개발계획의 관리를 담당하는 부서소서, 인적 자원 개발 전략을 수립하고 원자력규제위원회의 전체적인 목적과 목표에 맞추어 이를 시행한다.

원자력규제위원회 조직도는 [그림 3-1]과 같다.

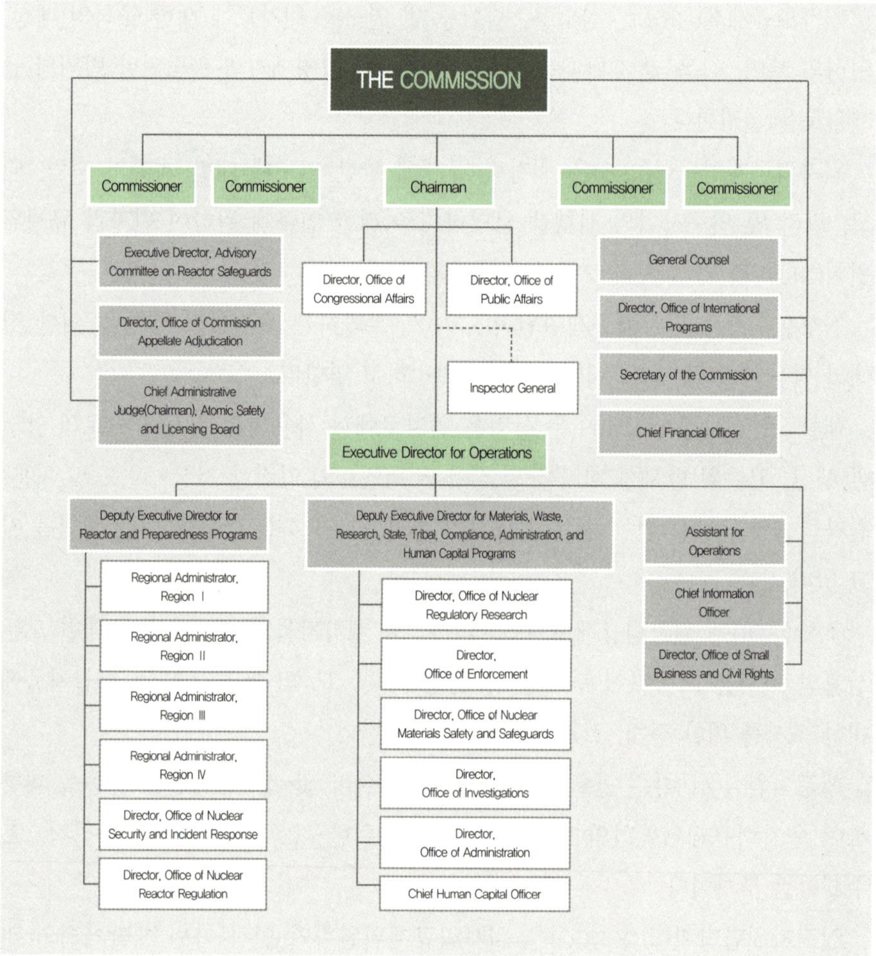

[그림 3-1] 원자력규제위원회(NRC) 조직도[41]

41) https://www.nrc.gov/docs/ML2206/ML22067A170.pdf(2022. 12. 27. 최종방문)

⑭ 직원에 대한 관리

복합적인 기술분야를 규제하는 모든 기관에서는 적절한 과학, 기술, 관리, 재정 및 법률의 전문가들을 확보하는 것이 필수적이라고 할 것이다. 원자력규제위원회의 직원들은 광범위한 영역에 대하여 상당히 높은 수준의 전문성을 보유하고 있으며, 이를 유지하고 향상시키기 위한 자체적 교육과정을 수립하고 있다.[42] 즉, 원자력규제위원회에서는 자신들의 업무수행을 위하여 필요한 지식과 경험이 부족한 직원들을 위한 다양한 교육을 실시하고 있다. 사내교육, 감독 및 관리교육 그리고 그밖의 다양한 특별교육을 제공한다.

신입직원에 대한 전환교육(new employee briefing)을 비롯하여 다음과 같은 교육을 제공한다.

- 직원교육: 원자력규제위원회는 직원들에게 원자력규제위원회의 규제활동을 지원하기 위한 다양한 분야의 기술 및 직원들이 필요로 하는 그밖의 폭넓은 분야에 대하여 교관의 지시에 따라 컴퓨터를 이용한 자기학습의 교육 기회를 제공하고 있다. 교육은 전통적인 강의실 수업, 컴퓨터실의 활용, 완벽한 모의 원자력 발전소 통제실 실습장 그리고 인터넷을 활용한 교육의 제공과 같은 방법으로 이루어진다.
- 기술교육: 강의실 또는 모의 실험실, 인터넷 또는 사내교육 및 현장에서의 자기학습을 통하여 기술자들에게 그들의 규제업무의 수행을 위해 필요한 전문성을 개발할 수 있도록 다양한 유형의 원자력 설비의 설계 및 운영을 점검할 수 있도록 하는 최신의 정보와 가치 있는 실무경험을 제공한다. 이를 통하여 직원들은 점검, 검사, 면허 발급 및 집행조치를 취할 수 있게 되고, 소통 및 의사결정 역량을 강화시키는 기술적 원리 및 원자력 설비에 대한 이해를 획득하게 된다.

42) https://www.nrc.gov/about-nrc/employment/workingatnrc.html(2023. 2. 27. 최종방문).

또한 통합적으로 실시되는 단체교육은 집행, 감독 및 관리 역량의 발전을 가능하도록 하며, 다양한 영역에서의 현장 또는 지역의 대학에서의 위탁교육 또한 실시하고 있다. 원자력규제위원회는 대학교에서 진행되는 학사 및 석사학위 과정에의 수업료를 지원하며, 직원들의 역량개발을 위한 직업교육에 대한 조언 및 상담을 실시하고 있다.

(3) 주요 업무

원자력 규제위원회의 활동목적은 방사선에 의한 피해로부터 일반인들의 건강과 안전 및 환경을 지키는 것이다. 주요한 규제의 대상은 민간용 원자로(상업용 원자로와 연구용 원자로 등), 핵연료 재생시설, 핵물질(원자로에서 이용되는 핵물질, 연구용·의료용·공업용 핵물질 등), 방사성 폐기물 등이다. 이에 대해 안전기준이나 규칙의 제정, 인허가, 기준 등이 준수되고 있는가를 감독하거나 검사함으로써 활동목적을 달성하는 것이다.

원자력규제위원회의 허가 및 규제권한은 다음과 같다.

- 원자로를 신설할 때 설계, 입지, 건설, 운전의 인허가, 우라늄 농축시설 등 기타 원자력 시설에 대한 인허가[43]
- 기존 원자로의 안전성에 관한 검사, 기존 원자로의 원전허가 갱신
- 각종 사용목적의 핵물질 보유, 이용, 처리, 수출입의 허가나 감시
- 원자력 규제위원회 관할 하에 있는 저준위방사성 폐기물 처리시설의 건설이나 운영에 대한 허가
- 고준위방사성 폐기물 저장시설의 건설이나 운영의 허가

---

43) 원자력 규제위원회의 원자력 발전소 신규허가는 건설허가와 운전허가 두 단계에서 행해지고 있었지만, 1992년부터 이를 구별하지 않고 일괄허가가 가능한 것으로 규정하고 있다고 한다. 김민훈(2012), 59면.

- 저준위방사성 폐기물 및 고준위방사성 폐기물의 관리
- 안전성 등에 관한 규칙이나 기준의 제정과 시행
- 업무에 관한 조사 · 연구 등

즉, 조직체로서의 원자력규제위원회는 원자력 산업의 발전 및 진흥에 대한 책임을 지고 있지 않으며, 또한 그러한 책임을 부담하고 있는 다른 정부 기관들로부터 실질적으로 분리되어 있다. 이러한 사실은 원자력규제위원회의 기능을 다른 정부기관들의 기능으로부터 분리시켜 위원회가 독립성을 유지하도록 하는 데에 도움을 준다고 할 수 있다.

또한 투명성은 원자력규제위원회에 있어서 더욱 큰 의미를 갖는다. 여러 법률들에서는 원자력규제위원회의 결정이 공적으로 이루어질 것을 요구하고 있다. 예를 들어,「햇빛 속의 정부법」(Government in Sunshine Act)은 회의에 대한 사전의 고지와 함께, 이러한 회의에 이해관계자들의 참여권을 보장할 것을 요구하고 있으며,「정보의 자유에 관한 법률」(Freedom of Information Act)에서는 의사결정절차에 사용되는 모든 문서에 대한 공공의 폭넓은 접근을 요구하고 있다. 나아가 다른 정부기관의 검토를 받지 않고 안전과 관련되는 방대한 정보를 일반인들, 언론 및 다른 정부기관들에게 제공할 수 있는 역량 또한 원자력규제위원회의 독립성을 보장하고 있는 방안 중 하나라고 할 것이다.[44]

44) https://www.nrc.gov/about-nrc/values.html(2023. 2. 27. 최종방문).

45) https://www.nrc.gov/docs/ML2208/ML22089A188.pdf(2022. 12. 26. 최종방문).

(4) 예산

원자력규제위원회의 2023 회계연도 예산 신청액은 9억 2920만 달러이며, 이는 2022년의 예산과 비교하여 4150만 달러 증액된 것이다.[45]

이러한 예산의 규모가 원자력규제위원회의 업무집행을 위한 충분한 재정적 자원이 되는지의 여부와는 별개로, 규제기관의 예산이 원자력 설비의 운영자 등의 부담과는 가급적 분리될 것을 권고하는 국제기구들의 기준과는 다소 부합하지 않는 것으로 여겨진다.[46]

(5) 자문기관

원자력규제위원회는 원자로안전자문위원회(Advisory Committee on Reactor Safeguards: ACRS), 의료용동위원소자문위원회(Advisory Committee on the Medical Uses of Isotopes: ACMUI), 원자력안전·면허위원회(Atomic Safety and Licensing Board Panel: ASLBP)의 3개 자문위원회를 설치하고 있다.

원자로안전자문위원회(ACRS)는 원자력규제위원회의 요청에 따라 핵물질의 생산 및 이용시설의 가동에 관한 안전성, 제안된 원자로 안전기준의 적절성, 점진적·수동적인 원자력발전소 설계의 면허에 관한 기술적·정치적 문제 및 기타 문제 등에 관하여 검토하여 조언한다. 원자로안전자문위원회(ACRS)의 원자력 운용활동 및 설비의 위험요소에 관한 검토·조언은 에너지부(DOE)의 원자력시설안전위원회(Nuclear Facilities Safety Board)에도 기술적 자료로 제공된다. 또한 이 위원회는 직권으로 특별한 안전관련 문제에 대하여 검토할 수 있으며, 원자력규제위원회의 안전조사사업에 의견을 제시하는 형태로 보고서를 제출할 수 있다.

의료용동위원소자문위원회(ACMUI)는 진단·치료에서의 의료용 방사성물질 규제에 관한 정책적·기술적 문제에 관하여 원자력규제위원회에 자문을 제공한다. 다양한 분야로부터의 의료 전문가로 구성되어 있는 의료용동위원소자문위

---

[46] 그러나 이러한 방안이 의회의 정치적인 영향력으로부터 독립성을 확보할 수 있는 수단이라고 해석할 수 있는 여지도 있다. https://www.iaea.org/ns/tutorials/regcontrol/regbody/reg2124.htm(2017. 10. 11. 최종방문) 참조.

원회의 위원들은 원자력규제위원회의 규정이나 기준의 개정을 권고하거나 특정한 핵물질의 비정상적 사용을 평가하고, 또한 면허부여·조사·집행을 위한 기술적 지원을 제공하기도 하며, 원자력규제위원회의 적절한 활동을 위하여 주요한 문제에 대해 원자력규제위원회의 주의를 환기시키는 역할을 수행하기도 한다. 이 위원회는 기술적 분야를 대표하는 많은 전문가들에게 토론의 장을 제공하기 위하여 설치되었으며, 원자력규제위원회의 의사결정과정에 독립적 조언을 제공할 수 있다.

원자력안전·면허위원회(ASLBP)는 원자력규제위원회의 지시에 따라 개별적인 3인위원회 또는 원자력규제위원회나 책임 행정심사관(Chief Administrative Judge)에 의해 지명된 단일의 심사관을 통하여 모든 면허부여 및 그밖의 심사활동을 수행한다. 그 정원이 정해져 있지 않은 심판단은 변호사, 기술자 및 과학자로 구성되며 상근 및 비상근의 행정심판위원으로 구성된다. 행정심판위원은 단일의 심사관 또는 3인위원회의 일원으로 업무를 수행하며, 절차가 광범위하기 때문에 3인위원회의 위원장은 주로 변호사가 담당한다. 심판 단의 심판위원은 원자력규제위원회의 소속이므로, 그들의 결정은 원자력규제위원회의 검토대상이 되지만, 「행정절차법」(Administrative Procedure Act) 및 오랜 기간의 관행에 의하여 그들의 독립성은 보장되고 있다. 직권주의와 기능의 분리 원칙을 통하여 원자력규제위원회의 영향력 아래에 있는 심판단이 이해상충을 회피할 수 있다.

(6) 의회와의 관계

원자력규제위원회는 연방의회에 대하여 자신의 현재 활동에 대한 모든 정보를 제공하고 있다. 위원회의 위원들과 고위 직원들은 정기적으로 의회에 대하여 정보를 제공하고 상원과 하원의 다양한 위원회들 및 원자력규제위원회(NRC)의 활동에 관심이 있는 많은 의원들의 질의에 답변을 한다.

원자력규제위원회의 예산을 소관하고 있는 상하양원의 에너지 및 수자원개발 세출소위원회(Appropriations Subcommittee on Energy and Water Development)는 원자력규제위원회에 대해 6개월마다 그 면허와 규제업무에 관한 보고서를 제출하도록 하고 있다. 이 보고서에는 모든 면허의 갱신 신청에 대한 현황 등이 포함되어야 한다. 또한 연방의회는 원자력규제위원회의 위원이나 고위 직원에 대하여 특정한 활동에 대하여 관할권이 있는 위원회의 감독을 위하여 진술서를 제출하거나 청문회 등에 참석할 것을 요구할 수 있다.

연방의회에서 원자력규제위원회의 규제활동에 대한 관할권을 가지고 있는 것은 상원의 '환경 및 공공사업 위원회'(Committee on Environment and Public Works)와 하원의 '에너지 및 상업 위원회'(Committee on Energy)이다. 이러한 위원회에서 원자력규제위원회에 대한 입법 및 감독의 권한을 가지고 있는 소위원회는 상원의 '청정대기 및 원자력 안전 소위원회'(Subcommittee on Clean Air and Nuclear Safety)와 하원의 '에너지 및 환경 소위원회'(Subcommittee in Energy and the Environment)이다. 이러한 양자의 소위원회가 원자력규제위원회에 대한 입법권 및 원자력규제위원회에 대한 연방의회의 감독에 대한 권한을 행사한다.

① 사고보고서

원자력규제위원회는 1954년의 「원자력법」 또는 1974년 「에너지기구재조직법」에 따라 허가를 받거나 규제를 받는 모든 시설 또는 관련시설에서 발생한 모든 사고(위원회가 일반 국민의 생명과 안전이라는 점에서 중요한 것으로 인정하는, 예상할 수 없는 사고 등)에 대하여 연차보고서를 연방의회에 제출해야 한다.

연차보고서에는 다음과 같은 내용이 기재되어 있어야 한다.

- 사고가 발생한 일시 및 장소
- 사고의 성격 및 예상되는 영향
- 사고의 원인
- 재발방지를 위한 대응조치에 관한 사항

위원회는 앞의 2가지 사항에 대해서는 사고 정보를 입수한 날로부터 15일 이내에 가능한 한 신속하게 공개해야 하며, 뒤의 2가지 사항에 대해서는 그 수집 후에 바로 공개해야 한다.

② **활동보고서**

원자력규제위원회는 1년에 2차례에 걸쳐 정기보고서를 의회에 제출하여야 한다. 이러한 활동보고서에는 상용원자력발전의 편익·비용 및 위험에 대한 원자력규제위원회의 단기 및 장기 목표, 우선순위 및 계획이 명확하게 기재되어 있어야 한다.

예를 들어, 2015년 4월~9월의 기간 동안의 활동보고서[47]에는 다음과 같은 내용이 포함되어 있다.

- 원자로 감독절차
- 위험정보에 기반하고 성과에 기반한 규제활동
- 원자로의 보편적 문제 관리 사업의 이행상황과 관련한 문제
- 면허발급 및 기타 면허 관련 조치

47) 이에 대한 상세는 NRC(2015) 참조.

- 면허갱신 현황
- 원자로에 대한 집행조치 현황
- 원자로의 보안과 재난 및 사고 대응활동
- 발전량의 증가
- 원자로 면허의 신규발급
- 일본 후쿠시마 원자력 발전소의 사고로부터의 교훈의 반영

(7) 관련부처

① 에너지부

㉮ 조직구성

에너지부(DOE)는 1974년에 폐지된 원자력위원회(AEC)와 에너지연구개발국(ERDA) 등에 그 기원을 두고 있으며, 1977년 10월 1일에 설치된 연방정부의 행정기관이다. 에너지부는 장관 및 부장관(Deputy Secretary)을 비롯하여 핵안보·안전관리차관실(Office of the Under Secretary for Nuclear Security and National Nuclear Security Administration), 과학·혁신차관실(Office of the Under Secretary for Science and Innovation), 기반시설차관실(Office of the Under Secretary for Infrastructure)을 두고, 각각의 분야에 대한 업무를 수행하고 있다. 핵안보·안전관리차관 아래에는 국가핵안보청(National Nuclear Security Administration: NNSA)을 두고 있으며, 핵비확산국방차장(Deputy Administrator for Defence Nuclear Nonproliferation), 해군원자로차장(Deputy Administrator for Naval Reactors) 등이 분야별 활동을 수행하고 있다. 과학·혁신차관 아래에는

화석에너지·탄소관리차관보(Assistant Secretary for Fossil Energy and Carbon Management), 원자력에너지차관보(Assistant Secretary for Nuclear Energy) 등이 있다.

에너지부의 조직도는 [그림 3-2]와 같다.

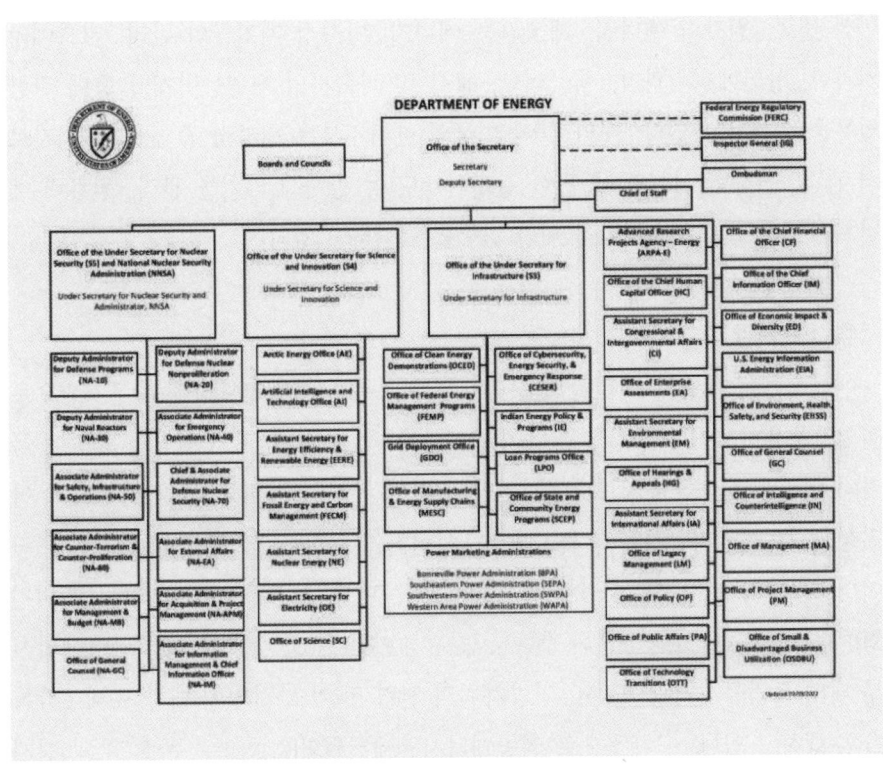

[그림 3-2] 에너지부(DOE) 조직도[48]

48) https://energy.gov/leadership/organization-chart(2022. 12. 27. 방문)

㉯ **주요 업무**

에너지부는 그의 업무를 크게 핵안보, 과학·혁신(Science & Innovation), 기반시설관리(Infrastructure)로 구분한 후, 각각 해당 업무를 수행하도록 하고 있다. 이와 같은 에너지부의 주요 업무 중 핵안보에 관련해서는 국가핵안보청(NNSA)을 중심으로 하여 핵비확산 및 국방, 해군의 군함에 탑재될 원자로, 물리적 방호 등 원자력 시설의 관리 등을 수행하고 있다. 과학 및 혁신과 관련해서는 화석 연료, 원자력 에너지, 재생가능 에너지, 방사성 폐기물의 관리, 기초에너지과학, 융합에너지과학, 핵물리학, 교사 및 과학자의 직업능력개발 등에 관한 업무를 수행하고 있다. 이와 같이 미국의 에너지부는 원자력 중 군사용 원자로의 관리, 원자력 시설 등에 관한 관리와 민간용 방사성 폐기물 관리, 원자력 에너지의 효율적 이용·개발을 위한 연구를 담당하고 있다.

㉰ **소속기관**

에너지부는 핵안보에 관한 업무를 담당하도록 국가핵안보청을 내부기관으로 설치·운용하고 있다. 국가핵안보청은 "군에 의한 핵에너지의 사용을 통하여 국가의 안전을 확보·유지·발전시키기 위하여 유사시에 미국 내의 핵무기의 안전성·신뢰성·기능성을 계획·제조·시험하기 위하여" 2000년에 설치된 조직이다. 그밖의 에너지부 소속기관으로는 1977년에 설치된 연방에너지규제위원회(Federal Energy Regulatory Commission: FERC)를 들 수 있으며, 이는 에너지부 내의 독립규제기관으로서, 연방차원의 전력 및 가스 사업에 대한 규제·감독을 수행하고 있다. 구체적으로 연방에너지규제위원회(FERC)는 주로 "주의 경계를 넘는 전력·천연가스의 수송규제, 천연가스기지 및 주간 가스파이프라인이나 일정한 송전설비 등의 건설계획 심사, 수력발전계획의 인가, 전력회사 간의 합병·매수 등의 심사나 전력시장의 감시" 등을 수행하고 있다. 그밖에 산하연구기관으로서 Argonne 국립연구소(Argonne National Laboratory), Oak Ridge 국립연구소(Oak Ridge National Laboratory) 등 10여 개의 국립연구소가 있으며, 이들은 에너지부와 계약을 체결하여 대학이나 기업 등이 위탁·운영하고 있다. 이와 같이 미국은 우리나라에 비해 원자력의 평화적 이용 및 안전성 확보를 위한 상당한 규모의 연구기관 등을 설치·운영하고 있다.

② 그밖의 기관

미국의 경우, 원자력규제위원회와 에너지부를 중심으로 원자력 안전에 관한 대부분의 업무가 수행되고 있지만, 원자력 관계행정의 특징으로부터 다른 연방차원의 정부부처 등이 원자력규제위원회와 에너지부의 원자력 관련행정에 관여하는 경우도 있다. 또한 각 주에서는 각종 검사기관을 지정하여 원자력 관련기기의 안전성 검사를 실시하고 있다는 점에서, 주정부도 연방차원의 원자력 행정에 관여하고 있다고 할 수 있다. 연방차원에서 원자력 관련행정에 관여하는 대표적인 기관으로는 환경보호청(U.S. Environmental Protection Agency: EPA)과 연방재난관리청(Federal Emergency Management Agency: FEMA)을 들 수 있다. 환경보호청은 1970년에 환경에 관한 연방행정활동이 통합되어 설립되었으며, 「방사성폐기물정책법」에 기초하여 사용 후 핵연료 및 고준위 방사성 폐기물의 처분장에 관련된 방사선 방호 기준의 책정을 하고 있다. 연방재난관리청은 국토안보부(DHS)의 산하기관으로서, 재해나 테러 등의 긴급사태에 대응하는 역할을 가지고 있으므로, 원자력 시설의 인허가에 있어서 원자력규제위원회의 심사 대상의 하나인 '재난 대응계획' 심사에 관여하고 있다. 주정부 및 지방자치단체는 재난 대응계획의 수립이나 실제 재난 발생 시 대응에 관여하도록 되어 있다.

이상에서 살펴본 것처럼 미국의 경우, 원자력규제위원회는 원자력에 관한 전반적인 안전규제, 에너지부는 원자력에너지의 효율적인 이용을 위한 연구개발을 각각 주도적으로 담당하면서, 규제활동의 지침이나 방호기준의 설정 및 원자력기기의 안전검시 등에서는 환경보호청(EPA)과 연방재난관리청(FEMA) 및 주 등과 협조적인 관계를 유지하면서 안전규제의 사각지대를 해소하는 구조를 취하고 있다고 할 수 있다.

2 영국의 원자력규제국[49]

(1) 조직구조

2011년 4월에 종래의 원자력국(ND)을 바탕으로 원자력규제국(Office for Nuclear Regulation: ONR)을 보건안전청(Health and Safety Executive: HSE) 내에 설립하였다. 이와 같이 기존 원자력국의 역할을 넘겨받은 원자력규제국(ONR)은 원자력발전소의 안전규제와 관련된 실질적인 집행기관 역할을 하고 있다.

① 위원 및 위원회

2017년 10월 현재 원자력규제국은 최대 7명의 비집행위원과 4명의 집행위원으로 구성된 이사회와, 수석집행위원 겸 수석감사관(Chief Executive and Chief Nuclear Inspector)의 지휘를 받는 사무국으로 이루어져 있다. 비집행위원에는 위원장과 보건안전청(HSE)의 위원이 포함되며, 집행위원에는 수석집행관 겸 수

---

49) 이하의 내용은 영국 원자력규제국(ONR)의 홈페이지 (http://www.onr.org.uk/index.htm)를 주로 참조하였다(2022. 12. 27. 최종방문).

원문보기

석감사관이 포함되어 원자력규제국의 업무를 수행함에 있어 기술과 경험이 적절하게 균형을 맞추도록 되어 있다. 대부분의 경우에는 관행적으로 합리적이라고 여겨지는 5명의 비집행위원으로 구성된다.

원자력규제국의 위원장과 비집행위원은 노동연금부 장관(Secretary of State for Work and Pensions)에 의해 임명되지만, 비집행위원 중 1명은 에너지기후변화부(Department of Energy & Climate Change: DECC)에 의해, 보건안전청(HSE)의 위원은 보건안전청 위원회 위원장이 지명하는 비집행위원이 임명된다. 수석감사관과 수석집행위원은 노동연금부 장관의 승인을 받아 원자력규제위원회의 이사회에서 임명된다.[50]

위원장은 노동연금부 장관에 대하여 직접적으로 책임을 진다. 원자력규제국의 이사회와 관계 부처들간의 소통은 위원장을 통하여 이루어지며, 위원장은 또한 관련 부처들과 정부의 폭넓은 전략들이 원자력규제국 이사회의 관점과 잘 조율될 수 있도록 하는 책임을 부담한다.

위원장의 기능 및 책임은 다음과 같다.

- 원자력규제국의 전략 수립에 대한 감독
- 원자력규제국의 이사회가 의결을 함에 있어 관련 장관 또는 정부부처로부터 적합한 지침을 제공할 수 있도록 확보
- 직원 및 각종 자원의 효율적 활용의 촉진
- 높은 수준의 합법성과 적절성의 담보
- 주요 이해관계자들에 대한 관계에서 원자력규제국 이사회를 대표
- 보건안전청(HSE)에 대한 관계에서 원자력규제국 이사회를 대표

또한 위원장은 다음 사항 등을 확보하여야 하는 의무를 부담한다.

---

50) ONR(2016C), p. 14.

- 원자력규제국 이사회가 효율적으로 업무를 수행한다.
- 원자력규제국 이사회가 정부의 지배구조 있어서 모범 규준(Government Code of Good Practice for Corporate Governance)에 따라 책임 있는 영역에 대한 원자력규제국의 업무를 지시함에 있어서 기술적 균형을 갖추고 있다.
- 원자력규제국 이사들의 개별적 업무성과에 대해 매년 평가하고 이를 기록한다.

개별적인 이사들은 다음과 같은 책임을 부담한다.

- 성실하게 원자력규제국의 이익과 목적을 위해 업무를 수행한다.
- 항상 공공기관 이사의 행동준칙(the Code of Conduct for Board Members of Public Bodies)과 공적자금의 운용 및 이해관계의 상충에 관련된 법령에 따라 행동한다.
- 업무를 수행함에 있어 취득한 정보를 개인적인 목적이나 정치적 이익을 얻기 위하여 악용하거나, 공무에 종사하는 기회를 자신 또는 자신과 관련이 있는 사람이나 단체의 사적인 이익을 증진시키기 위해 활용하려 하여서는 안 된다.
- 선물 또는 호의의 수령과 업무상 약속에 대한 원자력규제국의 규칙을 준수하여야 한다.[51]

원자력규제국 사무국의 조직도는 [그림 3-3]과 같다.

---

51) ONR(2016C), p. 11. 이러한 사항은 원자력규제국의 직원들에게도 동일하게 적용된다.

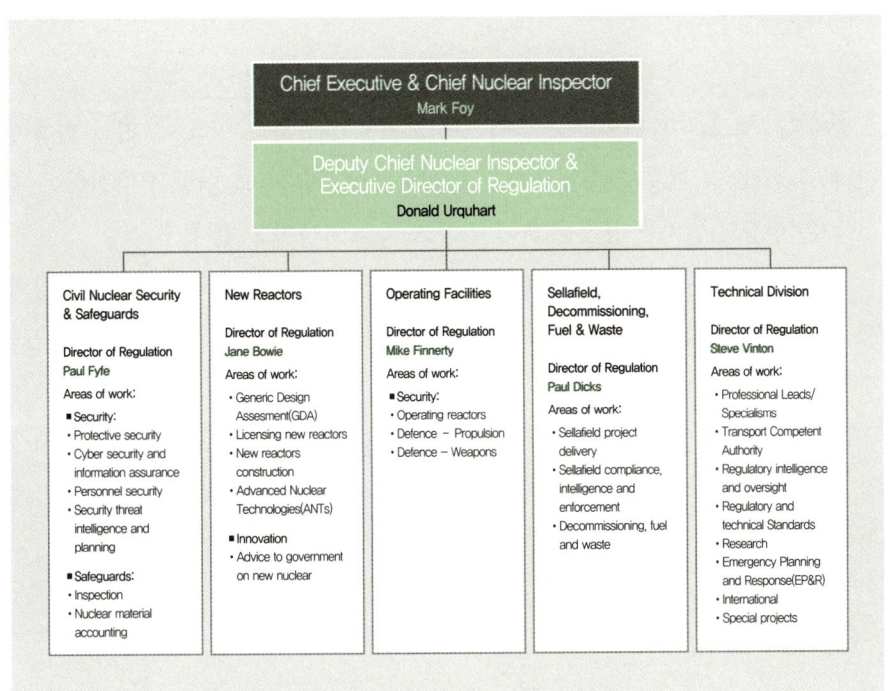

[그림 3-3] 원자력규제국(ONR) 사무국의 조직도[52]

② 실무조직

수석집행위원 소속의 사무국(ONR Executive Team)이 있으며, 이러한 사무국은 원자력 안전 및 방호실(Civil Nuclear Safety and Safeguards), 신규원자로실(New Reactors), 설비운영실(Operating Facilities), 셀라필드 원자력단지·폐로·연료 및 폐기물관리실(Sellafield, Decommissioning, Fuel & Waste), 기술부(Technical Division)으로 구성된다.

52) http://www.onr.org.uk/documents/onr-structure.pdf?(2022. 12. 27. 최종방문)

③ 직원관리

원자력규제국은 광범위한 전문적 기술자들을 보유하고 있다. 조직의 확대에 따라 지속적으로 채용을 증가시키고 있으며, 기존 직원들의 역량을 강화하여 좀 더 높은 수준의 원자력 규제를 하기 위한 노력을 기울이고 있다.

이에 따라 모든 직원들은 1년에 최소한 10일 이상 학습 및 능력 개발의 기회를 갖도록 하고 있으며, 원자력규제국의 활동과 관련이 있는 기관에서의 전문적 자격을 취득하고 이를 유지하는 것을 지원하고 있다.

또한 직원들의 헌신에 대한 가치를 높게 평가하여 그에 대한 적절한 보수체계가 유지될 수 있도록 항시 검토하고 있다.[53]

(2) 주요 업무

원자력규제국의 임무는 원자력 산업이 공공의 이익을 위한 책임을 유지하도록 함으로써 원자력 산업에 대한 효율적인 규제를 수행하는 것이다. 이에 따라 원자력규제국은 영국 내에서 면허를 받고 운영되는 원자력 설비에서의 보안과 전통적인 보건과 안전을 규제한다. 구체적으로는 새로운 원자로의 설계 및 건설, 민간 원자력 설비에서의 핵보안 및 원자력·방사성 물질의 운송을 규율하며, 이는 다음과 같은 5개의 영역으로 정리된다.

- 원자력의 안전
- 원자력 운용 설비에서의 보건과 안전
- 민간 원자력 설비 등의 보안

---

53) ONR(2016B), p. 19.

- 핵안보
- 방사성 물질의 운송

원자력규제국은 그의 활동 및 예산집행에 관한 보고서를 매 회계연도의 종료 시에 작성하여야 한다. 이러한 보고서는 관련 규정 및 재무부의 재정보고작성법(the Treasury's Financial Reporting Manual)에 따라 작성되어야 하며, 그의 초안은 노동연금부(Department for Work and Pensions: DWP)에 일정에 맞추어 제출되어야 한다. 연간보고서는 의회에 제출되며, 일반에 공개된다.[54]

또한 원자력규제국이 규제기관으로서의 역할을 성공적으로 수행하기 위해서는 고도의 전문성과 신뢰성을 확보하여야 하며, 이해관계자들에게 그러한 인식을 심어주어야 할 필요가 있다. 따라서 원자력규제국은 자신이 수행하는 규제활동과 업무에 대하여 가능한 공개적이고 투명한 입장을 취하려고 노력하고 있으며, 공개성 및 투명성과 보안의 위험 사이에서의 균형을 이루는 가운데 지속적으로 가능한 많은 정보를 일반에 공개하여 이해관계자들이 원자력규제국의 규제관련 결정과 판단에 대하여 보다 많은 정보를 제공받도록 하고 있다.

이를 위하여 원자력규제국의 지역위원회(Local Liaison Committee: LLC)와 지역이해관계자 모임(Site Stakeholder Group: SSG)을 통하여 지역사회 및 이해관계자들과 소통을 하고 있으며, 반기별로 관련 지역의 원자력 설비에 대한 검사 및 규제활동에 대한 보고서를 발표함으로써 이를 일반에 공개하고 있다. 주요한 원자력 설비 지역마다 설치된 지역위원회(LLC) 또는 지역이해관계자 모임(SSG)은 지역의 관할관청, 동업 조합, 지역의 이해관계에 있는 단체 및 일반인들을 포함하는 면허보유자에 의하여 운영된다. 원자력규제국의 현장감사관은 지역위원회 및 지역이해관계자 모임의 회의에 참석하여 규제활동에 대한 보고를 하고 각종 질의에 대해 답변을 한다.

[54] ONR(2016C), p. 11.

또한 원자력규제국은 적극적으로 주요 이해관계자들과 상호교류하여 그들의 관점을 원자력규제국의 활동에 반영하려고 노력하고 있다. 이러한 노력의 일환으로 원자력규제국의 주요 이해관계자를 파악하고 그들과의 긴밀한 관계를 수립하기 위한 사업을 구상하고 있으며, 이는 이해관계자들의 시각을 제공할 수 있도록 하는 기회를 부여할 것이다.[55]

(3) 예산

원자력규제국의 회계연도 2017~2018년의 예산은 총 7,590만 파운드이며, 거의 대부분의 예산은 규제대상기관의 수수료로 충당되고 있다. 예를 들어, 회계연도 2015~2016년의 예산 중 96%가 수수료에 의하여 충당되었으며, 나머지가 정부로부터 차입되었다. 원자력규제국은 수수료의 비중을 증가시키고 정부로부터의 지원금을 보다 감축시키기 위해 노력하고 있다.[56]

(4) 의회와의 관계

원자력규제국은 의회에 대하여 노동연금부 장관을 통하여 그의 운영, 재정 및 전통적인 보건과 안전에 대한 책임을 진다. 즉, 노동연금부(DWP)가 원자력규제국에 대한 일차적인 주관부처라고 할 것이다. 또한 에너지·기후변화부장관(Secretary of State for Energy and Climate Change)은 의회에 대하여 민간 원자로의 보안 및 안전·재난 대비 계획의 수립 및 재난 대응·도로, 철도 및 내수로를 이용한 방사성 물질의 운송을 포함하는 민간 원자력에 대한 규제체계 및 정

---

[55] ONR(2016B), p. 19.

[56] ONR(2016B), p. 27. 이에 대해서는 논의의 여지가 있음은 앞서의 미국의 경우에서 본 바와 같다.

책에 관한 책임을 진다. 그리고 국방부 장관(Secretary of State for Defense)은 의회에 대하여 전적으로 또는 주로 국방의 목적을 위하여 운영되는 원자력 설비의 안전과 보안에 대한 책임을 부담한다.

(5) 관련부처

① 에너지·기후변화부

㉮ 지위와 책임

2008년 신설된 에너지·기후변화부(DECC)는 에너지 안보, 기후변화 및 재생에너지 관련 기본정책을 수립하는 주무 부처로 충분한 전력 공급 대책을 통한 에너지 안보의 확보, 온실가스 감량 계획 수립 등 기후변화 관련 정책 수립 및 재생에너지 공급확대 등을 책임지고 있다.

㉯ 다른 기관과의 관계

에너지·기후변화부는 원자력 안전에 관하여 의회에 대해 보고 및 설명의 책임을 지고 있지만, 실질적인 규제 집행 권한을 가지고 있지는 않다. 따라서 의회에 대한 보고 책임과 관련하여 필요가 있는 경우에는 보건안전청(HSE), 스코틀랜드 환경보호국(Scottish Environment Protection Agency: SEPA) 및 잉글랜드와 웨일즈의 환경국(Environment Agency: EA) 등의 규제집행기관으로부터 정보나 조언을 제공받는다.

② 환경국

㉮ 지위와 책임

환경국(EA)은 1995년의 「환경법」(Environment Act 1995)에 기초하여 설립된 준공공기관(NDPB)으로 '환경식품농무부'(Department for Environment, Food & Rural Affair: DEFRA) 소속이다. 동시에 웨일즈의회정부 산하의 조직으로서, 웨일즈 정부의 환경·지속가능발전 장관(Minister for Environment and Sustainable Development)에 대하여도 보고 및 설명 책임을 지는 기관이다.

스코틀랜드에서는 1993년 「방사성물질법」에 근거하여 규제를 부과하고 있으며, 스코틀랜드 정부 소속의 준공공기관 스코틀랜드환경보호국(Scottish Environment Protection Agency: SEPA)이 관련 규제를 집행하고 있다.

㉯ 권한

환경국은 환경의 보전 개선 등 전반적인 환경보호 문제를 책임지고 있으며, 원자력 시설과 관련하여서는, 특히 2016년 「환경허가규칙」(Environment Permitting [England and Wales] Regulation 2016)에 근거하여 방사성 물질 방출 등에 관한 규제를 수행한다. 환경국은 언제라도 환경허가에 부여한 조건을 변경할 수 있고(환경허가규칙 제20조), 이러한 조건 위반 시에는 그 개선을 요구하는 '시정통지'(Enforcement Notices) 발부 권한(같은 규칙 제36조)을 가진다. 또한 환경허가 조건에의 적합성 여하를 불문하고 해당 환경허가에 근거하여 이루어진 활동이 심각한 공해의 위험을 가지는 경우에 해당 환경 조건의 효력을 정지시키는 '정지통지'(Suspension Notices)를 발부하는 권한(환경허가규칙 제37조)과 환경 보전이 보장되지 않는 경우 환경허가를 취소하는 '취소통지'(Revocation Notices) 발부 권한(같은 규칙 제22조)도 가지고 있다.

㉰ 독립성

환경국은 보건안전청(HSE)과 마찬가지로 원자력 안전규제와 관련하여 책임을 지지 않는 환경식품농무부(DEFRA)에 소속되어 있는 조직이라는 점과, 2016년 「환경허가규칙」에 근거한 법적 집행권한을 가지고 있다는 점에서 규제기관으로서의 독립성을 확보하고 있는 것으로 평가된다.

③ 보건안전청

㉮ 지위와 책임

영국의 원자력 안전 규제는 안전규제기관의 권한과 의무 등을 규정한 1974년의 「작업장에서의 건강 및 안전에 관한 법률」(Health and Safety at Work etc. Act 1974, HSWA74, 이하 「노동안전보건법」)에 근거하여 실시되고 있으며 고용연금부(DWP) 산하의 준공공기관(NDPB)인 보건안전청이 그 집행을 담당하고 있다.

보건안전청은 노동현장 전반의 안전위생과 복리후생을 위한 규제의 집행이나 노동현장의 위험에 대한 연구 등을 관할하는 기관으로서, 원자력 시설과 관련하여서는 1974년 「노동안전보건법」 및 1965년 「원자력시설법」(Nuclear Installation 1965) 등에 근거를 두고 안전관련 규제를 집행하고 있다.

㉯ 권한

㉠ 검사관의 개선통지, 금지통지

원자력 안전과 관련해 필요하다고 판단될 때, 보건안전청은 원자력규제국(ONR)을 통해 원자력 발전소 부지허가에 조건을 부과할 수 있다(원자력시설법 제4조). 「노동안전보건법」 제19조에 따라 보건안전청이 임명한 검사관은 「원자력

시설법」 등 원자력 안전규제 관련규정 및 부지허가 조건(License Condition: LC) 위반 적발 시 '개선통지'(Improvement Notice)를 발부할 수 있으며(노동안전보건법 제21조), 원자력 안전규제 관련 규정 및 부지허가조건과 관련한 활동이 개인에게 중대한 위해를 초래할 위험이 있는 것으로 판단될 경우에는 해당 활동에 대해 '금지통지'(Prohibition Notice)를 발부할 수 있다(노동안전보건법 제22조). 이와 같은 개선 및 금지 통지에 이의가 있는 경우에는, 노동심판소(Employment Tribunal)에 불복신청을 할 수 있다(노동안전보건법 제24조).

ⓛ 원자력 발전소 부지허가 등에 관한 권한

한편, 보건안전청은 원자력 발전소 부지허가를 취소할 수 있으며(원자력시설법 제5조 제1항), 원자력 발전소 부지허가에 조건을 부과하거나(원자력시설법 제4조 제2항, 제3항), 이를 철회할 권한을 가지고 있다(원자력시설법 제4조 제3항). 이러한 부지허가조건의 변경 등에 관한 결정은 타 부처 등과 협의를 거칠 필요가 없으며, 곧바로 법적인 효력이 부과된다.

ⓒ 독립성

보건안전청은 무엇보다도 「노동안전보건법」에 의하여 원자력 안전 규제 관련 강제조치에 관한 법적 권한을 부여받고 있다는 점과 원자력 정책의 추진, 원자력 시설 및 원자력 관련 활동과 연관이 없는 고용연금부(DWP) 소속 기관이라는 면에서 독립성을 확보하고 있다. 또한 원자력 발전소 부지허가에 관한 결정에 부여되는 강력한 구속력은 보건안전청의 독립성을 더욱 강화하는 근거로 평가되고 있다.

3. 프랑스의 원자력안전청[57]

프랑스의 원자력 안전과 방사선 방호에 관한 정책 수립 및 규정의 책임은 3개 부처(산업부-환경부-보건부)의 통합지도·감독 하에 원자력안전청(Nuclear Safety Authority: ASN)이 담당한다. 프랑스의 원자력 안전 및 방사선 방호는 '우선적 책임은 사업자'라는 원칙에 기초하고 있다. 그리고 원자력안전청의 원자력 안전 규제의 목표는 모든 전리방사선 사용자들이 방사선 방호를 위한 의무와 책임을 정확히 수행하고 있는지 여부를 확인하는 것이다.

(1) 근거법률

원자력안전청(ASN)은 원자력분야의 투명성과 안전성에 관한 2006년 6월 법률(loi n°2006-686 du 13 juin 2006 relative à la transparence et à la sécurité en matiére nucléaire)에 따라 설치된 기관으로, 원자력 안전통제와 방사능보호 및 원자력 관련 정보를 국민들에게 제공하기 위한 기관이다. 현재 「환경법전」(Code de l'environnement)에서 원자력안전청에 관하여 규정하고 있다.

(2) 조직구성

① 위원과 위원회

원자력안전청은 원자력 안전과 방사선 방호 분야의 전문가 5인으로 구성된다.

[57] 이하의 내용은 프랑스 원자력안전청(ASN)의 홈페이지(http://www.french-nuclear-safety.fr/, 2017. 10. 11 최종방문), 프랑스 원자력 안전청의 업무절차규정(Rules of Procedure of the Nuclear Safety Authority) 및 전학선(2015) 등을 주로 참조하였다.

원문보기

5명의 위원 가운데 3인의 위원은 대통령이 임명하며 하원(국민의회, Assemblée nationale) 의장이 1인의 위원을 임명하고 상원(Sénat)의장이 1인을 임명한다. 위원장은 대통령이 임명한 위원 가운데 대통령에 의하여 임명된다. 위원장이 궐위된 경우에는 위원장에 의하여 지명된 위원이 위원장의 임무를 대행한다.

대통령에 의하여 임명되는 위원은 남녀 위원 수의 차이가 1인을 초과할 수 없다고 하는데, 이는 결국 대통령이 임명하는 위원 3인을 모두 남성 또는 여성으로 임명할 수 없다는 것이다. 또한 국민의회 의장과 상원이 임명하는 위원의 교체에는 남성 위원의 후임은 여성을 임명하도록 하고 있고, 여성위원의 후임은 남성을 임명하도록 하고 있다.

위원의 임기는 6년으로 중임이 불가능하다. 만약에 위원이 임기를 채우지 못하게 되는 경우에는 후임자는 반드시 같은 성(姓)으로 임명하여야 하며, 전임자의 잔여임기동안 위원이 된다. 그러나 잔여임기가 2년을 초과하지 않은 경우에는 새롭게 위원으로 임명될 수 있다. 위원은 65세가 넘으면 위원으로 임명될 수 없다. 따라서 65세까지는 위원으로 새롭게 임명되어 6년을 위원으로 활동할 수 있는 것이다.

위원은 다른 직업 활동과 겸직할 수 없으며, 모든 선출직을 비롯한 다른 공직도 겸할 수가 없다. 위원회는 위원들의 과반수로 겸직금지로 인한 위원직 사임을 확인한다. 위원의 의무위반이 심각하게 발생한 경우, 위원 과반수의 찬성으로 위원직의 종료를 결정할 수 있다. 또한 대통령이 의무의 심각한 위반을 이유로 위원직을 종료하게 할 수 있다.

위원의 활동은 국가 비밀이나 국익에 영향을 미칠 수 있으므로, 위원에게는 비밀 준수 의무가 부과되는데, 위원은 임기 동안 개인적으로 원자력안전청(ASN)의 권한과 관계된 주제에 관하여는 어떠한 의견도 낼 수 없으며, 임기 동안은 물론이고 임기 종료 후에도 위원의 권한과 관련된, 특히 심의와 투표에 관한 사항에 대하여 비밀을 준수하여야 하는 의무가 부과된다. 또한 위원과 원자력안전청의 직원들은 공무원에게 부여되는 직업적 비밀누설의 금지에 따른 신중의무(duty of discretion)를 준수하여야 한다. 이에 의할 때, 관계자들은 그들의 업무를 수행함에 있어서 알게 된 정보를 그들의 업무수행을 위하여 필요한 경우 또는 제3자가 그 비밀의 공개를 청구할 권리가 있는 경우를 제외하고는 공개하여서는 안되며, 원자력안전청에게 부정적인 영향을 미칠 수 있는 정보를 회람하거나 공개하여서도 안된다.

공정하고 독립적인 위원 활동을 위하여 위원은 임명될 때, 원자력안전청의 권한과 관련된 영역에서 임명 전 5년 동안 보유했거나 보유하고 있는 이해관계를 밝혀야 한다. 또한 모든 위원 및 직원은 그들의 판단에 부정적인 편파성을 야기할 수 있는 규제대상과의 이해관계를 갖지 않도록 하기 위하여 필요한 모든 조치를 취하여야 하며, 원자력안전청의 직원들은 그러한 이해관계의 충돌을 수반할 우려가 있는 상황에 대하여 즉시 상급자에게 보고하여야 한다.

위원의 독립성을 보장하기 위하여 위원은 정부나 개인 또는 어떠한 기관의 지시도 받지 않도록 하고 있으며, 또한 위원은 자신의 임무를 수행하거나 그밖의 경우에 원자력안전청의 규제대상인 개인 또는 단체에 대한 자신의 독립성을 침해할 수 있거나 그들의 임무수행을 침해할 수 있다고 여겨지는 위치에 있어서는 안되며, 이는 원자력안전청의 직원들에게도 동일하게 적용된다.

원자력안전청의 위원회는 최소 3인 이상의 위원의 참석으로 심의가 이루어진다. 의결은 출석위원 과반수로 하며, 가부 동수일 때에는 위원장이 결정권을 가진다. 긴급을 요하는 경우에는 원자력안전청위원장(ASN), 또는 위원장이 부재일 때에는 위원장이 지명한 위원이 위원의 권한에 관한 사항에 대하여 사태에 필요한 조치를 취한다. 이러한 조치를 취하기 위하여 가장 적절한 기간 안에 회의가 소집된다.

위원으로 구성되는 위원회가 원자력안전청의 가장 중요한 결정을 하게 되는데, 원자력 안전과 방사선 방호를 위한 원자력안전청의 전략과 원칙을 세운다. 위원회는 원자력안전청의 권한에 관한 중요한 주제에 관하여 공개적인 의견을 제시하여 의회에 통지한다. 또한 프랑스에서의 원자력 안전과 방사능 방호에 관한 보고서를 작성하고, 원자력과 관련한 사고가 발생하면 위원회에서는 심리를 개최한다.

② 실무부서

위원회 산하에는 국장을 필두로 9개의 국과 11개의 지방지국이 있다. 원자력안전청의 직원은 약 500명 가량으로, 미국의 원자력규제위원회(NRC) 등과 비교하면 조직규모는 작지만, 기술지원조직인 방사선방호원자력연구소(IRSN)와 일체된 규제활동을 전개하고 있다. 원자력안전청(ASN)의 조직도는 다음 [그림 3-4]와 같다.

㉮ 사무국장

원자력안전청은 1명의 사무국장(Director General)을 두고 있다. 위원장이 임명하는 사무국장은 위원장의 권한을 바탕으로 원자력안전청의 행정을 총괄하고 있으며, 3명의 부국장(Deputy Director-General), 1명의 비서실장(Head of Cabinet) 그리고 1인의 자문관(Adviser)의 보좌를 받는다. 사무국장과 3인의 부국장 그리고 비서실장과 보좌관이 원자력 안전청의 집행위원회(Executive Committee)를 구성하게 된다. 사무국장이 궐위되는 경우에는 3명의 부국장 가운데 사무국장이 지명하는 1명이 그의 직무를 대행한다.

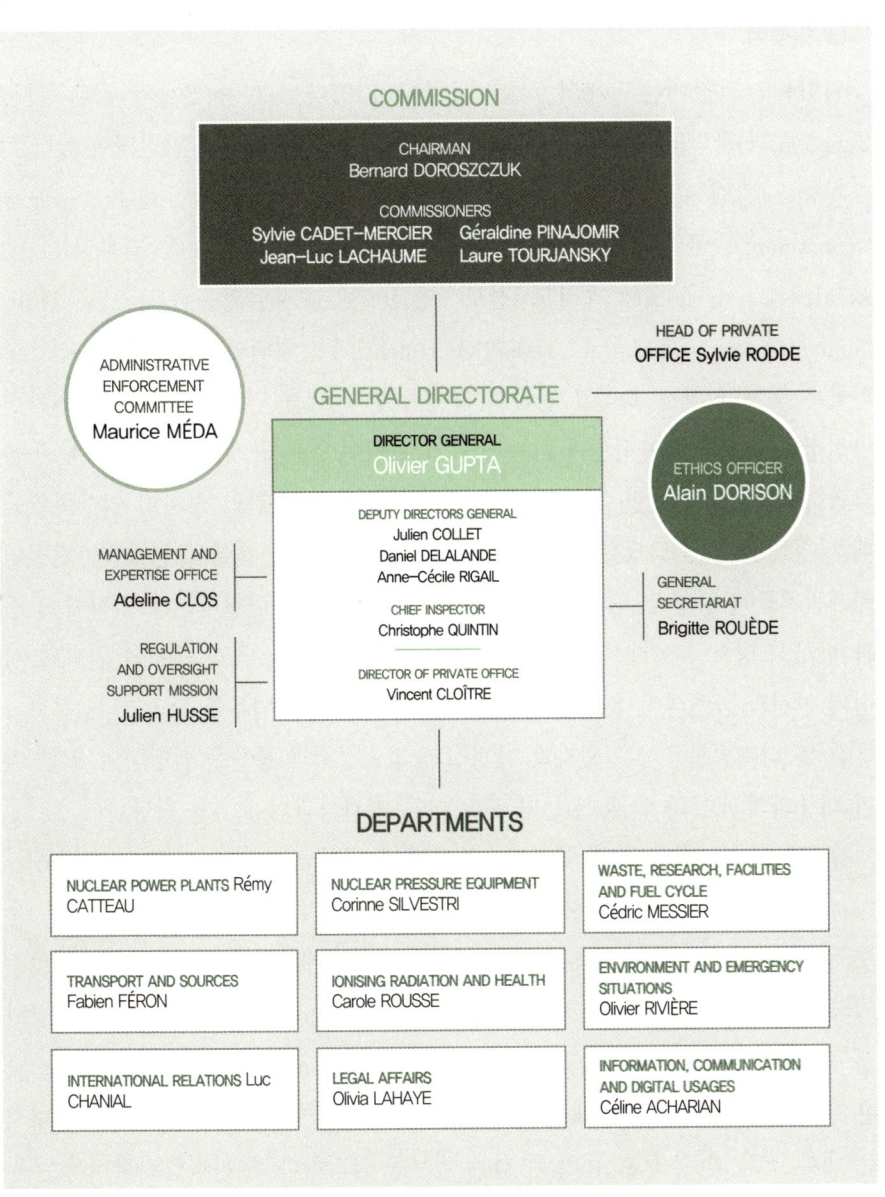

[그림 3-4] 원자력안전청(ASN)의 조직도[58]

58) ASN(2022).

④ **실무국**

원자력안전청에는 8개의 국이 설치되어 있다. 그 중 3개의 국은 기능(function)과 관련되어 있고, 5개의 국은 규제활동(operation)과 관련되어 있다.

기능과 관련된 부서로는 환경·긴급상황국(Environment and Emergency Department), 국제관계국(International Relation Department), 법무국(Legal Affairs Department) 그리고 정보·통신 및 디지털활용국(Information, Communication and Digital Usages Department)이 설치되어 있다. 환경·긴급상황국은 통제와 환경 그리고 긴급 상황에 관한 문제를 담당하는 부서로 원자력안전청의 규제가 효율적인가 하는 점과 일관성이 있는 규제인가 하는 문제 등을 담당하고, 원자력 관련 지역의 안전문제를 담당하며, 긴급 상황이 발생하였을 때 상황해결 등을 담당한다. 국제관계국은 외국과의 관계에서 원자력안전청의 국제관계를 담당한다. 외국과의 관계에서 대응책을 마련한다든가 원자력 안전과 방사선 방호 분야에서의 프랑스의 상황을 담당하고, 국경 근처의 원자력 시설의 안전과 관련하여 유용한 정보를 외국에 제공하는 업무를 담당한다. 정보·통신 및 디지털활용국은 원자력 안정청의 정보정책과 통신을 담당하며 또한 일반 대중과의 교류와 언론, 전문가 혹은 다른 기관들과의 교류를 담당한다.

규제활동과 관련된 부서로는 원자력발전소국(Nuclear Power Plants Department)과 원자력압력장비국(Nuclear Pressure Equipment Department), 운송·자원국(Transport and Sources Department), 폐기물·연구·설비·연료주기국(Waste, Research Facilities and Fuel Cycle Facilities Department), 전리방사선·보건국(Ionising Radiation and Health Department)이 있다. 원자력발전소국은 원자력 안전 규제와 미래의 전력생산계획을 담당하는 부서로 안전조직 내지는 내부 조직, 환경 보호 등의 폭 넓은 업무를 담당한다. 원자력압력장비국은 원자력기본시설의 원자력 압력 장비의 방사선 방호와 안정에 관한 업무를 담당한다. 운송·자원국은 방사선 분야의 운송과 자원에관한 업무를 담당하는 부서로써 의료·연구·산업 분야의 전리방사선(rayonnements ionisant) 자원의 분배 또는 산업적 이용과 소유·방사선 분야의 운송 등의 업무를 담당한다. 폐기물·연구·설비·연료주기국은 방사선 폐기물과 원자력 연구시설·오염물질과 시설 해체 등과 관련된 업무를 담당한다. 전리방사선·보건국은 보건 분야의 전리방사선이용에 관한 업무를 담당하며, 원자력안전방사선방호연구소(Institut de radiaprotection et de sûreté nucléaire: IRSN)나 다른 위생관련 기관과 공동으로 보건과 관련된 전리방사선의 효과와 관련된 과학적·위생적 또는 의학적 감시를 담당하고 국내외의 일반 공중이나 근로자 또는 환자의 방사선 보호영역의 법규범을 제정하거나, 방사선 사고처리·방사선 방호에 관한 국내외 교류업무를 담당한다.

㉰ 지방지국

원자력안전청은 Bordeaux, Caen, Châlons-en-Champagne, Dijon, Lille, Lyon, Marseille, Nantes, Orléans, Paris, Strasbourg에 위치한 11개의 지방지국을 두고 있다. 지방지국은 원자력안전청 지국장의 감독을 받으며, 이러한 지방지국이 원자력 기본시설에 대한 실질적인 규제기능을 수행한다. 긴급 상황에서는 지방지국이 도지사를 보좌하여 주민 보호를 하고 시설 안전을 담당한다.

㉱ 직원에 대한 관리

직원을 비롯한 인적 자원에 대한 관리는 사무국장에 의하여 수행되며, 따라서 사무국장은 분기별로 원자력안전청의 인적 자원의 현황과 그에 관련되는 관리 사업을 위원회에 보고하여야 한다.

사무국장은 인적 자원의 관리에 대하여 다음과 같은 업무를 수행한다.

- 원자력안전청이 자신의 의무를 이행하기 위하여 필요한 개별적이고 집단적인 기술을 갖추도록 한다.
- 위원회에 보고한 후, 노동력을 배분한다.
- 우수한 작업환경을 조성하고 보건 및 안전에 관한 규칙을 준수하도록 한다.
- 신규직원의 채용을 관리한다. 공공사업에 관한 일반 규정에 따라 그는 연간 회의에 대한 규칙을 제정하고 관리진에 의한 직원 평가를 조직한다. 또한 경력발달 및 직원의 승진체계를 조직한다.

원자력안전청의 직원들에게는 채용계획과 교육계획에 따라 원자력안전청의 업무를 수행하기 위하여 필요한 기술과 자격을 갖추고 그러한 기술과 자격을 지속적으로 개발할 수 있는 기회가 보장된다.

(3) 주요 업무

원자력안전청은 당해 위험 및 방사능 방호 필요의 정도에 비례하여 명백하고 접근할 수 있는 규제를 하여야 하며, 또한 모든 결정이 모든 당사자들의 의견을 청취한 뒤에 이루어지고, 보다 중요한 결정에 있어서는, 인터넷을 포함하여 공식적으로 조직된 청문절차를 거쳐 이루어지도록 하여야 한다. 원자력안전청은 규제와 관련되는 지침을 작성하여 간행하여야 하고 모범적 실무관행을 촉진시켜야 한다.

① **법령의 제정 및 개정**

원자력안전청은 시행령(décret)이나 장관의 시행규칙(arrêté)을 제정 및 개정하는데 있어서 정부에 의견을 제시할 수 있는데, 원자력과 관련되는 법령에 관하여 관련 부처로써 의견을 제시하는 것이다. 원자력안전청은 원자력 기본시설 건설과 해체와 관련된 명령의 제정에 관여할 수 있는 바, 원자력 기본시설의 건설이나 해체는 일반 공중의 안전이나 위생에 심각한 문제를 야기할 수 있고 환경에도 큰 영향을 줄 수 있으므로 이에 관여하게 한 것이다. 또한 원자력 기본시설의 감독에 관한 의견이나 건설 허가에 의견을 제시한다. 그밖에도 방사선 물질의 수송에 관해서도 명령제정에 관여하고 의료 분야에서도 전리방사선 이용에 관한 명령 제정에 관여하게 된다.

② **권한의 부여**

원자력안전청은 모든 원자력 설비와 운용활동에 대한 개별적인 면허신청자들을 심사한다. 이러한 심사를 바탕으로 원자력 설비의 설치와 폐쇄 등에 대한 면허를 부여한다.

③ **감독**

원자력안전청은 각종 법규가 준수되는지의 여부를 감독한다. 원자력안전청은 모든 전리방사선 이용자들이 방사선 방호와 원자력 안전 분야에서 각종 의무와 책임을 다하는지 여부를 감독하며, 최근에는 악의적인 행동으로부터 방사선원을 보호하는 것에 대한 감독권한 또한 그 임무에 포함되었다.

책임의 원칙(le principe de responabilité)은 모든 위험에 관한 일차적 책임은 위험을 행하는 자가 부담한다는 것인데, 예를 들어 프랑스 전력공사(EDF)가 원자력 발전시설을 이용하여 전기를 생산하므로 프랑스 전력공사가 일차적 안전관리책임자가 되는 것이며, 방사선 물질을 수송하는 경우에는 수송자가 일차적 안전관리책임자가 된다는 것이다. 원자력안전청은 이러한 책임의 원칙에 의하여 일차적 책임자가 그 책임을 다하고 있는가를 감독하게 되는 것이다.

원자력 시설과 관련하여서는 원자력 시설의 건설에서부터 설비, 가동 및 해체에 이르기까지의 모든 단계를 감독한다. 점검은 원자력안전청의 주된 감독활동이라 할 것이며, 따라서 연간 2,000여 건의 원자력 안전 및 방사선 방호에 대한 점검이 현장에서 이루어진다.

원자력안전청은 광범위한 제재 및 집행권한(예: 통지, 과태료, 이행강제금, 문서의 제출명령 등)을 가지고 있다. 원자력안전청의 제재조치는 검사기능과 제재기능의 분리 원칙에 따라 원자력안전청 내에 있는 별도의 제재위원회를 통하여 집행된다.

④ 정보의 제공

원자력안전청은 일반인들 및 이해관계자(환경보호단체, 지역정보위원회, 언론 등)들에게 그의 활동과 프랑스에서의 원자력 안전 및 방사능 방호의 현황에 대한 정보를 제공한다. www.asn.fr 및 『Contróle』 잡지가 원자력안전청의 주요한 정보제공 수단으로 이용된다. 또한 투명성의 원칙에 따라 원자력안전청은 지역정보위원회의 활동을 지원한다.

⑤ 재난관리

원자력을 이용한 설비에서 위험은 항시 존재하고 그 위험은 치명적이기 때문에 예방이 필요하다. 그러나 사고의 위험은 항시 존재하므로 이에 대한 대비 또한 필요하다. 따라서 사고에 대한 대비는 원자력 관련 모든 시설에 필요한 것이다. 방사능 사고는 원자력 설비 이외에도 병원이라든가 연구 실험실 등에서도 발생할 수 있고 방사능 물질의 분실이나 환경 분야에서도 발생할 수 있다. 따라서 원자력안전청은 방사선 방호와 관련된 문제를 해결하기 위하여 일정한 업무를 담당하고 있다.

(4) 예산

원자력안전청은 국가의 일반 예산을 통하여 재정적 지원을 받는데, 2021년 예산은 8,300만 유로 이상이었다.[59]

(5) 지원기관

① 원자력안전청 과학위원회

원자력안전청의 과학위원회(ASN' Scientific Committee)는 2010년 5월에 설치되었으며, 주된 임무는 현장의 원자력 안전 및 방사능 방호를 위하여 수행되어야 할 연구를 검증하고 그에 대한 의견을 제시하는 것이다.

[59] ASN(2022).

원자력안전청에 의한 결정의 기준은 특히 풍부한 기술 전문가들의 견해에 의존하고 있으며, 이러한 전문가들은 그 당시의 가장 최선의 지식에 의존한다. 따라서 원자력안전청은 대부분의 다른 국가들과 마찬가지로 전문가들에게 필요한 지식을 5년, 10년 또는 20년의 주기로 제공하기 위한 역량에 관심을 기울이고 있다. 따라서 이러한 지식을 확보할 수 있는 연구영역을 파악하는 것이 중요하다고 할 것이며, 이는 원자력안전청으로 하여금 원자력 안전과 방사능 방호에 대한 연구를 수행하는 사람들과 관계를 맺도록 하였다.

즉, 원자력안전청의 과학위원회를 설치한 것은 그러한 지식에 대한 정책을 실현하기 위한 노력의 중심이라고 할 것이며, 원자력안전청은 이를 통하여 원자력안전·방사선방호연구소(The Institute for Radiation Projection and Nuclear Safety: IRSN), 운영자들 그밖의 프랑스 연구기관들에게 연구의 방향을 제시함에 있어서 정확한 판단을 가능하게 해준다.

② 원자력안전·방사선방호연구소

㉮ 구성
㉠ 이사회

원자력안전·방사선방호연구소(IRSN)의 이사회는 24인으로 구성된다. 이사회의 이사 가운데 10인은 국가를 대표하는 자들로 국방부 장관, 환경부 장관, 보건부 장관, 산업부 장관, 연구담당 장관, 시민안전담당 장관, 노동부 장관, 예산부 장관이 각각 1인을 추천하는 자와 국방관련 시설과 활동을 위한 원자력 안전과 방사선 방호 분야 대표 1인 그리고 원자력 안전과 방사선 방호 임무의 장 1인이다. 6인의 이사는 의회의 과학기술평가 사무국에 의하여 추천되는 관련 전문가이며, 8인의 이사는 기관의 직원 대표이다. 이사의 임기는 5년이며 연임이 불가능한데, 관련전문가 6인에 한하여 1회에 한하여 연임이 허용된다. 이사회의 장은 이사회의 제안으로 이사들 가운데 임명된다.

이사회는 심의를 통하여 원자력안전·방사선방호연구소의 안건을 결정하며 연구소의 전략과 조직, 기능, 예산 등을 심의한다. 이사회는 이사회의 장에 의하여 적어도 1년에 4회 소집되며, 이사 3분의 1 이상의 요구로 소집될 수 있다. 긴급한 경우를 제외하고는 이사회를 소집할 때에는 적어도 2주 전에 장소, 날짜, 일정이 통지되어야 한다.

ⓛ **사무국장**

원자력안전·방사선방호연구소에는 1인의 사무국장을 둔다. 사무국장은 이사회의 장에 의하여 임명되는데 연구소의 계획 실행과 결정의 집행 등을 담당한다.

ⓒ **연구동향위원회**

원자력안전·방사선방호연구소에는 연구동향위원회를 두도록 하고 있다. 연구동향위원회는 이사회를 자문하는 기구로 원자력 안전과 방사선 방호분야에 자문을 한다.

ⓔ **과학위원회**

원자력안전·방사선방호연구소에는 과학위원회를 두도록 하고 있는데, 원자력안전·방사선방호연구소의 계획에 관하여 의견을 제시한다. 과학위원회는 12인의 위원으로 구성되는데, 국방부 장관, 환경부 장관, 보건부 장관, 산업부 장관, 연구담당 장관, 노동부 장관이 각각 2인씩 추천하도록 되어 있다.

㈑ 업무

원자력안전·방사선방호연구소는 원자력안전청(ASN)과 달리 과학기반의 원자력 전문가로 구성된 공공 연구소이다. 원자력과 방사선 방호에 관한 전문지식과 기술적 역량을 보유하고 있으며, 연구결과를 환경, 보건, 연구, 에너지, 국방의 다섯 장관들에게 보고하고 있다. 또한 이 연구소는 법적으로 다른 기관과 계약을 맺고 일할 수 있는 권한이 부여된 공공기관이다.

㈐ 원자력안전청과의 관계

원자력안전청은 규제, 권한 부여, 검사 및 집행, 재난대응, 정보 등에 대한 범

〈표 3-1〉 원자력안전청과 원자력안전·방사선방호연구소의 성격 및 역할

원자력안전청(ASN)	원자력안전·방사선방호연구소(IRSN)
• 현황: 1973년 산업부 내 원자력 규제부서로 설치, 2006년 독립행정기관으로 공식 출범. • 조직: 임기 6년(단임)의 상근 상임위원(위원장 포함)으로 구성 　- 위원장 포함 3명은 대통령, 1명은 상원의장, 1명은 하원의장이 지명 • 직원 및 예산: 519명, 8,300만 유로(2021년 기준) 　- 본부 220명, 11개 지역사무소 230명 근무, 이 중 250명이 감사관 • 주요 업무(의사결정): 규제, 권한부여, 검사 및 집행, 재난대응, 정보 　- 주요 업무 수행에 있어서 기술적 전문성이 핵심이며, 이를 위해 원자력안전·방사선방호연구소, 7개의 자문위원회 등을 활용 • 7개의 자문위원회 구성·운영 　- 원자로, 연구소 및 발전소, 원자력 압력 장비, 폐기물, 수송, 의료노출, 방사선 방호(비의료) 　- 위원들은 원자력안전·방사선방호연구소, 원자력안전청, 특별작업반에 의해 작성된 보고서를 검토하고 의견제시 후 이 의견은 원자력안전청의 웹 사이트에 공개	• 현황: 2002년에 설립된 공공연구소로서 국방부, 환경부, 산업부, 연구부, 보건부 공동관할 　- 1976년 설립된 IPSN이 방사선방호 연구소와 통합하여 설립 • 직원 및 예산: 1,777명, 2억 7,400만 유로 (2018년 기준) 　- 예산의 40.2%는 연구, 50.2%는 기술적 지원 및 공공서비스 제공에 사용 • 주요 업무 　- 연구 및 공공서비스, 정부에 대한 기술적, 운영적 지원을 제공. 외부 연구용역계약 등 　- 원자력 방사선 위험에 대한 기술적 지원, 방사능 누출사고 시 운영적 지원 등

위를 포괄하는 결정권을 가지고 있다. 그러나 원자력안전청의 의사결정과정의 핵심은 기술적인 전문 지식이라고 할 수 있으며, 이를 위하여 원자력안전청은 외부 전문가들을 활용하는데도 노력을 하며, 원자로, 연구소 및 발전소, 원자력 압력 장비, 폐기물, 수송, 의료노출, 방사선 방호(비의료)의 분야의 자문위원회를 연간 50회 정도 운영하고 있다.

원자력안전청과 원자력안전·방사선방호연구소의 성격 및 역할[60]은 이전 〈표 3-1〉과 같다.

③ 자문위원회

원자력안전청은 결정을 내리기에 앞서 자문위원회(Advisory Committee: GPE)에 의견과 조언을 구한다. 현재 총 7개의 자문위원회가 구성되어 있으며, 각각 관할 대상이 되는 문제에 관하여 자문위원회들은 원자력안전·방사선방호연구소, 특별 작업반 또는 원자력안전청의 특정 부서가 작성한 보고서들을 검토한다.

개별적인 전문성을 바탕으로 추천을 받은 전문가들이 자문위원회를 구성하며, 그들은 대학교 및 그 관계 기관, 그리고 면허보유자들 중에서 선출된다. 각 자문위원회는 특별한 전문성이 인정되는 사람을 초빙할 수 있으며, 면허보유자의 대리인에 대한 청문을 실시할 수도 있다.

원자력 안전과 방사능 방호에 대한 투명성을 강화하기 위하여 원자력안전청은 자문위원회의 회의와 관련하여 원자력안전청이 발행한 자료, 원자력안전청이 자문위원회에 회부한 사항, 원자력안전·방사선방호연구소의 보고서의 개요 및 자문위원회의 의견과 원자력안전청의 판단에 대한 문서들을 간행한다.

이러한 자문위원회들은 다음과 같다.

---

60) 박우영·이상림 (2014), 49면.

- 원자로자문위원회(The Advisory Committee for reactors: GPR): 이는 원자로에 대한 전문가들로 구성된다.
- 실험실및설비자문위원회(The Advisory Committee for laboratories and plants: GPU): 이는 방사성 물질을 이용하는 실험실 및 설비 분야에서 전문성을 인정받은 전문가들로 구성된다.
- 의료용노출자문위원회(The Advisory Committee for medical exposure: GPMED): 이는 적법한 처방을 포함한 전리방사선의 의료목적 활용에 대한 전문가들과, 의료진 및 일반인과 환자들의 방사능 방호 분야의 전문가들로 구성된다.
- 환경및방사능방호자문위원회(The Advisory Committee for environment and radiation protection[non-medical]: GPRADE): 이는 작업자들(의료진 제외)의 방사능 방호 및 전리방사능의 공업 또는 실험용 이용으로부터, 그리고 자연 전리방사능으로부터 일반인들의 방사능 방호에 대한 전문가들로 구성된다.
- 폐기물자문위원회(The Advisory Committee for waste: GPD): 이는 원자력, 지리 및 광산 분야의 전문가들로 구성된다. 2012년, 폐기물 자문위원회는 3차례 회의를 개최하여 한 곳의 설비를 방문하였으며, 독일과 양자 회의를 개최하였던 바 있다.
- 운송자문위원회(The Advisory Committee for transport: GPT): 이는 운송분야의 전문가들, 특히 전리방사능 작업자들에 대한 교육 및 감독회사의 인증위원회(the French committee for certification of companies in training and monitoring of personnel working with ionising radiations)의 대표자를 포함하여 구성된다.
- 원자력압력장비자문위원회(The Advisory Committee for nuclear pressure equipment: GPESPN): 이는 압력장비 분야의 전문가들로 구성된다.

(6) 관련기관

① 방사성폐기물관리청

㉮ 구성
㉠ 이사회

이사회는 방사성폐기물관리청(ANDRA)의 일반 업무를 심의하는 기구이다. 이사회는 일반적으로 기관의 조직과 기능, 활동 계획, 직원 모집 등을 심의한다. 이사회의 심의는 정부가 반대하지 않은 경우에는 자동으로 집행된다.

이사회는 모두 23인으로 구성된다. 이사회의 구성을 보면 다음과 같다.

- 의회의 과학기술평가 사무국에 의하여 임명되는 1인의 하원의원과 1인의 상원 의원이 이사가 된다.
- 6인의 국가를 대표하는 자들이 이사가 되는데, 이들은 각각 에너지·연구·환경·예산·국방·보건을 담당하는 장관이 임명한다.
- 일정한 자격을 갖춘 자 7인이 이사로 임명되는데, 2인은 지역 선거로 선출된 자이고, 2인은 원자력 분야의 경험을 가진 자이며, 2인은 환경부 장관에 의하여 추천되는 자이고, 나머지 1인은 연구 분야에 자격을 갖춘 자이다.
- 나머지 8인의 이사는 방사성폐기물관리청의 직원 대표 8명이다. 즉, 8인의 직원대표가 이사로 임명되는 것이다. 따라서 총 23인의 이사로 이사회가 구성된다.

위 첫 번째, 세 번째 유형의 이사 중에서 이사회의 추천을 받아 감독기관인 부처 장관의 보고서와 함께 대통령령(décret)으로 이사장을 임명한다. 이사의 임기는 5년이다. 이사는 임기 동안 취득한 비밀을 누설해서는 안되는 의무를 부담하게 된다.

이사회는 적어도 1년에 3번을 개최하여야 하며, 긴급을 요하는 경우를 제외하고는 적어도 이사회 2주 전에 이사에게 통지하여야 한다.

ⓒ 과학위원회

과학위원회는 1991년 12월 창설된 기구로 방사성폐기물관리청의 연구전략이나 계획 또는 과학적 결과와 관련하여 모두 의견을 제시할 수 있는 기구이다. 과학위원회는 12인 이상으로 구성되는데, 임기는 5년이고 담당 장관의 아래테로 임명된다. 위원장은 호선으로 선출되어 장관의 명령(arrêté)으로 임명된다.

ⓒ 산업위원회

산업위원회는 방사성폐기물관리청의 산업계획이나 활동에 관하여 이사회가 회부한 문제에 관하여 의견을 제시하거나 제안을 하는 기구이다. 산업위원회는 최고 12인 이상의 위원으로 구성되는데, 이사회에 의하여 임명되고, 방사성폐기물관리청과 관련된 산업 영역에서 권한과 경험이 있는 자들로 임명된다.

④ 업무

방사성폐기물관리청의 업무는 방사성폐기물의 장기적인 관리인데 이와 관련하는 업무는 크게 8가지로 구분할 수 있다.

- 프랑스의 방사성 물질과 폐기물 목록 작성
- 개인과 지방자치단체의 방사성물질의 수집
- 원자력발전산업·병원·실험실 및 대학의 방사성폐기물 관리

- 모든 최종적 방사성폐기물의 저장문제 연구
- 인간과 환경을 위한 저장 시설의 개발과 감독
- 방사성에 의한 오염지역 복구
- 방사성폐기물관리청의 임무와 역할에 관한 홍보와 과학문화 전파
- 국제수준의 전파

㈐ 예산

방사성폐기물관리청의 예산은 대부분이 방사성 폐기물 생산자가 부담하고 있다. 전체 예산의 97%를 방사성폐기물 생산자인 프랑스 전력공사(EDF), 아레바(Areva), 원자력청(CEA), 병원, 연구단체 등이 부담한다. 나머지 3%는 국가로부터 지원을 받는다.

② 대체·원자력에너지위원회

㈎ 구성

2021년을 기준으로 대체·원자력에너지위원회(CEA)는 21,148명으로 구성되어 있으며, 9개의 연구소와 37개의 합동 연구단을 운영하고 있으며 56억 유로의 예산으로 운영된다.

㉠ 연구소

대체·원자력에너지위원회는 현재 파리에 본부를 두고 있고 전국에 9개의 연구소를 운영하고 있다.

5개의 연구소는 군사 분야 연구소이고 4개의 연구소는 민간분야 연구소이다.

〈표 3-2〉 대체 · 원자력에너지위원회(CEA) 연구소

군사 분야 연구소	민간 분야 연구소
CEA/DAM Ile de France (Essonne)	CEA/ Saclay (Essonne)
CEA/ Cesta (Gironde)	CEA/ Grenoble (Isére)
CEA/ Gramat (Lot)	CEA/ Cadarache (Borches-du-Rhône)
CEA/Valduc (Côte d'or)	CEA/ Marcoule (Gard)
CEA/ Le Ripault (Indre-et-Loire)	

ⓒ 실무부서

대체 · 원자력에너지위원회는 다음 5개의 국으로 되어있다..

- 생명과학국(Direction des sciences du vivant)
- 재료과학국(Direction des sciences de la matiére)
- 기술연구국(Direction des la recherche technologique)
- 군사응용국(Direction des application militaires)
- 원자력에너지국(Direction de l'énergie nucléaires)

㉣ 업무

　대체 · 원자력에너지위원회는 원자력과 관련한 원자력 산업의 개발과 성장, 미래의 원자력 에너지의 개발과 발전 및 핵폐기물 관련 연구를 담당하고 있다. 바이오기술, 마이크로 전자 공학, 나노기술 등 기초연구를 하지만 가장 중요한 임무는 원자력 관련 임무이다. 현재 대체 · 원자력에너지위원회는 국방과 안보, 원자력 에너지, 산업기술연구, 재료 · 생명분야의 기초연구 영역을 연구 분야로 하고 있다.

③ 원자력정책위원회

원자력정책위원회(CPN)는 프랑스의 정부기구로 원자력 관련 정책을 수립하는 기구이다.

㉮ 구성

원자력정책위원회는 대통령이 주재하도록 되어 있으며, 대통령을 비롯한 12명의 위원으로 구성되는데, 그 위원은 다음과 같다.

- 수상
- 에너지 장관
- 외무부 장관
- 경제부 장관
- 산업부 장관
- 통상부 장관
- 연구부 장관
- 국방부 장관
- 예산부 장관
- 합참의장
- 국가안전보장 사무총장
- 대체·원자력에너지위원회 의장

위의 위원들 외에도 공위공직자 고위 군인, 원자력안전청의 장, 원자력청의 고위자 등이 자신의 업무와 관련하여 원자력정책위원회에 참석할 수 있다. 원자력정책위원회는 자신의 권한과 관련된 특정 주체를 다루기 위해 위원회의 결정으로 제한된 위원만을 소집할 수도 있다.

㉯ 권한

원자력정책위원회는 전체적인 원자력 정책의 계획을 수립하고 원자력 이용을 감시하며, 원자력 수출과 국제협력을 감시하고, 에너지 정책, 연구, 안전, 안보 환경 보호 등을 감시한다.

④ 원자력 안전의 투명성과 정보에 관한 고등위원회

원자력 안전의 투명성과 정보에 관한 고등위원회는 원자력 분야에서 국가 정책의 투명성과 안전을 확보하기 위한 기구이다. 현재에는 환경법전과 원자력 안전의 투명성과 정보에 관한 고등위원회에 관한 2010년 3월 16일 대통령령(décret)에서 규정하고 있다.

㉮ 위원

원자력 안전의 투명성과 정보에 관한 고등위원회는 하원에 의하여 임명되는 하원의원 2명, 상원에 의하여 임명되는 상원의원 2명, 지역정보위원회 위원 약간 명, 환경보호단체와 공중보건법전에 규정된 단체 대표 약간 명, 원자력 활동 책임자 약간 명, 대표적 근로자 노동조합 조직 대표 약간 명, 과학·기술·경제·사회적 능력을 이유로, 또는 정보통신분야에서 선발된 약간 명(이 가운데 3인은 의회의 과학기술평가 사무국에 의하여 임명되고, 1인은 과학아카데미에 의하여 임명되며, 1인은 윤리·정치학 아카데미에 의하여 임명된다), 원자력안전청(ASN)과 관계 정부부처 또는 원자력안전·방사선방호연구소(IRSN)를 대표하는 약간 명으로 구성된다.

　원자력 안전의 투명성과 정보에 관한 고등위원회 위원의 임기는 6년이고, 위원장은 위원 가운데 임명되는데, 국회의원인 위원이나 지역정보위원회 소속 위원 또는 전문가로 임명된 위원 가운데 위원장을 맡는다. 위원은 임기가 시작하는 날에 활동이 원자력 안전의 투명성과 정보에 관한 고등위원회의 영역에 속하는 기업이나 조직과의 직·간접적인 관계를 밝혀야 한다.

㈎ 업무

　원자력 안전의 투명성을 확보하기 위하여 원자력 안전의 투명성과 정보에 관한 고등위원회는 의견을 제시하고 투명성 확보를 위한 요청을 받아 이에 대한 조치를 하기도 한다.

　원자력 안전의 투명성과 정보에 관한 고등위원회는 원자력과 관련된 모든 영역에서 의견을 발표할 수 있다. 또한 원자력 안전 관련 정보에 대하여 정보접근성을 보장하기 위하여 원자력 안전의 투명성과 정보에 관한 고등위원회는 관련된 청구를 받아 투명성 확보를 위한 모든 조치를 제안 할수 있다. 이러한 청구는 원자력 안전관련 장관, 국민의회와 상원의 관련 상임위원회 위원장, 의회의 과학기술평가 사무국의 장, 지역정보위원회 위원장 및 원자력기본시설의 개발자는 원자력 안전과 통제와 관련된 정보에 관한 모든 문제와 관련하여 제기할 수 있다.

㈏ 예산

　원자력 안전의 투명성과 정보에 관한 고등위원회는 국가기관이므로 국가예산으로 기관을 운영한다.

⑤ 지역정보위원회

지역정보위원회(Local Information Committee: CLI)는 원자력 시설과 관련되는 활동이 인간과 환경보전에 미치는 영향과 방사선 방호에 관한 조사와 정보수집 및 협력 등을 하는 기구이다.

㉮ 설립

지역정보위원회는 원자력 기본시설 주변에 설립된다. 원자력 기본시설이란 원자로, 행정최고재판소(Conseil d'Etat)에서 정한 특징을 가지고 있는 핵연료의 준비, 농축, 제조, 처리 및 보관시설과 방사성 폐기물의 처리와 보관 및 저장 시설, 방사성과 핵분열 물질을 포함하고 행정최고재판소가 정하는 특징에 부합하는 시설 및 분자가속기를 말한다. 이러한 시설 주변에 지역정보위원회가 설립되는 것이며, 여러 개의 원자력 기본시설 주변에 하나만 설치해도 되고 인근 지역의 원자력 기본시설에 하나만 설치해도 된다.

지역정보위원회는 원자력 기본시설 허가신청이 있는 때부터 설립할 수 있으며, 설립된 지역정보위원회에는 법인격이 부여된다. 지역정보위원회는 해당 도의회 의장의 결정으로 설립되는 데, 만약에 시설이 여러 개의 도에 걸쳐 있을 때에는 해당 도의회 의장의 공동 결정으로 설립된다.

㉯ 구성

지역정보위원회는 ① 해당 지역의 지방자치단체의 의원, ② 해당 지역의 의회 의원(상·하원), ③ 환경보호단체 대표와 경제단체 대표 그리고 대표적인 노동조합 대표 및 의료직역 대표, ④ 관련분야 전문가들로 구성되며 각 지역마다 위원의 숫자가 다르다.

원자력안전청 대표와 관련 국가기관 대표 및 관할 광역자치단체의 보건 관련 기관과 개발자 대표는 위원회 회의에 참석할 수 있으나, 발언권만을 가진다. 만약에 지역이 국경에 위치해 있는 경우에는 해당 외국인도 구성원이 될 수 있다. 이에 따라 Fessenheim 지역정보위원회의 전문가 집단에는 2명의 독일인이 포함되어 있으며, 상시 참석자로 인근 독일 도시의 시장 4명과 스위스 Bâle 대표 1명이 참석하고 있다. 위원은 도의회 의장이 임명하고, 위원회는 도의회 의장이 주재하거나 아니면 위원들 가운데 도의회 의장에 의하여 임명된 도의 선출직 위원이 주재된다.

㉰ **업무**

지역정보위원회는 원자력 안전이나 방사선 방호 또는 원자력으로 인한 인간과 환경 관련 분야에서 정보와 협력의 임무를 지고 있다. 또한 지역정보위원회는 가장 많은 사람이 접근할 수 있는 형태로 작업의 결과를 알리는 임무도 가지고 있다. 이를 위하여 위원회는 적어도 1년에 한번 모든 사람에게 공개된 공개회의를 개최한다. 지역정보위원회는 원자력 안전이나 방사선방호 또는 원자력으로 인한 인간과 환경 관련 분야에 관한 모든 주제에 대하여 요청을 받는다.

지역정보위원회는 역학조사를 포함한 전문적인 조사를 할 수 있으며, 해당 지역의 원자력 시설의 방출이나 해체에 따른 환경조사와 모든 조치를 취할 수 있다. 이를 위하여 시설운영자와 원자력안전청 그리고 관련 국가기관은 지역정보위원회에게 필요한 모든 문서와 정보를 제공한다.

시설이용자는 지역정보위원회로부터 원자력 기본시설 시설이용자와 방사성 물질의 운송에 관한 정보를 요청받으면 요청받은 날로부터 일주일 안에 지역정보위원회에 통지하여야 한다. 또한 시설이용자는 모든 사건과 사고를 지체 없이 지역정보위원회에 통지하여야 한다. 또한 지역정보위원회 위원장의 요청이 있으면 개발사업자는 위원들이 시설을 방문하게 하여야 한다.

지역정보위원회는 원자력안전청과 원자력 안전 담당 장관에게 원자력 기본시설 지역과 관련된 모든 계획에 관하여 논의를 할 수 있다. 지역정보위원회가 설립된 이후 공공조사의 대상이 되는 계획에 대한 지역정보위원회와의 논의는 의무적으로 행해져야 한다.

지역정보위원회는 원자력안전청과 원자력 안전 담당 장관에게 원자력 기본시설이 설치되는 지역의 원자력 안전과 방사선 방호와 관련된 모든 문제에 대하여 청구할 수 있으며, 환경·위생·기술 등의 문제에 관하여 의견을 제시할 수 있고, 원자력 안전의 투명성과 정보에 관한 고등위원회의 모든 유용한 정보를 공유한다.

㉱ 예산

지역정보위원회의 예산은 국가와 지방자치단체 그리고 지방자치단체 조합에 의하여 지원을 받고, 지역 회계원(la chambre régionale des comptes)의 통제를 받는다. 예산이 보장되고 이에 따라 활동도 안정적으로 할 수 있어 지역정보위원회의 위상이 높아졌다는 평가도 있다.

4 캐나다의 원자력안전위원회[61]

1997년 제정된 「원자력 안전 및 통제법」(Nuclear Safety and Control Act: NSCA)은 변화된 원자력환경에 대하여 보다 효과적이고 명확한 규율을 지향하기 위하여 제정되었다. 이 법을 통해 안전상 문제가 발생할 수 있는 법제적 허

---

61) 이하의 내용은 캐나다 원자력안전위원회(CNSC)의 홈페이지(http://nuclearsafety.gc.ca/eng/), 「원자력 안전 및 통제법」(Nuclear Safety and Control Act)의 내용을 주로 참조하였다(2022. 12. 28. 최종방문).

원문보기

점을 보안하여 형식적, 실질적으로 진전된 체계성을 갖추게 되었다. 원자력 안전 및 통제법(NSCA)을 근거로 하여 캐나다 원자력안전위원회(Canadian Nuclear Safety Commission: CNSC)가 안전규제 전담 행정기관으로서의 기능을 수행하게 되었다. 캐나다 원자력안전위원회는 원자력 산업 실행 및 안전에 관한 대부분의 사항을 집행하는 권한을 보유하면서, 각종 관련법적 지원을 토대로 필요한 규율을 보충하는 형식을 취하고 있다. 절차적으로 캐나다 원자력안전위원회는 내각의 자원부(Ministry of Natural Resources)를 통하여 의회에 활동을 보고하게 되어 있으며, 원자력 발전소의 안전과 원활한 업무수행을 위하여 기본법에 근거하여 각종 규칙과 명령을 제정하여 시행할 권한 또한 보유하고 있다.

(1) 근거법률

원자력 산업에 대한 캐나다 원자력안전위원회의 규제체계는 우리의 원자력안전위원회 중심의 규제체계와 큰 틀에서 유사하게 구성되어 있다. 우리의 「원자력안전법」에서 원자력 안전 규제근거를 제공하고 그 기본사항을 규정하는 것과 같이, 캐나다 원자력안전위원회 또한 의회에서 제정한 법률, 즉 「원자력 안전 및 통제법」을 근거로 활동하고 있다. 우리 「원자력안전법」을 시행하는 데 필요한 행정사항을 규정한 「원자력안전법」 시행령과 시행규칙, 그밖의 원자력안전위원회 규칙 및 고시 등이 제정되어 있는 것과 마찬가지로, 캐나다 원자력안전위원회는 「원자력 안전 및 통제법」을 근거로 원자력 산업을 실제 규율하기 위해 필요한 규칙(regulation), 면허(licenses), 세칙(documents), 행정지도(guidance) 등을 발할 수 있다.

(2) 조직구성

캐나다 원자력안전위원회는 캐나다의 원자력과 그 부산물을 관리하는 연방 차원의 기본 행정청 역할을 담당한다. 구체적으로, 원자력 관련 규칙을 제정하고, 집행을 통한 면허 결정권을 보유한다. 또한 산업으로서의 원자력과 국민건강 및 안전 정책, 환경과의 관계에 대한 정책을 수립한다. 전신인 원자력통제위원회(AECB)에 비해 인적·물적으로 규모가 커졌고, 기능 또한 더욱 넓은 범위로 확대되었다.

① 위원 및 위원회

캐나다 원자력안전위원회에는 5년 임기에 연임이 가능한 상임위원을 7명까지 둘 수 있고, 이들은 추밀원 총독(Governor in Council)에 의하여 임명된다. 필요한 경우에는 추밀원총독이 7명의 상임위원 외에 단기간 동안 한시적으로 일하는 임시위원을 임명할 수 있다.

상임위원의 임기는 5년이 보장되나, 위원으로서 적절한 행위라 판단되지 않은 일을 행하였을 경우 총독에 의해서 이를 이유로 언제든 해임될 수 있다. 임시위원의 임기는 3년을 넘지 못한다. 다만 위 상임위원과 임시위원은 임기 후 동일한 지위 혹은 다른 지위에 다시 임명될 수 있다.

캐나다 원자력안전위원회 위원장은 위원회의 최고집행관(chief executive officer)이며 위원 및 소속 공무원, 기타 근로자들의 직무를 지휘·감독한다. 이 직무에는 위원들 사이의 직무를 배분하고 위원회 회의를 조정하는 일이 포함된다. 또한 위원장은 위원들 가운데 회의 구성원을 배분하고 회의 주재자를 선임할 권한이 있다.

위원장이 유고중이거나 궐위되어 직무를 수행하지 못할 때에는 위원회의 의사로 결정된 다른 위원이 유고기간 기간 동안 위원장과 동일한 권한을 가지고 그 직무를 대행할 수 있다. 그러나 추밀원 총독의 승인 없이는 90일 이상 대행을 지속할 수 없다.

위원장은 위원장에게 위임된 권한을 다른 위원이나 위원회 직원에게 위임할 수 있다. 위원회의 일반 행정과 관리에 관한 사항 보고를 자원부 장관이 요청한 경우 위원장은 규정된 형식에 따라 보고하여야 한다.

위원회의 회의는 위원회 규칙이 정하는 바에 따라 정기적으로 개최되어야 하며, 이러한 위원회 회의는 전화와 같은 모든 위원이 참여할 수 있는 통신수단을 이용하여 진행될 수도 있다.

이들은 대내적으로 캐나다 연방의회와 행정부처인 자원부에 보고할 의무를 지니고 있다. 대외적으로는 원자력과 관련된 모든 국제 활동(핵확산금지조약 이행 등)에 대한 책임을 부담하며, 핵원료 및 기타 규정 물질의 수출입에 대한 통제 또한 담당한다.

캐나다 원자력안전위원회 위원은 직접적 혹은 간접적으로 위원의 임무에 배치되는 직위를 수락하거나 실제 종사하여서는 안 되며, 그러한 이해관계를 가져서도 안 된다. 스스로 이러한 이익충돌 관계에 연루되었음을 알게 된 위원은 120일 내에 그러한 충돌 관계를 해소하거나 위원회에서 사직하여야 한다.

캐나다 원자력안전위원회(CNSC)의 조직도는 다음 [그림 3-5]와 같다.

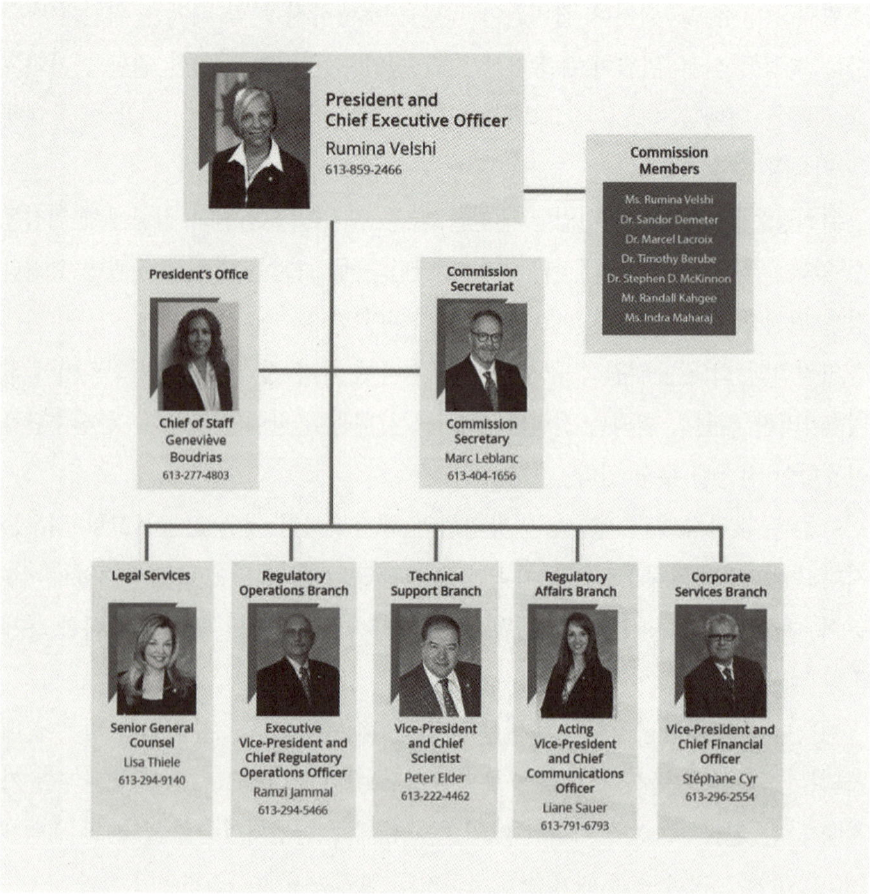

[그림 3-5] 캐나다 원자력안전위원회(CNSC) 조직도[62]

62) http://www.cnsc-ccsn.gc.ca/eng/about-us/ministerial-briefing-binder-2021.cfm#sec3(2022. 12. 28. 최종방문)

원문보기

② 실무부서

㉮ 조직체계

실무부서는 법무지원단(Legal Services)을 비롯하여 규제활동부(Regulatory

Operations Branch), 기술지원부(Technical Support Branch), 규제지원부(Regulatory Affairs Branch), 업무지원부(Corporate Services Branch)로 이루어져 있으며, 각각 실무담당부서들을 그 역할에 따라 설치하고 있다.

규제활동부에는 원자로규제국(Directorate of Power Reactor Regulation), 핵연료주기·설비규제국(Directorate of Nuclear Cycle and Facilities Regulation), 핵물질규제국(Directorate of Nuclear Substance Regulation), 규제개선·주요사업관리국(Directorate of Regulatory Improvement and Major Projects Management)이 소속되어 있다.

기술지원부에는 환경·방사선방호및측정국(Directorate of Environmental and Radiation Protection and Assessmen), 보안·안전국(Directorate of Security and Safeguards), 안전관리국(Directorate of Safety Management), 평가·분석국(Directorate of Assessment and Analysis)이 소속되어 있다

규제지원부에는 규제정책국(Regulatory Policy Directorate), 전략·계획국(Strategic Planning Directorate), 전략적소통국(Strategic Communications Directorate)이 소속되어 있다.

업무지원부에는 인적자원국(Human Resources Directorate), 재무·행정국(Finance and Administration Directorate), 정보관리·기술국(Information Management and Technology Directorate)이 소속되어 있다.

㉑ 직원에 대한 관리

캐나다 원자력안전위원회는 「원자력 안전 및 통제법」의 목적을 달성하기 위하여 필요하다고 인정하는 경우에는 전문가, 과학자 및 기술자들을 임직원으로 고용할 수 있으며, 국가재무위원회(the Treasury Board)와의 협의를 거쳐 그들의 고용조건과 급여를 결정할 수 있다.

약 850여 명의 직원이 근무하고 있으며, 이들의 전문성을 개발하기 위한 전략이 수립되어 추진되고 있다. 이를 바탕으로 직원들에게 연간 100시간 이상의 자가학습이 제공되고 있으며, 직원들은 2014년부터 2016년 사이의 기간 동안 매년 평균적으로 16일 이상의 교육과정에 참여하였다.[63]

(3) 주요 업무

「원자력 안전 및 통제법」 제9조에서 규정하는 캐나다 원자력안전위원회의 목표는 두 가지가 있는데, 첫 번째 목표는 원자력 에너지의 개발, 생산, 사용을 규율하고, 핵물질, 지정 설비, 지정 정보의 생산, 소지, 사용을 규율하는 것이다. 이는 이러한 개발, 생산, 소지, 사용에 수반되는 환경에의 불합리한 위험과 국민 건강 및 안전에의 불합리한 위험을 예방하기 위하여 시행되는 것이며, 또한 캐나다가 동의한 통제 조치와 국제적 의무에 부합하기 위한 것이다.

두 번째 목표는 위에 언급한 것에 개발, 생산, 소지, 사용이 환경과 국민 건강 및 안전에 미치는 영향에 관하여, 그리고 이들에 관한 캐나다 원자력안전위원회의 활동에 관하여 일반인들에게 객관적으로 과학적이고 기술적이며 규제적인 정보를 제공한다는 것이다.

캐나다 원자력안전위원회는 캐나다 국민과 환경의 건강과 안전을 보호하고 원자력 에너지의 평화적인 사용에 관한 국제적인 규약들을 이행하기 위해 원자력 에너지와 물질들에 대한 사용을 규제한다. 세부 업무는 다음과 같다.

- 보건, 안전, 환경 보호를 위한 원자력의 사용, 생산, 개발 규제
- 핵물질들의 이용, 사용, 소유, 생산 규제

[63] CNSC(2017), p. 6.

- 규정된 정보와 기구의 사용, 소유, 생산 규제
- 핵무기 확산에 관한 조치를 포함한 원자력과 핵물질의 사용, 이동, 개발에 관한 국제적 통제조치 수행
- 캐나다 원자력안전위원회 활동, 환경, 영향, 보건 물리 및 안전, 핵물질의 사용 및 개발, 생산, 소유, 이동에 관한 과학적, 기술적 정보제공

① **면허부여 활동**

㉮ **원자력 면허**

캐나다에서 원자력과 관련한 모든 활동 및 기획에는 캐나다 원자력안전위원회의 면허가 있어야 한다. 면허에 대한 업무를 수행하는 등의 집행기준은 위험의 크기에 근거한다. 캐나다 원자력안전위원회 소속 공무원들은 원자력 관련 사태가 일어날 가능성, 발생 시 나타날 결과를 예측하고, 면허 소지자에게 그러한 위험을 중단하거나 회피하도록 하는 특정한 조치를 명할 수 있다.

캐나다 원자력안전위원회는 면허 소지자에게 다층의 안전장치가 구비된 설계를 적용하고 그러한 설비를 운영하도록 요구하는데, 이는 만일 하나의 안전구조 및 프로그램이 실패할 경우 예비 장치가 발동하여 시설과 근로자를 보호하도록 하고, 방사능 유출 가능성을 차단하며 문제를 해결할 시간을 확보하기 위한 것이다.

캐나다에서의 원자력 면허는 주요 원자력 시설 수명의 각 단계에 따라 필요한 별도의 면허 승인을 받을 것을 요건으로 하며, 방사성 물질의 보유, 사용 및 저장을 하기 위해서도 캐나다 원자력안전위원회의 면허가 필요하다. 캐나다 원자력안전위원회는 면허신청자가 갖춘 안전조치들이 기술적·과학적으로 문제가 없는지, 모든 요건을 충족하였는지, 그리고 인간과 환경을 보호하기 위하여 적

절한 안전 시스템을 구비되었는지 등을 심사하게 된다.

면허 부여의 과정은 철저히 공중의 참여에 개방되어 있다. 조사 및 심판위원회의 공청회와 회의에 방청이 가능하며 온라인으로 생중계된다.

④ 조사 및 심판위원회

조사 및 심판위원회(the Commission Tribunal)는 캐나다 원자력안전위원회의 중심을 이루는 활동의 하나인, 주요한 원자력 시설 및 원자력 관련 활동의 면허 부여에 대한 합리적이고 투명한 결정을 내리는 기관이다. 캐나다 원자력안전위원회의 다른 활동에 비하여 조사 및 심판위원회의 활동은 그 자체로 상당한 독립성이 담보되며, 캐나다 원자력안전위원회가 법적 강제력 있는 규칙을 제정하고 규칙에 대한 정책을 수립하기 위해서는 필수적으로 조사 및 심판위원회의 회의를 거쳐야 한다. 주요한 특성을 정리하면 다음과 같다.

- 주요한 원자력 설비 및 원자력 운용활동의 면허에 대해, 충분한 정보를 바탕으로 하고 투명한 결정을 내린다.
- 법률에 따른 규칙을 제정하고 규제관련 정책을 수립한다.
- 환경보호 전문가, 방사능 방호 전문가, 핵물리학자와 기술자들로 구성된 전문가 자문단의 지원을 받는다.
- 연간 약 2,500건의 위험도가 낮은 위험에 대한 면허결정은 캐나다 원자력안전위원회를 대신하여 판단할 능력과 자격을 갖춘 지정 요원들에게 위임된다.

조사 및 심판위원회는 당해 문제에 가장 큰 영향을 받는 지역 공동체에서 가능한 모든 사무에 대해서 공청회를 연다. 모든 공청회는 인터넷을 통해 생중계되고, 캐나다 원자력안전위원회 웹사이트에 3개월 동안 공청회 영상이 보관되고, 공청회와 회의 자료 또한 인터넷에 제공한다. 이러한 모든 절차를 거친 후 조사 및 심판위원회는 자격 요건을 충족한 지원자에게 면허 발급에 대한 결정을 내리게 된다.

이러한 제도와 구조는 원자력발전소에 대한 찬성과 반대 의견을 모두 청취하고 설득과 논박을 통해 판단을 정당화하게 되므로, 판단 과정 자체는 시간적, 물리적으로 지체될 수 있으나, 더욱 완벽한 정당화가 가능하다고 하겠다. 많은 사람들의 건강과 안전이 직결된 원자력발전소 문제가 담당 행정위원회 내에서의 합리적 절차 속에서 결론을 배출한다는 것 자체가, 밀실 행정이라는 비판을 사전에 차단할 수 있는 가장 투명한 정당화 구조인 것이다.

② 안전이행 감시활동

㉮ 우라늄 광산 및 제련소 감시

캐나다 원자력안전위원회는 대부분의 캐나다 우라늄 광산공장 및 제련공장이 있는 사스캐처원(Saskatchewan)주에 지역사무소를 두고, 면허 보유자들을 상시 조사·감독할 수 있는 전임 전문가인력을 배치하고 있다.

㉯ 원자력 발전소 안전감시

캐나다에는 현재 5개의 원자력 발전소에 총 4개의 핵원료 처리시설과 19개의 원자로가 가동되고 있다. 캐나다 원자력안전위원회는 모든 원자력 발전소에 안전 및 법규 준수 여부를 확인하기 위해 전임 조사관을 파견하고 있다.

캐나다 원자력안전위원회는 매년 원자력 발전소의 안전이행 여부를 조사하여 보고서를 발간하고 있다. 각 원자력 발전소들이 규칙 요건을 잘 준수하고 있는지 여부, 인적 성과, 방사능 배출, 환경보호, 긴급 상황관리, 방재능력 등의 예측 활동을 평가한다.

㉢ 핵의학 안전감시

의학적으로 사용되는 핵물질 또한 캐나다 원자력안전위원회의 규제 대상이다. 즉, 캐나다 원자력안전위원회는 암 및 기타 질병의 진단과 치료를 위해 사용되는 방사성동위원소가 안전하게 제조·운용되고 있는지를 확인한다.

㉣ 환경안전감시

캐나다 원자력안전위원회는 환경보호를 위해 규제권한을 행사한다. 면허 소지자들이 제안한 사업 활동을 평가하여 환경에 미치는 악영향을 줄이거나 회피하기 위하여 스스로 노력하도록 강제한다.

㉤ 원자력 연구 및 상업적 이용의 안전감시

캐나다 원자력안전위원회는 연구와 산업 현장에서 사용되는 핵물질을 규제한다. 이러한 물질에는 대학 연구소에 있는 저출력원자로와 석유 및 가스 탐사에 사용되는 원자력 측정기 등이 있다.

③ 이해관계자 및 일반인들과의 소통

㉮ 정보의 제공

캐나다 원자력안전위원회는 그 규제적 활동을 수행함에 있어서 일반인들과의 소통을 소홀히 하지 않고 있다. 즉, 핵물질과 핵시설이 환경, 주민 건강과 안전에 미치는 효과에 대하여 대중에게 정보를 제공하는데, 정보 공개는 지속적으로 이루어지며, 핵물질의 개발, 생산, 보류, 운송, 그리고 사용 등에 대한 정보가 주를 이루고, 공개는 공적 회의, 보고서, 인터넷, 프레젠테이션 등을 통해 이루어진다. 또한 면허의 발급, 갱신, 연장, 취소 또는 변경에 관하여 공청회를 개최하며, 그밖의 경우에도 캐나다 원자력안전위원회가 공공의 이익을 위하여 필요하다고 인정하는 경우에는 공청회를 개최한다.

㉯ 지역사회에의 접근

캐나다 원자력안전위원회의 전문 인력들은 정기적으로 캐나다 전역에 걸쳐 지역사회를 방문하여 관련 정보를 제공하고 시설을 공개하며, 지역 내 원자력 문제에 대해 관심 있는 주민들로부터 질문을 듣고 답을 제시한다. 또한 일반인들이나 원주민 단체, 기타 이해관계자들에게 캐나다 원자력안전위원회의 규제 절차에 참여할 기회를 제공하기 위하여 참여자 기금사업(Participant Funding Program)을 통해 기금을 제공한다.[64]

㉰ 공공정보제공사업

캐나다 원자력안전위원회는 주요 원자력 설비 면허 소지자에게 공공정보제공사업을 수립하여 실행하도록 요구한다. 이는 일반인들이 그들의 원자력 활동과 공공 건강 및 환경에 미치는 가능한 관련 영향에 대해서 정보를 얻게 하기 위함이다.

(4) 예산

캐나다 원자력안전위원회의 회계연도 2020~2021년의 총 예산은 1억 3,900만 달러였다. 이러한 예산은 주로 수수료 중의 2/3가량은 수익으로 충당되며 나

---

64) 2016년, 참여자 기금사업은 44개의 단체에 848,802달러를 지원하였으며, 여기에는 캐나다 원자력위원회의 규제절차에 참여하는 19개의 원주민 단체가 포함되어 있다. CNSC(2017), p. 32.

머지 1/3은 국가의 재정으로 충당되었다.

(5) 자문기관

캐나다 원자력안전위원회는 자신의 권한, 의무 및 기능을 이행하기 위하여 필요한 지원을 받고 자문을 구하기 위하여 위원회의 업무와 관련 있는 사항에 대해 기술적 또는 특별한 지식이 있는 사람들과 역무의 제공에 관한 계약을 체결할 수 있다.

원자력 안전에 관한 캐나다 원자력안전위원회의 전문성을 보완하기 위하여 방사선방호자문위원회와 원자력안전자문위원회가 설치되어 있다. 이들은 원자로와 핵폐기물, 방사선 등의 안전 관련 사항에 대한 자문을 제공한다. 또한 원자력발전소에 대한 환경영향평가는 환경부(Ministry of Environment) 산하 캐나다 환경영향평가청(CEAA)이 담당하고 있으며, 방사선에 대한 방호는 보건부(Ministry of Health)에서 협력하고 있다.

(6) 관련기관

내각의 행정부에서는 자연자원부 장관(Minister of Natural Resources)이 「원자력 안전 및 통제법」의 시행과 원자력 책임에 관한 주무행정을 담당하고 있다. 기타 보건, 환경, 외교, 통상, 인사, 기술개발, 운송에 관한 연방 행정청들 또한 원자력 분야와 관련을 맺고 있다. 이들은 모두 캐나다 원자력안전위원회와 긴밀한 연관을 맺으며 안전에 관한 통제를 받고 있다.

원자력 안전 규제기관과 별도로, 캐나다 원자력공사(AECL)는 원자력 발전 진흥기관으로서 원자력 에너지 개발에 필요한 정책 및 연구를 담당하고 있으며, 본 공사의 개발 활동에 대하여 안전 규제기관인 캐나다 원자력안전위원회가 규제하는 구조를 취하고 있다. 캐나다 원자력공사는 원자력 발전소 원자로에 대한 연구 개발은 물론, 실제 이를 설계하고 제작하는 역할을 담당한다.

또한 원자력 개발의 설득력을 확보하기 위하여 폐기물 관리에 관한 사항까지 스스로 고려하는 구조를 취하고 있는데, 캐나다 원자력공사 산하에 저준위 방사능폐기물관리소(LLRWMO)가 운영되고 있다. 캐나다 정부는 캐나다 원자력공사의 적자가 가중되자 꾸준히 민영화를 시도한 끝에, 2014년 11월 캐나다 원자력연구소(CNL)로 하여금 이를 인수하게 하였다.

5 독일의 연방환경부와 연방방사선방호청

(1) 근거법률

원자력과 관련된 독일의 법률로는 「원자력법」(Atomgesetz, AtG), 「방사능방호예방법」(Strahlenschutzvorsorgegesetz, StrVG), 「연방방사선방호청설치법」(Gesetz über die Errichtung eines Bundesamtes für kerntechnische Entsorgungssicherheit, BAStrlSchG), 「입지선정법」(Standortauswahlgesetz-StandAG), 「연방핵폐기청설치법」(BfkEG) 등이 있다. 이들 법률들은 원자력의 안전규제와 관련하여 연방과 각 주의 다양한 부처들이 복합적으로 권한을 행사하

도록 규정하고 있다.

　독일은 연방공화국으로, 법률에서 달리 규정하지 않는 한, 연방 법률의 집행은 원칙적으로 주(州)의 책임으로 이루어진다. 이에 따라 위 법률들은 원자력 규제와 관련된 연방 법률상의 사무를 연방고유행정과 연방위임행정으로 구분하여, 일부는 연방 법률에서 연방이 직접 집행하도록 규정하면서도, 그 외에는 주 행정에 위임하여 주로 하여금 집행하도록 하고 있다. 이와 같은 이유에서 독일의 원자력 안전을 위한 규제기관은 연방과 주의 여러 기관으로 다층적으로 복잡하게 구성되어 있다.

　먼저 원자력과 관련된 연방의 주무부서로는 연방환경·자연보호·건축·원자로안전부(Bundesministerium für Umwelt, Naturschutz, Bau und Reaktorsicherheit: BMUB, 이하 '연방환경부')를 들 수 있으며, 이러한 연방환경부 산하에 연방방사선방호청(BfS)과 연방핵폐기물관리청(BfE)이 있다. 그리고 연방과 주의 협력을 위하여 원자력에너지를 위한 주 위원회(LAA)가 있다.

　그밖에 원자력 안전관리에 관여하는 연방기관들은 다음과 같다.

- 연방경제수출관리청(Bundesamt für Wirtschaft und Auffuhrkontrolle: BAFA)
- 연방재정부 또는 연방재정부가 지정하는 세관(Bundesministrium der Finanzen oder den von ihm bestimmten Zolldienstellen)
- 연방행정관리청(Bundesverwaltungsamt: BVA)
- 연방기관시설망관리청(Bundesnetzagentur)
- 연방핵폐기물청(Bundesamtes für Kerntechnische Entsorgung)
- 연방환경청(Umweltbundesamt)
- 연방주민보호·재난구호청(Bundesamt für Bevölkerungsschutz und Katastrophenhilfe: BBK)

- 연방해상교통 · 수로측량청(Bundesamt für Seeschifffart und Hydrographie)
- 연방재료연구 · 검사연구소(Bundesanstalt für Materialforschung und prǘfung)
- 연방수리연구소(Bundesalstalt für Gewässerkunde)
- 연방산업안전 · 직업의료연구소(Bundesanstalt für Arbeitsschutz und Arbeitsmedizin)
- 연방물리 · 기술연구소(Physikalisch-Technische Bundesanstalt)
- 독일기상청(Deutscher Wetterdienst)
- 로버트 코흐 연구소(Robert Koch-Institut)
- 연방위험평가청(Bundesinstitut für Risikobewertung)
- 연방소비자보호 · 식품안전청(Bundesinstitut für Verbrauchenschutz und Lebensmittelsicherheit: BVL)
- 막스 루프너 연구소(Max Rubner-Institut), 튀넨연구소(Johan Heinrich von Thǘnen-Institut)

이상의 연방기관 이외의 원자력 관련 연방 법률의 집행은 각 주에서 하는데, 예컨대 바덴-뷔르뎀베르크 주의 경우는 환경 · 기후 · 에너지경제부(Ministerium für Umwelt, Klima und Energiewirtschaft)가 원자력 안전 규제와 방사선 보호에 대한 주무기관이다.

따라서 독일의 원자력 안전관리체계는 상당이 복잡하게 구성되어 있으며, 그 개요를 도식화하면 다음 [그림 3-6]과 같다.

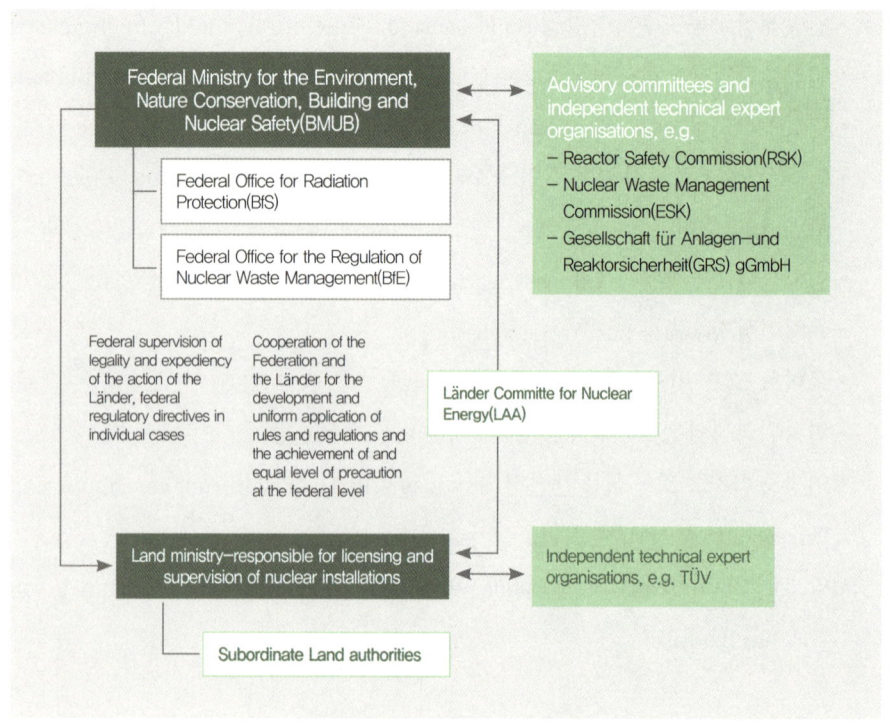

[그림 3-6] 독일의 원자력 안전관리체계[65]

다음에서는 이상의 기관 가운데 주로 「원자력법」상의 규제권한을 가지는 기관을 중심으로 설명하기로 한다.

(2) 연방환경부

연방환경부(BMUB)가 원자력과 관련된 연방의 주무부서로 기능하고 있다. 연

65) BMUB(2017), p. 63.

방환경부는 원자력 에너지, 방사선 방호와 관련된 업무를 수행하는데, 이는 다시 구체적으로 원자력 안전, 폐기물 처리시설 운용, 방사선 방호의 세 가지 영역으로 구분되고 있다.

원자력과 관련되는 연방정부와 지방정부의 행정사무 집행감독은 연방환경부의 관할이다. 따라서 연방환경부 장관이 「원자력법」상에서 발생하는 안전문제에

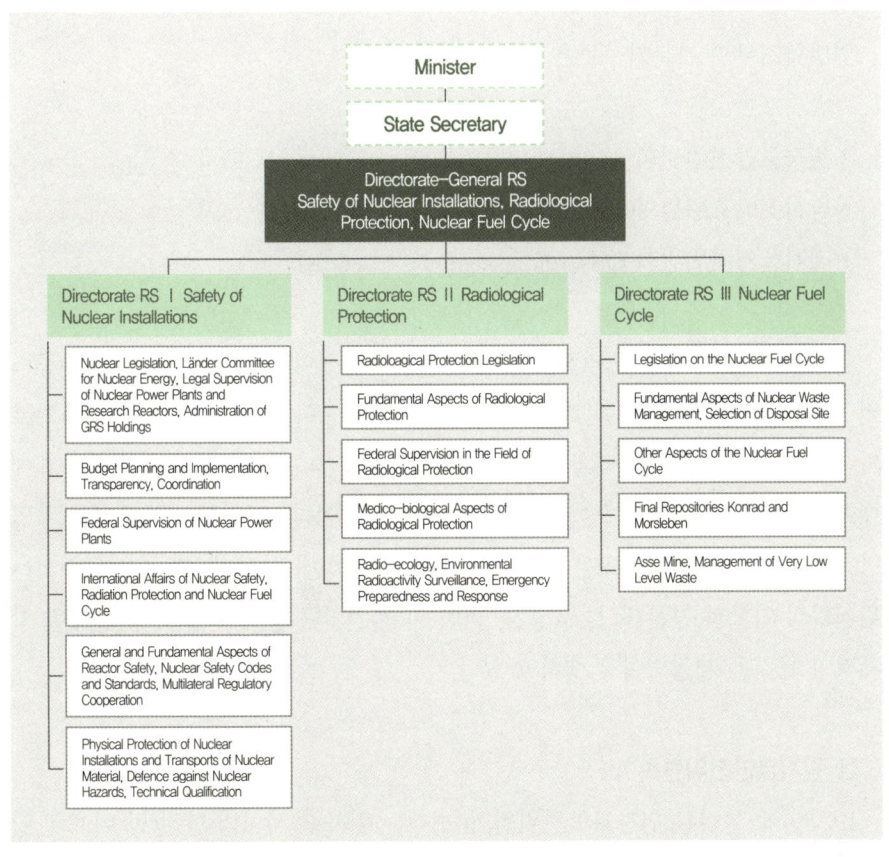

[그림 3-7] 연방환경부(BMUB)의 원자력 안전관련 조직도[66]

66) BMUB(2017), p. 68.

대해 책임을 진다.

연방환경부의 원자력 안전관련 조직도는 이전 [그림 3-7]과 같다.

연방환경부는 주정부의 법집행행위의 합법성과 합목적성을 감독한다. 연방환경부의 소속으로 학술적·기술적 연방기관인 연방방사선방호청이 있다.

① **자문위원회**

연방환경부의 자문기구들은 다음과 같다.

- 원자로안전위원회(Reaktor Sicherheitskommission: RSK)
- 방사선방호위원회(Strahlenschutzkommission: SSK)
- 폐기물처리위원회(Entsorgungskommission: ESK)

이 위원회들은 다양한 의견들의 반영이나 독립성이 보장되며, 위원들은 중립적이고도 학문적으로 실행 가능한 의견을 표명하여야 한다. 위원은 연방환경부가 임명한다. 위원들의 역할 가운데 중심적인 것은 무엇보다 근본적인 문제에 대한 자문 및 향후 안전기술적인 발전방향의 제시이다. 위원회의 자문결과는 일반적인 추천서의 형태, 또는 개별적인 의견서의 형태로 모아진다. 각 위원회는 위원화의 역할과 자문대상, 구성원, 회의 및 지원기구 등에 관한 사항에 대한 자체적인 규정을 제정하여 시행하고 있다.

㉮ **원자로안전위원회**

1958년에 설립된 원자로안전위원회(RSK)는 원자력 시설의 안전 및 이에 관련된 사항에 대하여 연방환경부에 조언하는 기능을 수행한다. 폐기물처리위원회가 설립되기 전까지는 방사성 폐기물의 처리문제도 위원회의 조언 대상에 포함되어 있었다. 현재는 시설 및 체계에 관련된 기술, 압박성분과 재료, 전기적 시설, 원자로운영과 관련된 자문업무를 수행한다.

④ 방사선방호위원회

1974년에 설립된 방사선방호위원회(SSK)는 연방환경부에 대하여 방사선으로부터의 보호에 관한 모든 사항을 조언한다. 위원은 연방환경부가 임명하지만, 그 자체로서 독립적이고 연방환경부의 지시에 기속되지 아니한다.

이 위원회의 임무는 연방환경부에 대한 전문적이고 객관적인 자문을 하는 것으로, 균형 잡힌 자문을 보장하기 위하여 위원회의 회의에서는 현재의 학문이나 기술을 대표할 수 있는 다양한 모든 관점들이 표현될 수 있도록 하여야 한다. 위원회에서는 방사선의학, 방사선생태학, 방사선생물학, 방사선보호기술 등과 같은 전문영역들이 다루어져야 하며, 자문의 결과는 방사선방호위원회의 웹사이트에 공개되어야 한다.

⑤ 폐기물처리위원회

2008년에 설립된 폐기물처리위원회(ESK)는 연방환경부에 대하여 핵폐기와 관련된 모든 사항, 특히 액체 핵폐기물의 고체화, 방사성 물질 및 폐기물의 중간처리 및 운반, 원자력 시설의 폐쇄와 재건, 깊은 지질학적 지층에서의 최종처리에 관한 조언을 한다.

이러한 위원회들과는 별도로 연방환경부에는 안전기술 규칙개발을 위한 전문조직인 상설 원자력기술위원회(KTA)도 설치되어 있다. 원자력기술위원회는 원자력 시설의 안전 및 방사성 폐기물의 처리 문제에 대하여 환경부에 조언하고 의견을 개진한다. 이러한 조언은 대부분이 '기초적 의미를 가지고 있는 일반 문제'에 대하여 수행되지만, 구체적인 허가나 감독 조치에 대해서도 이루어지고 있다. 또한 폐기물관리위원회는 방사성 폐기물의 중간 저장과 최종 저장, 방사성 물질의 수송, 원자로시설의 폐쇄 등 방사성 물질의 폐기물 처리상의 문제에 대한 자문을 담당한다.

② 연방방사선방호청

독일은 여러 부처에 분산된 연방차원의 규제기능을 강화할 목적으로 1989년 11월에 연방방사선방호청(BfS)을 설치하였다. 연방방사선방호청은 전 국토에 대한 방사선 감시, 장기적인 폐기물 중간저장·최종처분시설의 건설 및 운전에 관한 포괄적 책임, 민간소유의 중간저장시설 및 핵연료 수송의 인허가, 원자력 안전연구의 조정 등의 역할을 수행한다. 또한 연방방사선방호청은 원자력 안전 및 방사선 방호에 관한 모든 사항에 대하여 환경부를 전문적으로 지원하게 되어 있다. 그리고 임무를 위해 필요한 과학연구도 수행할 수 있다.

연방방사선방호청은 방사선 방호 영역에서의 전문성을 가지고 있으며 특히 주된 임무는 다음에 대한 사항들이다.

- 전리방사선의 영향 및 위험
- 비전리방사선(예: 휴대 통신기구의 이용, 자외선 차단)의 영향 및 위험
- 방사능 재난에 대한 대비
- 환경방사선의 측정
- 의료 및 직업상 방사선의 방호

또한 직접적인 위험으로부터의 예방 이외에도 주민, 근로자, 환자의 보호를

위한 사전배려도 중요한 의미를 가진다. 그밖에도 방사선방호청의 업무로는 핵연료의 국가적 보전, 방사성폐기물의 처리, 핵연료의 운반과 보관에서의 안전이 있다.

연방방사선방호청은 연방환경부를 위하여 전문적, 학술적인 추천을 한다. 방사선방호청은 1986년 체르노빌 원자력 발전소의 사고를 계기로 1989년 연방방사선방호청의 설치에 관한 법률의 제정을 통하여 방사선보호·원자력 안전·방사성 폐기물 처리 영역에서의 권한을 통합하는 것을 목적으로 설립되었다. 이를 위하여 그 당시 여러 군데에 존재하던 기관들을 하나의 새로운 기관으로 집중시킨 것이다.

핵연료의 국가적 보전·방사성 폐기물의 보전과 폐기를 위한 연방시설의 설치 및 운영, 개폐시설, 연방권한의 제3자 위탁과 이에 대한 감독·핵연료와 대형 방사성 물질의 운송허가·핵연료의 국가보존 이외의 보존에 대한 허가 등에 관한 권한을 가지고 있는 연방방사선방호청에서 실무를 담당하는 부서는 방사선방호·보건국(Radio Protection and Health)과 방사선방호·환경국(Radio Protection and Environment)이 있다. 연방방사선방호청(BfS)의 조직도는 다음 [그림 3-8]과 같다.

방사선방호·보건국에서는 전리·비전리방사선의 영향과 위험(Effects and Risks of Ionising and Non-Ionising Radiation) 및 의료·직업방사선방호(Medical and Occupational Radiation Protection)를 담당한다. 여기에는 다음과 같은 사항이 포함된다.

- 방사선방호규정 및 X-Ray운용규정에 의한 업무의 수행
- 전리·비전리방사선 분야에서의 최신의 학문 및 기술의 결정 및 개발
- 의료 및 직업적 방사선 방호

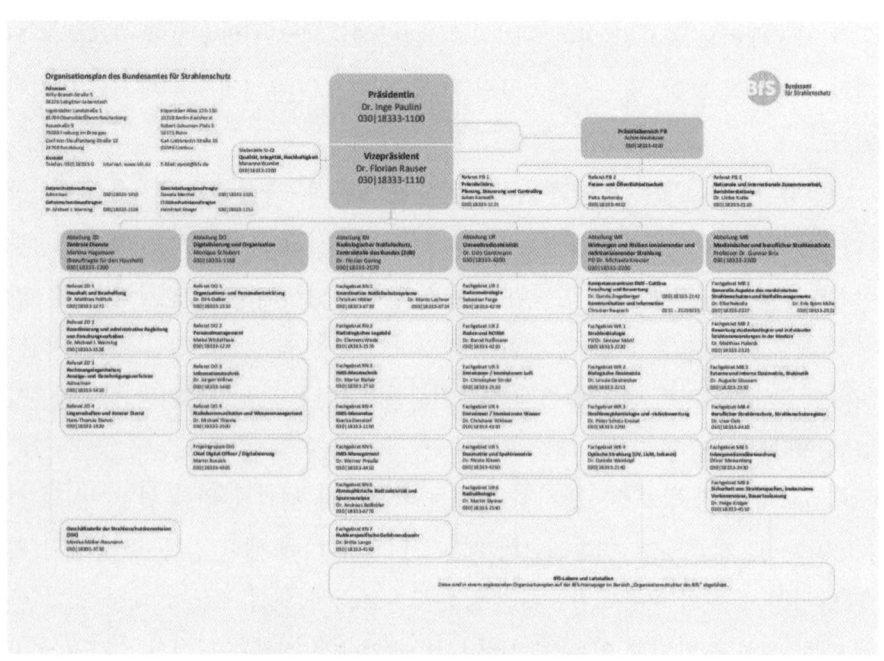

[그림 3-8] 연방방사선방호청(BfS)의 조직도[67]

- 감염병 연구의 계획 및 수행
- 연방환경부에 대한 자문의 제공
- 방사선 방호에 대한 국내외와의 협력
- 국제학술기구 및 학술회의에서 독일 연방공화국의 대표
- 공공기관 및 일반인들과의 기술적 문제에 대한 소통 및 협력

 방사선방호 · 환경국에서는 환경방사능의 측정(Monitoring of Environmental Radio Activity) 및 재난관리 · 다른연방기관과의 관계(Emergency Managment, Central Federal Agency)를 담당한다. 여기에는 다음과 같은 사항이 포함된다.

---

67) https://www.bfs.de/SharedDocs/Downloads/BfS/EN/bfs/organigramm-en.pdf;jsessionid=5C80B8F1A3FBE724A084C33D5AD36C0E.1_cid391?__blob=publicationFile&v=60(2022. 12. 28. 최종방문)

원문보기

- 자연발생 방사능물질, 방사능 부산물의 관리
- 방사선의 측정
- 핵폐기물의 관리에 있어서의 방사선 방호
- 재난관리체계에의 협력
- 방사능 상황의 평가 및 소통
- 대기중 방사능의 추적 분석

③ 연방핵폐기물관리청

2013년 7월 23일 「입지선정법」(Standortauswahlgesetz)이 제정됨에 따라 고준위원자력 폐기물의 최종처리 시설을 위한 입지를 찾는 절차가 필요하게 되었고, 이와 동시에 「연방핵폐기물관리청 설치에 관한 법률」의 발효와 더불어 2014년 연방환경부에 연방핵폐기물관리청(BfE)이 설치되게 되었다.

연방핵폐기물관리청은 연방환경부의 업무영역에 속하는 독립적인 연방 상급 행정기관이다. 이는 입지선정절차를 규제하고 방사성폐기물의 최종처리시설과 관련하여 연방환경부를 돕는 역할을 하며, 입지선정절차에서의 일반에 대한 정보제공을 포함하여 다음과 같은 권한을 갖는다.

- 「원자력법」 제19조 제1항에서 제4항까지에 따른 입지선정절차의 집행에서의 국가의 감독권 행사
- 탐사를 위한 사업계획주체의 제안에 대한 검사(입지선정법 제14조)
- 입지와 관련된 지정학적인 탐사프로그램 및 검사기준의 확정(입지선정법 제15조, 제18조)
- 탐사를 위한 사업계획의 입지선정의 검사(입지선정법 제 17조 제1항)

- 입지선정절차가 입지선정법이 정한 요건과 기준에 수행되었는지, 탐지를 위한 사업계획주체의 선정제안이 이 요건과 기준에 적합한지 여부에 대한 결정을 통한 확인(입지선정법 제17조 제4항)
- 전략적 환경검사의 시행(입지선정법 제11조 제3항, 제14조 제2항, 제17조 제2항, 환경친화검사법 제14a조 이하)
- 입지에 대한 최종적 제안(입지선정법 제19조)
- 「원자력법」 제9b조에 따른 계획 확정 및 승인 및 철회
- 「원자력법」 제9a조 제3항에 따른 안전 확보와 최종폐기를 위한 연방시설의 설치, 운영 및 폐쇄에 대한 「원자력법」 제9b조에 따른 승인 절차에서의 관할 행정기관과의 협의를 거쳐 행하는 「광업법」상의 승인 및 그밖에 필요한 허가와 승인의 발급
- 「원자력법」 제9a조 제3항에 따른 안전 확보와 최종폐기를 위한 연방시설에 대한 「연방광업법」 제69조에서 제74조에 따른 광업 감독
- 「원자력법」 제9a조 제3항에 따른 안전 확보와 최종폐기를 위한 연방시설의 설치, 운영 및 폐쇄에 대한 「원자력법」 제9b조에 따른 승인절차에서의 관할 행정기관관의 협의를 거쳐 행하는 수자원관리법상의 허가와 승인의 발급

(3) 그밖의 관련기관

① 원자력에너지를 위한 주 위원회

원자력에너지를 위한 주 위원회(Länder Committee for Nuclear Energy: LAA)는 연방과 각 주의 협력을 위한 기관으로, 연방환경부와 각 주의 「원자력법」상의

허가 및 감독기관의 대표들로 구성된 상시적인 연방-주-전문위원회이다.

원자력에너지를 위한 주 위원회는 연방환경부가 의장의 역할을 수행하고 위원회의 운영 또한 담당한다. 「원자력법」의 집행이나 법규명령이나 행정규칙의 제·개정 등에서 연방과 주의 활동을 조화롭게 조정하는 역할을 하며, 위원회의 의결은 통상 만장일치로 이루어진다. 입법절차에서 연방상원(Bundesrat)을 통한 공식적인 각 주의 참여권을 보충하는, 사전적이고 포괄적인 주의 참여를 위한 중요한 수단이기도 하다.

위원회는 본위원회(General Committee)와 4개의 전문위원회(Technical Committee), 전문위원회를 돕는 지원기구(Working Group)로 구성되어 있는데,

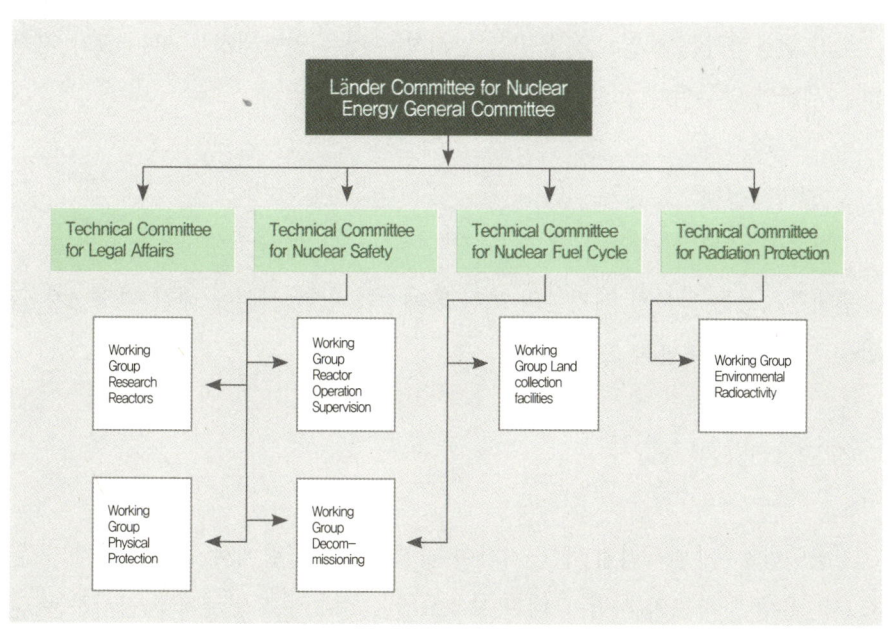

[그림 3-9] 원자력에너지를 위한 주위원회(LAA)의 조직도[68]

68) BMUB(2017), p. 67.

전문위원회는 법·원자력 안전·원자력 공급 및 폐기·방사선의 4개 분야로 구분되어 있고, 각 전문위원회 소속으로 위원회의 활동을 돕는 지원기구(Working Group)는 소속 전문분야와 관련된 특수한 일상적인 과제를 수행한다. 전문위원회와 상설 지원기구는 적어도 연 2회 회의를 개최하나, 필요에 따라서는 더 자주 개최할 수 있다. 본위원회는 적어도 연 1회 개최한다.

원자력에너지를 위한 주위원회(LAA)의 조직도는 이전 [그림 3-9]와 같다.

② 연방경제수출관리청 및 연방재정부 또는 연방재정부가 지정하는 세관

연방경제수출관리청(BAFA)은 핵연료의 국경통과운반에 대한 권한으로 핵연료 수출입에 대한 허가권과 취소권을 가진다(원자력법 제22조 제1항).

국경을 통과하는 핵연료의 운반을 감시하는 것은 연방재정부 또는 그가 지정하는 세관의 업무이다(원자력법 제22조 제2항).

③ 연방행정청

연방행정청은 방사성 폐기물의 보전과 폐기를 위한 시설에 대한 변경금지 권한을 가진다(원자력법 제 23a조).

④ 항공연방청

항공연방청은 「원자력법」에 근거하여 발령된 법규명령에서 규정된 비행기 운행 시, 우주 방사능의 사람에 대한 보호요건을 준수하고 있는지를 감시하는 권한을 가진다. 이와는 달리 연방국방부의 사무관할 영역에서 비행기가 운행되는 경우에는 연방국방부 또는 연방국방부가 지정한 기관에서 감시권한을 가진다(원자력법 제 23b조).

⑤ 연방네트워크기관

연방네트워크기관(Bundesnetzagentur)은 전기공급시설과 관련하여 「원자력법」 제7조 제1e항 제1문에 따른 결정권한을 가진다(원자력법 제23c조).

⑥ 주행정기관

연방이 수행하도록 규정된 사무를 제외한 「원자력법」 제2장 및 이에 따른 법규명령에 규정된 사무는 연방의 위임에 따라 각 주가 수행한다. 한편 방사성 물질의 철로 또는 자기부상교통을 통한 운반에 대한 감독권한은 철도연방청(Eisenbahn Bundesamt)이 가진다.

「원자력법」 제7조(시설승인), 제7a조(예비허가), 제9조(승인을 요하는 시설 이외의 핵연료의 가공·처리 그밖의 이용)에 따른 승인 및 취소·철회권은 주정부가 정하는 주(州) 최상위행정기관이 가진다. 이 기관은 제7조의 시설 및 이 시설 이외의 핵연료 사용에 대한 감독권을 행사하는데, 이를 차(次)하위의 기관에 위임할 수 있다(원자력법 제24조 제2항). 위 제1항 및 제2항의 사무가 연방국방부의 사무영역에 속하는 경우에는 그 권한은 핵안전 및 방사선보호에 권한이 있는 연방행정부와의 협의를 거쳐 연방국방부 또는 연방국방부가 지정한 기관에서 행사한다(원자력법 제 24조 제3항).

ITRODUCTION
TO
**NUCLEAR
SAFETY
MANAGEMENT**

한국의 원자력 규제기관 4

1 한국의 원자력안전위원회

(1) 근거 법률

우리나라에서 원자력의 진흥을 담당하는 정부기관은 과학기술정보통신부이며, 원자력에 대한 안전관리를 담당하는 정부기관은 원자력안전위원회이다. 이 밖에 원자력 발전 및 폐기물관리를 담당하는 정부기관으로 산업통상자원부가 존재한다. 각 기관들의 원자력 관련 소관 법령들을 정리하면 다음의 〈표 4-1〉과 같다.

〈표 4-1〉 원자력 관련 법령

정부기관	분야	법률
과학기술정보통신부	진흥	• 원자력진흥법 • 방사선 및 방사선 동위원소 이용진흥법 • 비파괴검사기술의 진흥 및 관리에 관한 법률
원자력안전위원회	안전관리	• 원자력안전법 • 원자력손해배상법 • 원자력손해배상 보상계약에 관한 법률 • 원자력시설 등의 방호 및 방사능 방재 대책법 • 생활주변방사선 안전관리법 • 원자력안전위원회의 설치 및 운영에 관한 법률 • 한국원자력안전기술원법
산업통상자원부	폐기물	• 방사성폐기물관리법 • 중·저준위방사성폐기물 처분시설의 유치지역 지원에 관한 특별법
	발전	• 에너지법 • 전기사업법 • 전원개발촉진법 • 발전소 주변지역 지원에 관한 법률 • 송·변전설비 주변지역의 보상 및 지원에 관한 법률

우리나라의 원자력 관련 위원회들은 다음의 〈표 4-2〉와 같다.

〈표 4-2〉 원자력 관련 위원회의 기능과 구성

구분	원자력진흥위원회	원자력이용개발전문위원회	원자력안전위원회
기능	원자력이용에 관한 심의·의결기관	원자력진흥위원회의 소관 업무의 조사·심의 기능	원자력 안전에 관한 업무수행
소속	국무총리 소속	원자력진흥위원회 소속	국무총리 소속
구성	• 위원장 포함 9~11명 • 위원장: 국무총리 • 관계 장관: 당연직 위원	• 위원장 1명 포함 25명 이내의 비상근 전문위원	• 위원장, 상임위원 포함 9명 • 위원장: 대통령 임명, 정무직 • 상임위원: 정부위원급 • 위원: 상임위원 포함 4명은 대통령 임명, 나머지 4명은 국회에서 추천
근거법	원자력진흥법	원자력진흥법 시행령	원자력안전위원회 설치 및 운영에 관한 법률

(2) 조직구성

① 위원 및 위원회

원자력안전위원회는 원자력의 위험으로부터 국민과 환경을 보호하기 위하여 법령에 따른 원자력 이용자의 안전관리책임 이행을 규제 및 감독하고, 과학기술 기반의 기술기준(84개) 및 규제지침 등을 제정, 고시하며 이를 근거로 안전규제, 핵안보 및 핵비확산 업무를 총괄 수행한다.

원자력안전위원회는 "원자력의 생산과 이용에 따른 방사선재해로부터 국민을 보호하고 안전과 환경보전에 이바지함"을 목적으로 하고 있다(원자력안전위원회의 설치 및 운영에 관한 법률[이하 '원안위법'] 제1조). 조직은 위원장, 사무처장 및

2국 1관, 9과, 4지역사무소로 구성되어 있다. 원자력안전위원회 위원장은 국무총리 제청으로 대통령이 임명하고 상임위원(사무처장)을 포함한 4명의 위원은 위원장이 제청하여 대통령이 임명 또는 위촉하고, 4명의 위원은 국회에서 추천하도록 하고 있다(원안위법 제5조 제2항). 위원은 3년의 임기로 1회에 한해 연임 가능하며(원안위법 제7조), 최근 3년 이내 원자력 이용자, 이용자 단체의 장 또는 종업원으로 근무했던 사람, 최근 3년 이내에 이들로부터 연구개발과제를 수탁한 사람은 위원으로 선임될 수 없도록 결격사유를 두고 있고(같은 법 제10조), 나아가 상당히 엄격한 제척사유를 규정하고 있다(같은 법 제14조). 이것은 원자력 사업자 혹은 진흥업무에 종사했던 사람들이 원자력 규제활동에 종사하는 것을 막기 위한 것이다.[69] 원자력안전위원회의 조직도는 [그림 4-1]과 같다.

69) 원자력안전위원회의 설치 과정에서 가장 논란이 있었던 것은 위원의 자격문제였다고 한다. 즉, 원자력 이용이나 진흥과 관련된 인사들을 배제하면서도 전문적 식견이 있는 사람들로 위원회가 구성되어야 하는 바, 독립성을 강조하여 배제의 범위를 확대시키면 후보자들의 범위가 너무 좁아지고, 기준을 완화하면 본래의 취지가 흐려지기 때문이었다. 김민훈(2012), 70면.

70) https://www.nssc.go.kr/ko/cms/FR_CON/index.do?MENU_ID=110(2022. 12. 28. 최종방문)

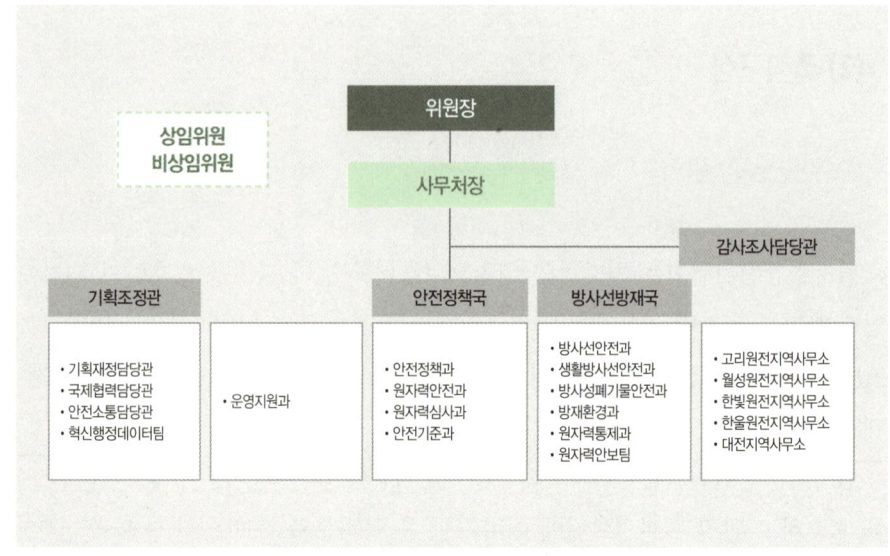

[그림 4-1] 원자력안전위원회 조직도[70]

(3) 실무부서

원자력안전위원회의 일반직 공무원은 2021년 12월 31일 기준 187명이다.[71] 원자력안전위원회의 실무업무를 총괄하기 위하여 사무처장 1명을 두고, 그 아래에 기획조정관, 감사조사담당관, 운영지원과 및 안전정책국과 방사선방재국을 설치하고 있다. 이중 원자력 안전관리의 실무업무를 담당하는 부서는 안전정책국과 방사선방재국이라고 할 것이며, 안전정책국의 업무는 다음과 같다.

- 원자력안전종합계획, 부문별 시행계획 및 연도별 세부사업추진계획의 수립
- 원자력 안전 분야 연구개발사업의 조사·분석·기획 및 추진
- 한국원자력안전기술원 및 한국원자력안전재단 운영 지원
- 원자력 안전 관련 법령·제도의 정비·보완
- 역사무소 관리 및 지원
- 원자로 및 관계시설의 건설·운영 허가 기준에 관한 사항
- 원자로 및 관계시설과 핵연료주기시설의 안전관리를 위한 기본시책의 수립·조정
- 발전용 원자로 및 관계시설에 대한 인가·허가
- 연구용·교육용 원자로 및 관계시설에 대한 허가
- 핵연료주기사업에 대한 허가
- 원자로 및 관계시설과 핵연료주기시설의 사고·고장에 대한 조사, 등급평가 및 후속조치
- 원자력 안전에 관한 국제협약의 이행에 관한 사항
- 원자로조종감독자면허 및 원자로조종사면허의 관리
- 원자력 품질보증 정책 수립·시행 및 연도별 품질보증규제계획의 수립·시행

---

71) 인사혁신처 (2022), 18면.

- 원자로 및 관계시설과 핵연료주기시설의 건설, 운영, 안전관리 및 품질보증에 대한 검사 및 후속조치
- 원자로 및 관계시설의 안전관련설비에 대한 성능검증 및 공급자 검사에 관한 사항
- 발전용·연구용 또는 교육용 원자로 및 관계시설의 폐쇄 및 해체에 관한 안전규제
- 위원회 산하 전문위원회의 구성·운영 지원

또한 방사선방재국의 업무는 다음과 같다.

- 방사선 안전 기본시책 및 연구개발 계획의 수립·시행, 관련 법령·제도의 운영
- 핵물질, 방사성동위원소 및 방사선 발생장치 사용 등의 안전규제에 관한 사항
- 사용후 핵연료, 방사성 폐기물 및 방사성 폐기물 처분시설의 안전규제에 관한 사항
- 방사선작업종사자에 대한 종합안전관리 대책 수립·시행에 관한 사항
- 핵연료 및 방사성물질 취급자 면허에 관한 사항
- 국가 및 지역 방사능방재계획의 수립·종합 및 조정
- 원자력 손해배상 및 보상계약에 관한 사항
- 원자력 시설 주변의 환경영향평가 및 전 국토의 환경방사능 감시·평가
- 핵물질·원자력 시설의 물리적 방호 및 방사능 테러대책의 수립·시행
- 국가 방사선비상진료체제의 구축 지원
- 국가 핵안보 및 및 국제핵비확산체제에 관한 계획의 수립·추진 및 조약·협정 등의 이행에 관한 사항
- 국제원자력기구 및 국가 간 안전조치에 관한 정책의 수립·추진

- 원자력 관련 물자 및 기술의 수출입 통제에 관한 사항
- 한국원자력통제기술원의 운영 지원
- 국내 특정 핵물질의 통제관리에 관한 사항
- 남북한 원자력통제 및 주변국의 핵활동에 대한 탐지·분석 등에 관한 사항
- 생활주변방사선 안전관리 정책·제도 및 종합계획의 수립·운영에 관한 사항
- 생활주변방사선 안전지침 수립·시행 및 연구개발사업에 관한 사항
- 생활주변방사선 감시체계 관리 감독에 관한 사항
- 생활주변방사선 실태조사 및 이상준위 대응에 관한 사항
- 생활주변방사선 관련 원료물질·공정부산물 및 가공제품에 대한 안전관리

(4) 주요 업무

원자력안전위원회의 주요 기능은 ① 원자력 안전규제, ② 핵물질 탈취, 테러 등의 위협으로부터 원자력 시설 보호, ③ 북한 등 주변국의 핵활동 탐지 및 국가 핵물질 통제 업무에 관한 업무 전반을 담당하고 있다. 이중 원자력 안전규제는 원자력 발전소 건설·운영 및 인·허가 발급과 안전성 심·검사 수행, 방사선 이용기관 안전규제와 생활방사선 안전관리, 환경방사선 감시와 방사능 누출 시 효과적 대응을 위한 방제대책 등을 포함하고 있다. 이에 따른 원자력안전위원회의 심의·의결 사항은 다음과 같다.

- 원자력 안전관리에 관한 사항의 종합·조정
- 「원자력안전법」 제3조에 따른 원자력안전종합계획의 수립에 관한 사항
- 핵물질 및 원자로의 규제에 관한 사항

- 원자력 이용에 따른 방사선피폭으로 인한 장해의 방어에 관한 사항
- 원자력 이용자의 허가·재허가·인가·승인·등록 및 취소 등에 관한 사항
- 원자력 이용자의 금지행위에 대한 조치 및 과징금 부과에 관한 사항
- 원자력 안전관리에 따른 경비의 추정 및 배분계획에 관한 사항
- 원자력 안전관리에 따른 조사·시험·연구·개발에 관한 사항
- 원자력 안전관리에 따른 연구자·기술자의 양성 및 훈련에 관한 사항
- 방사성 폐기물의 안전관리에 관한 사항
- 방사선 재해대책에 관한 사항
- 원자력 안전 관련 국제협력에 관한 사항
- 위원회의 예산 편성 및 집행에 관한 사항
- 소관 법령 및 위원회규칙의 제정·개정 및 폐지에 관한 사항
- 이 법 또는 다른 법률에 따라 위원회의 심의·의결 사항으로 정한 사항

원자력안전위원회의 규제 대상은 원자력 발전소와 관련하여 원자력 발전소 운영 사업자(한국수력원자력, 한국원자력연구원), 핵연료주기 사업자(한전원자력연료), 방사성폐기물 처리 사업자(한국방사성폐기물관리공단)와 방사선 관련하여 방사선동위원소 생산업체와 이를 이용하는 병원·대학 연구기관·비파괴검사업체, 천연방사성물질 이용 시설·업체 등이다. 원자력안전위원회는 산하에 원자력안전기술원, 원자력통제기술원, 원자력안전재단을 두고 있으며, 주요 업무 중 원자력시설 심사와 검사 등의 업무는 원자력안전기술원에, 핵물질 규제, 수출입 통제 등의 업무는 원자력통제기술원에 위임하고 있다.

나아가 매 회계연도 종료 일 이후 3개월 이내에 해당 회계연도의 위원회 업무 수행에 관한 보고서를 국회에 제출하여야 하며, 이러한 보고서는 원칙적으로 공표하도록 하고 있다(원안위법 제16조).

(5) 예산

원자력안전위원회의 2021년 예산은 2,657억 원으로, 2020년 대비 24.3% 증가하였으며 국가재정으로 충당되는 일반회계와 원자력기금의 비중이 큰 차이가 없다는 점은 특기할 만하다고 할 수 있다. 특히, 원자력 기금은 규제대상 상대방으로부터 직접 규제기관의 비용을 징수하는 것은 집행투명성의 저하 및 재원의 사업자 종속을 가져올 우려가 있다는 국제기구들의 지침에 따른 것으로서, 아직도 규제상대방으로부터 직접 예산을 충당하는 미국, 영국 등의 경우와 비교할 때 그 의의가 있다고 할 수 있다. 원자력안전위원회의 2021년 예산[72]은 아래 〈표 4-3〉과 같다.

〈표 4-3〉 원자력안전위원회 2021년 예산

(단위: 백만원)

구분	'20년	'21년	증감(%)
원안위 총지출	213,739	265,675	24.3
일반회계 총지출	108,406	155,091	43.1
- R&D	72,872	114,304	56.9
- 비 R&D (방사능방재, 생활방사선 안전관리 등)	35,534	40,787	14.8
원자력기금(안전규제계정) 총지출	105,333	110,584	5.0
- 원자력 방사선 안전기반조성	27,397	28,862	5.3
- 원자력 방사선 안전규제	75,290	79,176	5.2
- 방사선건강영향조사	1,262	1,233	△ 2.3
- 기금운영비	1,384	1,313	△ 5.1

[72] 원자력안전위원회(2021), 4면.

2 한국의 원자력 유관기관

(1) 원자력안전기술원

원자력안전기술원(KINS)은 원자력 안전 규제 전문기관으로서 원자력의 생산과 이용에 따른 방사선 재해로부터 국민을 보호하고, 공공의 안전과 환경 보전에 이바지함을 목적으로 하고 있다.

원자력안전기술원의 업무는 다음과 같다(한국원자력안전기술원법 제6조).

- 「원자력안전법」 제111조 제1항 및 「원자력 시설 등의 방호 및 방사능 방재 대책법」 제45조 제1항에 따라 위탁받은 업무
- 원자력 안전 규제에 관한 연구 · 개발
- 원자력 안전 규제에 관한 정책 및 제도개발을 위한 기술 지원
- 방사선 방호에 관한 기술 지원
- 원자력 안전 규제에 관한 정보 관리
- 환경방사능에 관한 조사 및 평가
- 원자력 안전 규제에 관한 교육
- 원자력 안전 규제에 관한 국제협력 지원
- 그밖에 위의 사항에 부수하는 사업으로서 원자력안전위원회가 필요하다고 인정하는 사업

(2) 원자력통제기술원

「원자력안전법」제6조를 법적 근거로 설립된 원자력통제기술원(KINAC)은 원자력의 평화적 목적 외 전용 방지, 핵비확산에 관한 국제규범의 준수, 핵투명성 관련 국제협력 강화, 국제사회의 신뢰를 통한 원자력의 평화적 이용확대에 기여를 목적으로 하고 있다. 원자력통제기술원은 안전조치(Safeguards), 수출입통제(Export Control), 물리적 방호(Physical Protection)를 수단으로 하여 핵비확산 및 핵안보에 관한 국제적 협약사항을 이행하는 등 일련의 활동으로 국제적 신뢰성과 투명성을 제고하기 위하여 설립된 핵비확산 및 핵안보 전문기관이다.

원자력통제기술원의 업무는 다음과 같다(원자력안전법 제7조).

- 「원자력안전법」제111조 제1항에 따라 위원회로부터 위탁받은 원자력 관련 시설·장비·기술·연구개발활동 및 핵물질에 관한 안전조치 관련 업무
- 「원자력안전법」제111조 제1항에 따라 위원회로부터 위탁받은 핵물질 등 국제규제물자에 관한 수출입통제 관련 업무
- 「원자력 시설 등의 방호 및 방사능 방재 대책법」제45조 제1항에 따라 위원회로부터 위탁받은 물리적 방호 관련 업무
- 원자력 통제에 관한 연구 및 기술개발
- 원자력 통제에 관한 국제협력 지원
- 원자력 통제에 관한 교육
- 그밖에 원자력 통제 업무의 수행을 위하여 필요한 사항

(3) 원자력안전재단

원자력안전재단은 원자력 안전과 관련한 연구개발(R&D)의 기획·관리, 원자력 발전소 기기 성능 검증기관 관리, 생활 주변 방사선 안전관리 등 원자력·방사선에 대한 안전기반 조성 지원 사업을 벌이고 있으며, 그 주요한 업무는 다음과 같다(원자력안전법 제7조의2 제2항).

- 원자력안전위원회의 원자력 안전 정책수립 지원을 위한 기초자료 조사·연구
- 「원자력안전법」 제8조 제1항에 따른 실태조사
- 「원자력안전법」 제9조 제1항에 따른 원자력안전연구개발사업의 기획, 관리 및 평가
- 「원자력안전법」 제106조에 따른 방사선작업종사자에 대한 교육 및 훈련
- 「원자력안전법」 제107조의2에 따른 국제협력 지원
- 「원자력안전법」 또는 다른 법령에 따라 위탁받은 업무 및 그밖에 위원회에서 필요하다고 인정하는 사업

3 각국의 원자력 안전관리기관의 비교

(1) 비교기준의 설정

앞서 원자력에 대한 국제적인 안전기준들에서 알 수 있는 바와 같이, 규제기

관이 자신의 업무를 효율적으로 수행하고 이를 통하여 국민들의 신뢰를 얻기 위해 필요한 요건은 독립성·전문성·개방성과 투명성이라고 할 것이다. 따라서 이러한 요건을 기준으로 각국의 원자력 안전기구의 조직 및 운영이 어떻게 이루어지고 있는지를 판단하고자 한다. 특히 개방성과 투명성은 민관협력을 이끌어내기 위한 가장 기본적인 요소가 된다고 할 것이므로, 이를 바탕으로 개방성과 투명성에 대한 판단을 통하여 민관협력을 위한 체계를 판단할 수 있을 것이다.

국제적인 기준들에 기반하여 각국의 원자력 규제기관을 비교할 수 있는 주요한 지표들을 정리하면 다음과 같다.

① **독립성**

㉮ **정치적 독립성**
- 규제기관이 정부의 최고위 의사결정권자와 직접적으로 연결되어 있는지를 검토할 필요가 있다. 즉, 원자력 산업을 진흥하는 기관과 원자력 산업을 규제하는 기관 사이에 갈등이 발생하는 경우, 이를 해결할 책임이 있는 정부의 의사결정권자와 규제기관이 단절되는 경우에는 올바른 갈등의 해결이 어려울 것이다.
- 규제기관을 구성함에 있어서 정당과 같은 특정한 정치적 단체의 의견만이 일방적으로 반영되지 않는지의 여부가 판단되어야 한다.
- 규제기관 구성원들의 독립성을 확보할 수 있는 제도적 장치가 마련되어 있는지의 여부가 판단되어야 한다.

㉯ **재정적 독립성**
- 규제기관의 업무를 수행하기에 충분한 재정적 자원이 마련되어 있는지의

여부를 판단할 필요가 있다.
- 규제기관이 자신의 예산을 독자적으로 편성할 수 있는지의 여부를 판단하여야 한다.
- 규제기관의 예산이 원자력 산업을 진흥하는 정부부처 등으로부터 감사를 받도록 되어 있는지에 대한 판단이 필요하다.
- 규제기관의 재원이 규제대상 상대방의 수수료 등으로 충당되는지의 여부가 판단되어야 한다. 이는 규제대상 상대방과의 불필요한 관계를 형성하지 않으려는 것이나 이에 대해서는 다른 평가 또한 존재한다.

② **전문성**

규제기관은 기술적 및 과학적 전문성과 독립적으로 의사결정을 내릴 수 있는 역량을 갖추어야 하며, 독립적으로 과학적 및 기술적 지원을 받을 수 있어야 한다. 따라서, 다음과 같은 자격을 갖추었는지 판단되어야 한다.

- 전문성을 갖춘 인력을 독자적으로 충원할 수 있는지의 여부가 판단되어야 한다.
- 규제기관의 직원들에 대해 전문성을 개발할 수 있는 충분한 기회가 주어지는지의 여부가 판단되어야 한다.
- 독자적인 판단을 위한 자문기관의 지원을 받을 수 있는지의 여부가 판단되어야 한다.
- 규제기관에 대한 자문기관들이 충분한 독립성을 갖추고 있는지의 여부 또한 판단되어야 한다.

③ 공개성과 투명성

- 규제기관의 주요한 활동에 대한 보고가 이루어지는지의 여부가 판단되어야 한다.
- 규제기관의 각종 보고 및 정보에 대한 자료가 일반에게 공개되어야 할 것이며, 이를 위한 규제기관의 적극적인 노력이 이루어지고 있는지를 판단하여야 한다.
- 이해관계자들의 참여를 이끌어 내기 위하여 어떠한 제도들이 실시되고 있는지를 판단하여야 한다.

(2) 국가별 비교

이상과 같은 기준을 바탕으로 각국의 원자력 규제기관을 비교하면 다음과 같다.

① 독립성

미국의 원자력규제위원회(NRC), 프랑스의 원자력안전청(ASN) 및 캐나다의 원자력안전위원회(CNSC)는 각 대통령 및 수상 직속의 독립된 위원회이므로 다른 정부 기관들과의 관계에서 충분한 독립성이 인정된다고 할 수 있을 것이다. 이에 대하여 영국의 원자력규제국(ONR)은 독립된 법인이며,[73] 독일의 연방방사선방호청(BfS)은 연방환경부(BMUB)에 소속된 독립기관으로 국가의 최고의 의사결정권자와 직접적으로는 연결되어 있지 않다는 점에서 국제적 기준과는 다소 맞지 않은 측면이 있다. 이에 대해 우리나라의 원자력안전위원회는 국무총리 소

---

73) 보건안전청(HSE)에 소속된 적이 있다.

속으로 되어 있어 이들의 중간적 위치에 있다고 할 수 있을 것이다.

규제기관의 구성에 있어서는 미국과 우리나라를 포함한 많은 국가들이 정치적 편향성을 갖지 않도록 하는 규정을 두고 있으나, 의원내각제국가인 영국의 원자력규제국이나 독일의 연방방사선방호청과 캐나다의 원자력안전위원회의 경우에는 그 구성에 다양한 정부기관의 의견을 반영하기는 하지만 특별한 정치적 중립성을 요구하는 규정은 없다.

규제기관 구성원들의 독립성을 확보할 수 있는 제도적 장치는 거의 대부분의 국가에서 이해상충의 회피와 같은 다양한 제도를 실시하고 있다고 보여지므로 특기할 만한 사항은 없다고 할 것이다.

재정적 독립성과 관련하여서도 대부분의 국가에서 충분히 인정된다고 할 수 있을 것이나, 미국의 원자력규제위원회, 영국의 원자력규제국은 그 예산의 상당 부분을 규제 상대방으로부터 직접 징수하여 충당하고 있다는 점에서 국제적인 기준과는 다소 맞지 않는다고 여겨진다. 다만 이에 대해서는 전적으로 정부의 예산에 의존하는 것은 오히려 정부로부터 정치적 영향을 받을 우려가 있다는 견해도 있음을 유의하여야 할 것이다.

② 전문성

전문성은 규제기관이 첨단 기술의 복합체라고 할 수 있는 원자력 산업에 대해 독자적으로 판단을 내릴 수 있는 역량을 갖추고 있는가에 대한 것으로서, 그 직원들의 채용이나 채용 후 직원들의 교육 및 부족한 역량을 보충할 수 있는 충분한 지원기관 또는 조직을 갖추고 있는지의 여부를 판단하는 것이다. 이에 대해서는 모든 국가들에 큰 차이가 없다고 할 수 있을 것이므로 특기할 사항은 없다고 여겨진다.

③ 공개성과 투명성

모든 국가의 규제기관들은 자신들의 활동에 대한 사항을 정기적으로 공개하고 있으며, 이해관계자들의 참여를 증진시키기 위한 다양한 제도들을 시행하고 있다. 이러한 적극적인 노력의 대표적인 예로는 프랑스의 지역정보위원회(CLI), 캐나다의 참여자기금사업(PFP), 독일의 원자력에너지를 위한 주위원회(LAA) 및 우리나라의 원자력안전협의회와 같은 제도를 들 수 있으며, 이러한 상설적인 제도가 없는 미국과 영국의 경우에도 각각 이해관계자 특히, 일반인들을 규제절차에 참여시키기 위한 다양한 제도들이 시행되고 있다. 또한 미국의 경우에는 일반인들을 직접 절차에 참여시키기 위한 상설적인 제도는 없다고 할지라도 광범위한 이해관계자들을 위한 협의체를 운영하고 있으며, 우리나라는 다소 미흡하다고 여겨진다. 이에 대해서는 뒤에서 상세히 살펴보도록 한다.

나아가 원자력 산업은 그 특성상 단일한 정부부처가 담당하기는 곤란하다고 할 것이므로, 광범위한 정부부처들의 관여가 필요하다고 할 것인바, 이에 따라 모든 국가들은 관련 정부 기관들의 협의를 위한 규율을 하고 있다. 이 중 특기할 만한 국가로는 원자력에 대한 규제는 원칙적으로 주정부의 역할로 위임하고 연방정부는 그에 대한 조정의 역할을 주로 수행하는 독일의 경우와, 뒤에서 볼 바와 같이 상당히 다양한 정부 간, 규제대상자 간 그리고 정부와 규제대상 간의 협력체계를 구축하고 있는 미국의 경우를 들 수 있을 것이다.

다른 국가들의 원자력 안전관리기관들과 비교할 때, 우리나라의 원자력안전위원회는 그 구성과 운영에 있어서 다른 국가들에 비하여 국제적인 기준에 상당 부분 부합한다고 정리할 수 있을 것이다

ITRODUCTION
TO
**NUCLEAR
SAFETY
MANAGEMENT**

미국 사회기반시설의 안전관리체계

5

재난은 표출된 위험, 즉 재난의 발생과 그 복구에 주안점이 놓여진다. 그러나 안전은 잠재적 위험, 즉 재난이 발생하거나 위험이 현실화하기 전 단계에서 위험관리 측면이 문제된다. 재난과 안전의 관계는 재난과 안전의 관계에 대해 "재난은 그 규모가 커서 국가적 대응이 필요하거나 사회적 파급력이 큰 위험원을 말하고, 안전은 위험원으로부터 온전한 상태를 의미하는 것으로, 일상의 생활안전은 재난개념에는 포함되지 않지만 안전관리체계에는 포함되는 것"으로 이해하는 견해도 있다. 아울러 재난의 관점에서 안전적인 요소인 사전 재난예방이 있을 수 있지만, 재난 발생 이후에 있어서 안전의 문제가 논의되지 않는 것은 아니다. 이러한 안전에 있어서는 재난과 관련하여 통일적으로 접근하는 관점도 필요하지만, 각 개별 분야별로 안전의 문제에 대응하는 관점이 좀 더 필요하다고 할 것이다.[74]

74) 김용섭(2016), 56면.

미국의 국토안보부(DHS) 및 연방재난관리청(FEMA)은 재난에 대한 관리를 예방(protection) – 경감(mitigation) – 대응(response) – 복구(recovery)로 구분하여 정리하고 있으며, 우리나라의 「재난 및 안전관리 기본법」은 재난에 대한 관리를 예방 – 대비 – 대응 – 복구의 순서로 규정하고 있다. 우리의 법제와 미국의 법제를 비교할 때, 우리의 「재난 및 안전관리 기본법」의 '대비'는 재난 발생 시 피해를 최소화하고(경감, mitigation), 대응을 좀 더 수월하게 하기 위한 사전 준비(대비)를 포괄하는 개념이라고 할 수 있을 것이며, 재난에 대한 '예방'에 생활안전을 확보하기 위한 활동을 포함하는 것이 안전관리라고 할 수 있을 것이다.

1 국가 기반시설 보호계획(NIPP 2013)

미국에서는 사회기반시설에 대한 안전관리에 있어서 여러 기관들의 관할이 중첩되고 중요성이 높은 분야들을 특히 별도로 구분하여 이에 대한 안전관리의 체계를 정립하고 있다. 이러한 분야들은 핵심 기반시설의 보호 및 복원력에 대한 대통령 정책지침 제21호(PPD-21)에 기초하여 화학 부문, 상업설비 부문, 통신 부문, 주요 생산 부문, 댐(dam) 부문, 방위산업 부문, 재난구호 부문, 에너지 부문, 금융산업 부문, 식량 및 농업 부문, 정부시설 부문, 공중보건 부문, 정보통신 부문, 원자로·방사능 물질 및 폐기물 부문, 운송체계 부문, 상하수도 부문의 16개 부문으로 구분되어 있다.

이러한 16개의 부문 전체를 총괄하는 국가 기반시설 보호 계획(National Infrastructure Protection Plan)이 작성되어 있으며, 각 부문별로 특정된 세부계획(Sector-Specific Plan)이 작성되어 있다. 다음에서는 그중 화학 부문, 통신 부문, 에너지 부문, 금융산업 부문, 원자로·방사능 물질 및 폐기물 부문, 운송체계 부문에 대한 세부계획들을 관여 주체들의 조직 구조를 중심으로 살펴보기로 한다. 또한 사이버 보안의 경우에는 사이버 정보통신의 중요성과 그에 대한 높은 의존성에 비추어 별도로 규율하고 있으므로, 이에 대해서도 기본적인 안전관리 조직 체계를 살펴볼 필요가 있다고 할 것이다.

(1) 주요 기반시설의 환경

① 위험환경

핵심 기반시설에 영향을 미치는 위험환경은 복합적이고 불확실하며, 위협·취약성 및 그 파급효과는 지난 10여 년간 발달하여 왔다. 예를 들어 핵심 기반시설들은 오랜 시간 동안 물리적 위협과 자연재해의 대상이 되었으나 이제는 점차 증가하는 기반시설 운영에서의 정보의 통합과 통신기술의 발달 및 사이버 취약성을 악용하려는 적대적 시각 등에서 비롯되는 사이버의 위험에 점점 더 노출되고 있다.

전략적 국가위험평가(The Strategic National Risk Assessment: SNRA)는 국가 안보에 대한 무수한 위협과 위험을 적대적인/인적 원인에 기한, 자연적인, 그리고 기술적인/사고의 위협으로 폭넓게 분류하고 있다. 핵심 자산, 체계 및 연결망은 물리적 및 사이버 공격을 통하여 주요한 사회 활동에 피해를 야기하고 방해하려는 테러리스트 등의 활동, 악천후, 대규모 감염병 또는 그밖의 보건 위기, 그리고 그 수명 이상으로 운영되는 기반시설의 운용 장애 및 사고의 가능성을 포함하여 전략적 국가위험평가가 분류한 다양한 위험에 직면하고 있다. 그 파급효과를 알 수 없는 복합적 재난발생의 가능성은 전략적 국가위험평가에서 분석된 위험에 불명확성을 더한다.

핵심 기반시설 사이의 상호 의존성의 증가, 특히 정보 및 통신기술에의 의존은 물리적 및 사이버 위협에의 취약성과 기초가 되는 체계 또는 연결망의 장해로부터의 파급효과를 증가시켰다. 기반시설이 국경과 국제적 공급망을 연결하는 계속적으로 발전하는 세계에서 이러한 의존성과 그를 악용하려는 일련의 다양한 위협의 잠재적 영향이 증가하고 있다.

이에 더하여 악천후는 핵심 기반시설에 대한 심각한 영향을 내포하고 있다. 해수면의 상승, 더욱 강력해진 폭풍, 가혹해지고 기간이 길어진 가뭄 그리고 대규모 홍수의 조합이 미국에 핵심적인 역무를 제공하는 기반시설을 위협하고 있다. 현재 및 장래의 기후변화는 이러한 위험들을 복합시키고 기반시설의 운영에 중대한 영향을 미칠 수 있다.

마지막으로, 노동력의 감소와 숙련된 기술자들의 부족은 취약성을 야기할 수 있다. 숙련된 운영자들은 기반시설의 유지 및 따라서 보호와 복원성에 필수적이다. 이러한 다양한 요인들은 운영환경과 함께 위험환경에 영향을 미쳐 핵심적 기반시설의 보호와 복원에 관한 결정을 내리는 배경이 된다.

② **운영환경**

사회기반시설이 서로 연결되어 있는 범위는, 계획 수립 및 조치의 양면에서 협력을 요구하여, 핵심 기반시설의 보호와 복원을 위한 환경을 형성한다. 국가의 핵심적 기반시설은 좀 더 상호의존적이 되고 있으며, 별도의 자산 체계 및 연결망으로 특징지어지는 운영환경에서 클라우드 컴퓨팅, 휴대이동 기기 및 무선

통신으로 특징지어지는 운영환경으로의 계속적인 변화는 기반시설이 운영되는 방식을 극적으로 변화시켰다. 상호의존성은 운영상의 것(예: 양수체계를 운영하기 위한 전력의 필요) 또는 물리적인 것(예: 교량 하부를 지나는 급수관과 전선과 같이 동일한 위치에 설치된 기반시설)일 수 있다. 상호의존성은 작은 도시 또는 농촌 지역에 제한되거나, 관할권과 국경을 가로지르는 광범위한 지역을 포괄할 수 있으며 여기에는 정확하고 세밀한 위치·방향 및 시간(PNT)정보를 필요로 하는 기반시설이 포함된다. 위치·방향 및 시간 정보의 제공은 다양한 기반시설 영역의 운영과 재난대응에 필수적이다.

국가는 공·사영역의 소유자와 운영자의 증가하는 보호와 복원에 대한 투자를 통하여 이익을 얻었다. 대부분의 핵심적 기반시설 공동체는 지속적으로 사이버 보안을 핵심적 업무에 통합시켜 보호와 복원을 향상하기 위하여 막대한 투자를 하였다. 그러나 다른 분야에서는 공·사의 영역에서의 핵심적 기반시설을 운영하고 유지하기 위한 지출에도 불구하고 투자의 수준은 충분하지 못하며, 이는 많은 기반시설들이 낙후되고 있다는 점에서 알 수 있다. 국립과학원은 국가가 초기에 핵심 기반시설-상하수도, 에너지, 운송 및 통신-의 설계, 건축 및 운영에 하였던 막대한 투자는 이러한 체계들이 우수한 상태로 운영되기 위하여 또는 그들이 인구의 증가와 변화에 대응하기 위해 개선되기 위하여 필요한 재원에는 맞지 않는다는 점을 보고하였다.

핵심 기반시설의 자산, 체계 및 연결망과 그밖의 주요한 자원들은 특정한 관할권에 속하지만 그들의 결과로서의 정보, 상품, 역무와 기능은 전 세계적으로 제공된다. 핵심적 기반시설의 소유권 및 운영의 특성 또한 분산되어 있으며, 세계적으로 합동 계획수립 및 투자의 필요성이 좀 더 빈번해지고 필요해지고 있다. 이러한 세계적인 연결은 핵심 기반시설 공동체가 영역의 내외에서, 그리고 관할권과 국경을 넘어서 핵심 기반시설의 보호와 복원력의 향상을 위하여 서로 협력하는 계획을 수립하는 방향을 알려준다. 정보보호와 사생활의 보호 또한 운영환경을 형성한다. 기반시설을 운영하고 유지하기 위하여 필요한 자료와 정보 및 관련 기술에 대한 가용성의 증가는 더욱 효율적이고 효과적인 운영을 가능하게 한다. 이러한 정보는 그의 비밀성, 진실성 또는 가용성에 영향을 미치는 권한 없는 접근에 취약하다. 그러한 정보를 효과적이고 효율적인 위험관리를 위해 사용하는 주체들에게 배분하는 것은 과제로 남아 있다. 정보의 가용성을 유지하고 이를 활용하는 사람들에게 배분하며, 적절하게 보호하는 것은 매우 중요하다. 여기에는 투명한 정보 공유의 방법, 정보원과 분석틀의 보호, 그리고 사법 집행을 위한 감시와 동시에 이루어지는 사생활의 보호와 시민 자유의 보호가 수반된다.

이러한 복합적인 환경은 국가의 핵심 기반시설의 복원력의 확보와 강화에 있어서의 과제를 부각시킨다. 이러한 환경의 역동적인 특성 때문에 고유한 기술을 활용하기 위한 지속적인 협력과 공동체를 넘어서는 역량은 핵심 기반시설의 보호와 복원을 위한 노력의 기초가 된다.

(2) 기본 원칙

국가기반시설보호계획(NIPP)은 핵심 기반시설공동체가 핵심 기반시설의 보호와 복원을 계획함에 있어서 (국가, 권역, 각급 지방자치단체 및 소유자와 운영자의 단계에서) 고려하여야 할 기본적인 7가지의 원칙을 수립하고 있다.

- 위험은 핵심 기반시설 공동체간의 보호 및 복원 자원의 효율적 배치가 가능하도록 조율되고 포괄적인 방식으로 파악되고 관리되어야 한다.

협력적 위험관리는 정보의 공유, 좀 더 효율적이고 효과적인 자원활용의 촉진 및 노력의 중복의 최소화를 필요로 한다. 이는 장해로부터 보호하고 위협에 대비하며, 취약성을 경감시키고, 국가에의 파급효과를 감소시키기 위한 좀 더 포괄적인 방법을 개발하고 실행할 수 있도록 하여준다. 위험관리를 위한 포괄적인 접근방법을 확보하기 위해, 핵심 기반시설 공동체는 위험 경감 및 수용, 회피 또는 전이를 포함하여 위험에 대처하기 위한 다른 전략들을 고려한다.

- 부문 간 독립성과 상호의존성으로부터의 위험을 이해하고 대처하는 것은 핵심 기반시설의 보호와 복원을 위해 필수적이다.

공유된 정보 및 통신기술(예: 클라우드 서비스)에 의존하는 것을 포함하여 기반시설들이 상호작용을 하는 방식은 국가의 핵심 기반시설에의 협력자들이 위험을 집합적으로 관리하기 위해서는 어떻게 하여야 하는지를 결정한다. 예를 들어 모든 핵심 기반시설들은 에너지, 통신, 운송 및 급수체계 등으로부터 제공되는 기능에 의존한다. 나아가 에너지와 통신의 독립성이 서로에게, 그리고 다른 기반시설들에게 영향을 미치는 것처럼 상호의존성은 양방향을 작용한다. 위험을 관리함에 있어서 핵심 기반시설 공동체는 독립성과 상호의존성을 이해하고 적절하게 대처하는 것이 중요하다.

- 기반시설에의 위험 및 상호의존성에 대한 이해를 위해서는 핵심 기반시설 공동체간의 정보공유가 필요하다.

핵심 기반시설 공동체들의 이해관계자는 자신들의 활동과 관점을 통하여 핵심 기반시설의 보호와 복원을 위해 유용한 다양한 정보들을 보유하고 생산한다. 이러한 정보에 기초하여 합동하여 계획을 수립하고 공유하는 것은 상호의존성이 증대하는 환경에서 핵심 기반시설의 보호와 복원에 포괄적으로 대처하기 위하여 필수적이다. 이를 위해서는 적절한 법적 보호, 신뢰 있는 관계, 기술의 활용 및 일관된 절차가 자리 잡혀야 한다.
- 핵심 기반시설의 보호 및 복원을 위한 협력적인 접근방식은 다양한 핵심 기반시설 공동체의 고유한 관점과 비교우위를 인정한다.

민·관협력관계는 핵심 기반시설의 보호와 복원력을 유지하기 위한 중심이다. 잘 기능하는 협력관계는 신뢰, 활동 목적의 규정, 명확하게 정리된 목표, 공유된 활동을 나타내는 특정 가능한 절차 및 결과, 그리고 유연성과 호환성을 포함하는 일련의 특성에 의존한다. 모든 단계의 정부, 및 민간과 비영리 영역들은 국가적인 활동에 고유한 전문지식, 역량 및 능숙함을 제공한다. 상이한 관점의 가치를 인정하는 것은 핵심 기반시설의 보호와 복원과 관련된 과제와 그에 대한 해결책을 보다 명확하게 이해할 수 있도록 한다.

- 권역 및 각급 지방자치단체의 협력관계는 차이에 대한 관점의 공유와 핵심 기반시설의 보호와 복원력 개선을 위한 조치에 있어 필수적이다.

국가기반시설 보호계획(NIPP)은 보호와 복원을 위해 제도 및 지리적 경계를 넘어서는 협력관계를 강조한다. 위험은 종종 지역적 파급효과를 가지며, 이는 권역 규모로 국가의 조치를 보충하고 이를 작동시키는 계획을 집행하는 것이 필요하도록 한다. 이는 지역에 기반한 공공, 민간 및 비영리단체들이 위험의 평가와 경감전략에 자신들의 견해를 반영하는 것을 필요로 한다. 국가 내에서의 지역적 협력관계는 기존의 국가단계의 협력관계를 보강하며 보호와 복원력을 강화하기 위한 국가의 진실한 노력에 있어 필수적이다.

- 국가에 필수적인 기반시설은 국경을 넘어서며, 국가 간의 협력, 상호지원 및 그밖의 협력 협정을 필요로 한다.

미국은 국가의 보호와 생활을 가능하도록 하여 주는 세계적인 기반시설의 연결망으로부터 이익을 얻고 있으며, 그에 의존하고 있다. 이러한 자산, 체계 및 연결망의 분산성 및 상호의존성은 국가가 직면하는 위험이 국경 내로 명확히 한정되지 않도록 하는 복잡한 환경을 만들어 낸다. 이는 갈수록 핵심 기반시설로부터 제공되는 역무가 매우 분산된 장소로부터 수집, 보관 또는 처리된 정보에 의존하도록 한다. 따라서 정부, 민간영역 및 국제적 협력자들의 협력이 매우 중요하다. 여기에는 공급망의 취약성에 대한 완전한 이해와 경쟁적이 아니라 협력적인 보호와 복원을 위한 국제적인 수단을 시행하기 위한 협력이 포함된다. 국가기반시설 보호계획(NIPP)은 핵심 기반시설의 보호와 복원을 위한 국내적인 활동에 중점을 두고 있으나, 동시에 국가적 문제에 대한 국제적 관점도 인정하고 있다.

- 보호와 복원은 자산, 체계 및 연결망의 설계에서 고려되어야 한다.
핵심 기반시설이 구축되고 개선되는 경우, 이는 통제체계를 포함하는 설계와 관련되어 있는 것이므로 위협과 위험을 파악하고, 저지하며, 추적하고, 방지하고 그에 대비하며, 취약성을 경감시키고, 파급효과를 최소화하기 위한 가장 효과적이고 효율적인 방안이 고려되어야 한다. 여기에는 기반시설의 복원력 원칙에 대한 고려가 포함된다.

(3) 위험관리를 위한 협력

① 협력관계의 조직구조

민간 영역의 소유자와 운영자들(그들과 협력관계에 있는 단체, 상인 등 포함)과 그들의 정부 측 관계기관들 사이의 자발적인 협력은 국가 핵심 기반시설의 보호와 복원력을 위한 협력활동을 증진시키는 일차적인 체계로 기능하여왔고 앞으로도 기능할 것이다. 연방정부는 국가와 국토방위에서 자신의 역할을 수행함에 있어서 위험에 대한 경제적 계산을 하여야 하며, 사생활에 대한 고려와 같은 비경제적 가치 또한 고려하여야 한다. 결론적으로는 정부는 위험요소에 대하여 상업 주체들보다 낮은 허용한도를 가지고 있어야 한다는 것이다. 양측의 견해는 모두 정당하지만, 산업체와 정부가 모두 핵심 기반시설에 대해 의존하고 있고, 사이버 공격과 같이 산업체가 국가방위의 최일선에 있는 경우에는 양측의 견해를 모두 충족시키기 위한 지속가능한 협력체계가 구축되어야 한다.

핵심 기반시설이 가지고 있는 위험환경의 특성은 어떠한 주체가 전적으로 위험관리를 하지 못하게 하며, 협력자들은 그렇지 않은 경우에는 활용할 수 없었을 지식과 역량을 활용하는 이익을 얻을 수 있다. 많은 핵심 기반시설의 영역에서는 안정적이고 대표성 있는 협력관계를 수립하여, 지휘권한의 이전과 집합적인 목적을 달성하기 위해 필요한 구성원들과 일련의 기술의 범위를 확장하여 왔다. 나아가 신뢰할 수 있는 상호관계와 정보의 공유를 통하여 연방의 기관들은 핵심 기반시설과 관련한 위험과 대비태세에 대해 좀 더 많이 이해할 수 있게 되었다. 이는 관계자들로 하여금 국가 핵심 기반시설에 대한 우선과제를 파악하고 이를 판단함에 있어서 좀 더 정보에 기초한 결정을 내릴 수 있도록 하여준다. 이러한 활동에의 참여는 국가 핵심 기반시설의 보호와 복원력을 확보하는 것에 대한 명확하고 공유된 이익 및 협력관계의 각 요소들이 이러한 공유된 이익을 달성할 수 있다는 비교우위에 대한 이해를 바탕으로 한다.

국가기반시설 보호계획(NIPP)은 핵심 기반시설을 16개의 부문으로 분류하고 하나의 연방 부처 또는 연방기관을 각 부분의 지휘 조정기관-부문관리기관(SSA)-으로 지정하였다. 부문별 또는 부문 간의 협의조직구조는 국가기반시설 보호계획(NIPP)의 근간이며 다음 [그림 5-1]은 부문별 및 부문 간 조정체계[75]를 나타낸다.

---

75) DHS(2013), p. 11.

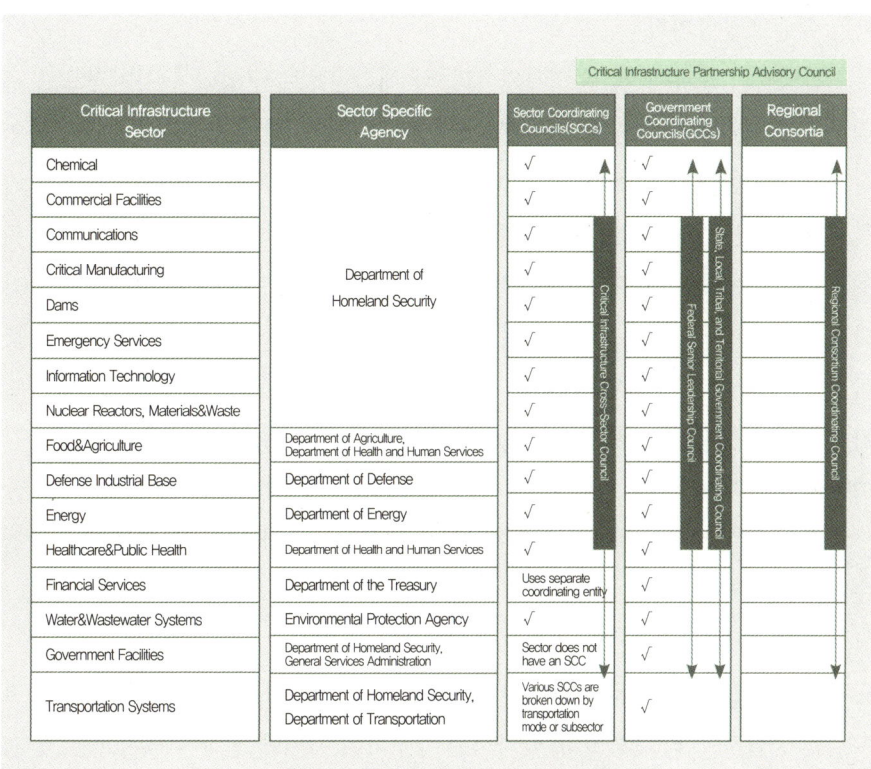

[그림 5-1] 부문별 및 부문 간 조정체계

㉮ 부문별 조정체계

핵심 기반시설의 보호와 복원을 위한 민관협력은 부문조정협의회(SCC), 정부조정위원회(GCC), 부문간위원회 및 부문관리기관을 포함하는 다양한 구성요소들의 협력으로 구축된다. 이러한 각 구성요소는 자신의 협력자들과 상호작용을 하면서 자신의 구성원들의 이익을 위해 활동한다. 협력관계를 형성하는 이러한 구성요소들의 고유한 특징은 다음에서 보는 바와 같다.

㉠ **부문조정협의회**

　민간영역의 소유자 및 운영자와 그들의 대리인으로 구성되어 자치적으로 조직·운영·관리되며, 광범위한 부문별 전략·정책·활동 및 문제에 근거하여 상호작용을 한다. 부문조정협의회(SCC)는 해당 부문의 핵심 기반시설의 보호와 복원 활동 및 문제에 대처하기 위하여, 부문관리기관(SSA) 및 관련 정부조정위원회(GCC)와 협력하여 부문의 정책을 조정하고 계획을 수립하는 주체로 기능한다. 이를 통하여 그들은 부문을 위한 의견을 제시하고 핵심 기반시설의 보호 및 복원 활동을 위한 정부와 부문의 협력에 있어 주요한 접점으로 기능한다. 나아가 부문조정협의회는 부문의 입장이 포함되도록 하기 위한 자발적인 활동에 참여하여야 한다.

　그밖의 부문조정협의회의 일차적인 기능에는 다음과 같은 사항들이 포함될 수 있다.

- 부문별로 규정된 급박한 위협 또는 대응 및 복구활동 중에 소유자, 운영자 및 공급자 그리고 필요에 따라서는 정부와의 사이에 전략적 의사교환 및 협력체계로 기능한다.
- 정보공유체계가 존재하지 않는 경우에, 부문 내에서 적절한 정보공유 역량과 체계를 파악, 시행 및 지원한다.
- 부문 내 대표자들의 참여를 장려한다.
- 국가기반시설 보호계획(NIPP)의 개정과 부문별계획(SSP)의 제정 및 개정, 그리고 부문별 활동에 대해 국토안보부에 매년 제출하는 보고서의 검토와 관련된 활동에 참여한다.
- 포괄적인 단체와 핵심 기반시설 보호 및 복원에 대한 계획 수립과 대비, 교육 및 훈련, 공공의 인식, 그리고 관련 활동 및 요건의 집행과 관계되는 부

문 내 정책의 수립에의 협력을 지원한다.
- 사이버 안보를 위한 실무단, 위험평가, 전략 및 계획과 같은 효과적인 사이버 안보 확보 수단에 대하여 부문 내의 공·사 기관 모두와 정보를 파악하고, 개발하며 공유한다.
- 정부의 지원을 위한 부문의 요소를 이해하고 전달한다.
- 정부에 대하여 부문 내의 연구 및 개발 활동 및 요청에 대한 정보를 제공한다.

ⓒ 정부조정위원회

이는 부문별 및 부문 간의 기관 간, 정부부처 간 그리고 관할권 간의 협력을 가능하게 한다. 이들은 각 개별적인 부문의 활동범위에 맞추어 다양한 단계의 정부(연방정부, 각급 지방자치단체)의 대표자들로 구성된다. 각 정부조정위원회는 지정된 부문관리기관의 대표가 위원장을 담당하며 위원회에서 적절한 대표활동이 이루어지고 각급 지방자치단체와의 부문 간 협력이 이루어지도록 할 책임을 부담한다. 모든 정부조정위원회에는 기반시설보호 차관보(Assistant Secretary for Infrastructure Protection) 또는 그가 지명한 사람이 부위원장이 된다. 정부조정위원회(GCC)는 각 부문 내에서의 정부 부처 간 전략, 활동, 정책 및 의사교환을 조정한다. 협력관계를 구축하기 위하여 정부조정위원회는 부문조정협의회(SCC)와 협력하며 부문조정협의회의 활동을 지원한다.

그밖의 정부조정위원회의 일차적인 기능에는 다음과 같은 사항들이 포함될 수 있다.

- 국토안보부(DHS), 부문관리기관(SSA) 및 다양한 단계의 정부의 지원기관들과의 협력을 통하여 부문 내에서 기관간의 전략적 의사교환 및 협력을 제공한다.

- 국가기반시설 보호계획(NIPP)의 개정 및 부문별계획(SSP)의 제정 및 개정과 관련된 활동에 참여한다.
- 전략적 의사교환과 논의 및 부문 내 정부 주체들 사이의 문제 해결에 협력한다.
- 부문 내에서의 물리적 및 사이버 위험 관리절차 채택을 촉진한다.
- 부문 내에서의 정부정보 공유를 강화하며 민·관의 정보공유를 촉진한다.
- 각급 지방자치단체에 가장 적합한 정보공유의 역량과 체계를 파악하고 지원한다.
- 국가의 핵심 기반시설 보호 및 복원 임무에 대한 계획, 실행 및 집행을 위한 부문조정위원회(SCC)의 활동에 협력하고 이를 지원한다.

ⓒ 부문관리기관

기존의 법령상 또는 규정상 특정 연방 부처 및 기관의 권한을 인정하고, 부문 내에 존재하는 기존의 친밀감과 관계를 활용하여, 부문관리기관(SSA)은 부문별 보호 및 복원활동에 대한 우선과제 결정과 협력을 위한 연방의 창구 역할을 하며 그 부문에서의 재난관리에 대한 책임을 이행한다. 연방 또는 주(州)의 규제대상인 부문에서는 부문관리기관은 필요에 따라 규제기관과 협력한다. 부문관리기관은 부문 내에서의 정보공유를 촉진하고 통합우선과제를 수행하고 보호와 복원을 달성하기 위한 진행의 정도를 보고함으로써 국가의 사업을 지원한다.

㉣ 부문 간 조정체계

국가기반시설 보호계획(NIPP)은 4가지의 주요한 협의회를 수립하여 국가 우선과제의 설정 및 국가적 차원에서의 핵심 기반시설 보호 및 복원의 지침이 되는 정책과 계획수립에 관계되는 계획수립에 참여하도록 하고 있다. 이러한 협의회는 다음과 같다.

㉠ 핵심 기반시설 부문간협의회

이는 부문조정협의회들(SCCs)에게 부문 간의 문제 및 상호의존성에 대한 협의의 장을 제공한다. 이는 부문조정협의회의 의장이나 부의장 또는 그들이 지명한 사람으로 구성된다. 위원들은 협의회의 의장 및 부의장을 지명하거나 선출할 수 있다. 협의회의 일차적인 기능에는 다음과 같은 사항들이 포함된다.

- 국토안보부, 연방고위공무원협의회(FSLC), 각급지방자치단체조정협의회(SLTTGCC), 권역조정협의회(RC3)와의 협력을 통하여 고위 공무원 수준의 부문 간 전략 및 정책에서의 협력을 제공한다.
- 부문 내에서의 핵심 기반시설 보호 및 복원을 위한 모범실무를 파악하고 보급한다.
- 부문 간 협력을 통하여 국가 우선과제를 발전시킬 수 있는 영역을 파악한다.
- 국가기반시설 보호계획의 수립과 시행에 참여한다.

㉡ 연방고위공무원협의회

연방고위공무원협의회(FSLC)는 부문관리기관(SSA) 및 핵심 기반시설의 보호와 복원력에 대한 기능을 수행하는 그밖의 연방 부처와 기관들의 고위공무원들로 구성된다. 이는 핵심 기반시설의 보호와 복원에 중점을 둔 부문 간 연방의 강화된 의사교환과 협력을 촉진한다. 협의회의 일차적인 기능은 다음 사항을 포함한다.

- 위험관리 전략에 대한 합의를 이끌어 낸다.

- 위험정보에 기초한 핵심 기반시설의 보호 및 복원 사업의 시행을 평가하고 촉진한다.
- 전략적 문제에 협력하고 각급지방자치단체조정협의회(SLTTGCC), 핵심기반시설 부문간협의회 및 권역조정협의회(RC3) 사이의 관리에 관한 문제를 해결한다.
- 부문 내 및 부문 간의 협력과 국제 지역사회와의 협력을 증진시킨다.
- 행정부간의 국가기반시설 보호계획(NIPP)의 시행을 옹호하고 진행상황을 파악한다.
- 연방의 임무를 수행하기 위해 요구되는 자원의 개발을 지원한다.
- 연방의 핵심 기반시설 보호 및 복원활동을 평가하고 진행상황을 보고한다.

ⓒ 각급지방자치단체 조정협의회

각급지방자치단체 조정협의회(SLTTGCC)는 국가의 핵심 기반시설 보호 및 복구활동에 적극적인 참여자로서의 각급 지방자치단체의 참여를 장려하고 각급 지방자치단체 단계의 지침, 전략 및 사업활동에 대하여 관할권간의 협력을 위한 조직체계를 제공하는 장으로 기능한다. 각급지방자치단체 조정협의회는 다음의 사항을 수행한다.

- 연방정부 및 핵심 기반시설의 소유자와 운영자와의 협력관계를 통하여, 고위 공무원 단계에서 관할권간의 전략적 의사교환 및 협력을 제공한다.
- 전략적 문제에 협력하고 연방 부처와 기관들 및 각급 지방자치단체 협력자들 사이의 관리에 관한 문제를 해결한다.
- 국가의 핵심 기반시설 보호 및 복원에 관한 임무의 계획, 시행 및 집행을 지원하는 활동에 연방고위공무원협의회(FSLC), 핵심 기반시설 부문간협의

회 및 권역조정협의회(RC3)와 협력한다.
- 각급 지방자치단체 단계에서의 보호 및 복원 계획, 활동 및 모범실무에 관한 정보를 국토안보부에 제공한다.
- 혁신을 지원하기 위한 시범사업을 위한 실험장소를 설정하는 데에 국토안보부와 협력한다.

ⓔ **권역조정협의회**

권역조정협의회(RC3)는 공·사의 영역에서 복원활동을 촉진하기 위한 기존의 권역 단체들의 노력을 지원하는 체계를 제공한다. 국내의 다양한 권역 단체들로 구성된 권역조정협의회는 그의 소속단체들에게 다양한 주제, 사업, 계획에 대한 인식, 교육 및 자문을 제공한다. 권역조정협의회는 다음의 사항을 포함하여 핵심 기반시설의 보호 및 복원을 증진시키고, 취약성을 감소시키며, 파급효과를 경감하기 위한 다양한 활동에 관여한다.

- 국가 협력체계를 통하여 정보공유와 의사교환을 촉진하고 모든 협의회가 각 회원들과 지식을 활용할 수 있는 방안을 모색하기 위하여 핵심 기반시설 조정협의회, 연방고위공무원협의회(FSLC), 각급지방자치단체 조정협의회(SLTTGCC)와 협력한다.
- 협력자들의 국가기반시설 보호계획 및 그의 시행에 대한 이해를 증진시키기 위한 온라인 회의를 주관한다.
- 기존의 권역 연수회(regional workshop)와 함께 권역에 대한 대규모 재난 및 복구에 대한 연습을 실시한다.
- 핵심 기반시설의 보호 및 복원에서의 모범실무와 사회적 매체 도구 활용을 위한 기준을 파악한다.

- 사회적 매체 기술을 포용하고 새로이 대두하는 위험환경에 효과적이고 효율적이며, 그에 적합한 통제 실무를 활용하는 통신 및 협력 전략을 수립한다.
- 국가와 지역의 핵심 기반시설 자산의 등록의 개발과 조정에 협력한다.

㉢ 정보공유 및 분석실

지난 십여 년간 많은 민간 영역의 정보공유 및 분석기구들이 설치되었다. 정보공유 및 분석실(ISAC)은 성공적인 정보공유 기관의 실제 사례이다.

정보공유 및 분석실은 많은 영역 및 하부 영역에서 운영 및 전파의 역할을 수행하고 있으며, 정부와 민간영역 사이에서의 정보의 공유를 촉진한다. 정보공유 및 분석실은 그가 설치된 부문의 부문조정협의회(SCC)와 긴밀하게 협력한다. 그들은 부문에 대한 심도 깊은 분석을 제공하고 부문 내, 부문 간 및 공·사 영역의 핵심 기반시설에 대한 이해관계자들 사이에서의 정보 공유를 포함하여 재난 시 부문의 대응에 협력한다. 정부기관들 또한 상황파악을 위하여 그리고 대상자들에게 적시의, 활용가능한 자료를 제공하는 자신들의 능력을 보강하기 위하여 정보공유 및 분석실에 의지할 수 있다. 정보공유 및 분석실의 일차적 기능은 다음과 같다.

- 핵심 기반시설의 영역에 상황파악을 위한 적시의 활용가능하고 신뢰할 수 있는 정보의 공유를 촉진하기 위한 신뢰할 수 있는 공동체와 체계를 제공한다.
- 부문에 대한 위협과 사고에 관한 심도 깊은 포괄적인 분석을 제공하고 자료의 집적과 익명화를 가능하도록 한다.
- 모든 위협에 대한 경보와 구성원들의 위험 경감활동을 강화하기 위한 사고

보고서를 제공한다.
- 가능한 경우, 국가기반기설 조정본부(NICC) 및 국가사이버보안 및 통신통합지휘소(NCCIC)와 같은 지휘소들과 협력관계를 수립하고 유지한다.
- 가능한 경우, 연습에 대한 계획의 수립, 조정 및 실행에 참여한다.

㉔ 핵심기반시설협력자문위원회

핵심기반시설협력자문위원회(CIPAC)는 국토안보부에 의하여 2006년 각 부문의 이해관계자들이 공동으로 핵심 기반시설에 관한 논의에 참여하고 폭넓은 활동에 참여하는 것을 지원하기 위한 체계로서 설치되었다. 핵심기반시설협력자문위원회는 합의를 이루어야 하는 핵심 기반시설에 대한 문제의 심의를 지원하거나 연방정부에 대하여 공식적인 권고를 함으로써 자문지관으로서의 역할을 수행한다. 핵심기반시설자문위원회의 자문에 따라 이루어지는 논의 또는 활동에는 다음의 사항들이 포함된다.

- 부문별 또는 부문 간 문제에 대한 계획, 조정, 및 정보교환
- 평상 시 및 재난대응 시의 핵심 기반시설 보호 및 복원에 관한 활동에 대한 자문
- 국가기반시설 보호계획(NIPP) 및 부문별계획(SSP)을 포함하는 국가정책과 계획의 수립 및 시행에 대한 기여
- 연방정부에의 핵심 기반시설의 사업계획, 도구 및 역량과 관련된 합의된 권고의 제시

문제에 대해 합의를 모색할 필요가 있는 경우에는 정부조정위원회(GCC) 및 부문조정협의회(SCC)의 대표자들이 핵심기반시설협력자문위원회의 회의에 참

석한다. 그러한 경우에 주제와 논의의 목적에 따라 핵심기반시설협력자문위원회는 부문별, 부문 간 또는 실무단의 단계에서 활용된다. 회의, 토론회 등을 비롯한 핵심기반시설협력자문위원회의 활동에는 정부 및 간간영역의 대표들이 참석하며 특정한 주제에 관하여 의견을 발표하는, 그 주제에 대한 전문가가 초청되기도 한다.

㈐ 핵심 기반시설의 보호 및 복원을 위한 정보 공유

부문별 관리기관(SSA) 및 그밖의 국가 협력체계에 의하여 배포된 정보에 더하여 국가적 문제에 대처하며 또한 각급 지방자치단체를 지원하는 일상적인 업무를 수행하고 공·사의 소유자 및 운영자들과 협력하는 역할도 수행하는 연방의 정보공유 및 분석기관이 존재한다. 여기에는 국가기반시설조정본부(NICC), 국가재난지휘소(NOC) 및 국가사이버합동조사반(NCIJTF) 등이 포함된다.

㉠ 국가기반시설조정본부와 국가사이버보안 및 통신통합지휘소(NCCIC)

대통령 정책지침(PPD) 제21호는 "국토안보부가 운영하는 2개의 국가 핵심기반시설 지휘부서가 있어야 하며, 하나는 물리적 기반시설에 대한 것(국가기반시설조정본부[NICC])이고, 다른 하나는 사이버 기반시설에 대한 것(국가사이버보안 및 통신통합지휘소[NCCIC])이다. 그들은 통합적으로 운영되어야 하며 핵심 기반시설의 협력자들이 상황에 대한 파악을 하고 핵심 기반시설에 대한 물리적이고 사이버 상의 보호를 위하여 활용가능한 통합된 정보를 획득할 수 있는 중심점으로 기능하여야 한다."라고 규정하고 있다. 국가기반시설조정본부는 핵심기반시설에 대한 정보를 수령하여 종합하고 그 정보를 모든 단계의 결정권자에게 제공하여 통상적인 상황, 주의가 높아진 상황 그리고 재난 대응 시에 신속하고 정보에 기반한 결정이 내려지도록 하는 정보교환소로서 기능한다. 국가사이버보안 및 통신통합지휘소는 정부, 민간영역 그리고 국제사회의 협력자들이 정보를 공유하고 대규모 재난의 여파를 경감시키기 위한 대응과 경감활동에 협력하며, 협력자들의 경계태세를 강화하며, 미래의 악의적 행동에 맞서기 위한 전략과 전술 계획을 수립하는 동시에 경보 및 경고를 발하는, 24시간 운영되는 정보 공유, 분석 및 재난대응지휘소이다. 대통령정책지침(PPD) 제21호는 또한 이들과 협력하여 이들을 통하여 흐르는 정보를 보다 쉽게 이해할 수 있게 하고 맥락을 파악할 수 있게 하는 통합된 분석부서의 필요성을 언급하고 있다.

이들은 통합적 분석기능을 수행하며, 협력자들이 제공하는 정보에 기초하여 핵심 기반시설 간의 상황파악을 하고, 단일한 협력자 또는 부문보다 깊이 있고, 폭넓으며, 내용이 풍부한 정보를 제공한다.

ⓒ 국가재난지휘소

국가재난지휘소(NOC)는 국가재난지휘소 경계국(NOC Watch), 정보감시 및 경보국(Intelligence Watch and Warning), 연방재난관리청의 국가경계실(National Watch Center)과 국가대응조정본부(NRCC), 그리고 국가기반시설조정본부(NICC)로 구성된 국토안보부의 가장 주요한 운영부서이다. 국가재난지휘소는 필요에 따라, 국가적 재난, 테러리스트의 공격 또는 그밖의 인적 재난의 경우에 전체 연방정부와 각급 지방자치단체의 정부에게 상황에 대한 정보 및 통일적 활동상황에 대한 정보를 제공한다. 국가재난지휘소는 또한 주요한 테러 및 재난과 관련된 정보가 정부의 결정권자에게 제공될 수 있도록 한다.

ⓒ 국가사이버합동조사반

연방수사국(FBI)은 사이버 위협에 대한 조사와 관련된 정보를 생산하고 공유하며 핵심 기반시설에 대한 위협을 포함한 사이버 상의 위협에 맞서기 위한 관련 활동을 조정하고 통합하는 일차적인 책임을 갖는 기관 간 사이버 지휘소인 국가사이버합동조사반(NCIJTF)의 운영에 대한 책임을 지고 있다. 국가의 사이버 상의 이익을 보호하는 임무를 수행하는 다른 동료기관들과 연합하여 임무를 수행한다. 국토안보부를 포함하는 참여 연방 기관, 주 및 지방정부 그리고 사법집행 업무를 수행하는 국제적 협력자들로부터 파견된 대표자들은 통합적인 환경에서 협력하면서 사이버 위협에 대한 포괄적인 시각을 갖게 된다.

㈖ 핵심 기반시설 공동체간의 협동

앞서 본 협력관계의 조직구조는 공동체간의 참여를 촉진하고 핵심 기반시설의 소유자와 운영자 및 국내의 다른 이해관계자들의 참여를 위해 설계되었다. 그 조직구조는 또한 분산된 핵심 기반시설 공동체 사이의 효과적인 협력을 가능하게 하도록 절차의 일관성을 촉진하기 위한 의도를 가지고 있다. 이는 부문별 및 부분 간의 협력 조직구조가 권역, 주 및 지방의 단계에서 복제되어야 한다는 것을 의미하지는 않는다. 그러나 그의 입증된 유용성은 하나의 모형이 될 수 있을 것이며, 다양한 단계에서 유용하게 사용될 것이다.

그밖의 권역별 협력관계는 주의 경계, 대도시 지역, 기반시설 부문, 그리고 활동에 참여하는 이해관계자들의 다양한 이해를 통합하여 공통된 관심사를 해결하기 위한 조직을 형성하였다. 권역 단계에서의 협력은, 연방수사국의 InfraGard chapters, 대량살상무기(WMD) 조정관, 현장정보수집반, 합동테러대책반(JTTF) 등과 같은 핵심 기반시설의 보호와 복원을 위한 역할을 수행하는 다른 주체들과의 관계에 있어서 유연성을 필요로 한다. 합동테러대책반은 각급 지방자치단체 그리고 연방의 사법집행기관뿐만 아니라 정보기관협의회(IC)의 자원, 재능, 기술 및 지식을 융합하여 테러리스트의 공격이나 사고를 탐지하고, 조사하고, 분석하며, 그에 대응하고 문제를 해결하기 위한 하나의 조직을 만들기 위하여 설계되었다. 테러리스트의 활동과 연결될 가능성이 있는 의심스러운 행동은, 그에 대한 조사와 해결을 위하여 즉시 인근의 합동테러대책반에 신고되어야 한다. 합동테러대책반은 테러리스트의 연계를 구성할지도 모르는 의심스러운 행동에 대한 신고의 취합소라고 여겨져야 한다. 합동테러대책반은 정보를 다른 권역의 사법집행기관, 핵심 기반시설 협력자 그리고 주와 주요 도심 지역의 통합본부들과 공유한다. 국내치안협력협의회(DSAC) 또한 연방수사국(FBI)과 협력한다.

주(州)와 주요 대도시의 통합본부(fusion center)는 소유자와 운영자 및 정부의 협력자들이 새로이 발생하는 위협과 취약성에 대한 정보를 제공받을 수 있도록 한다. 주 및 지역정부의 대표자들(예: 재난관리, 공중보건, 치안 담당 공무원들)은 각급 지방자치단체와 연방의 협력자들과 사법집행 및 안보에 관한 정보를 수수, 분석, 취합 및 공유하기 위하여 정기적으로 통합본부와 정기적으로 교류한다. 국토안보자문위원, 안전자문관, 사이버보안자문관, 연방수사국의 대량살상무기 조정관, InfraGard 조정관, 그리고 합동테러대책반 또한 통합본부와 교류한다.

핵심 기반시설에 대한 주의 협력관계는 각급 지방자치단체를 넘어 주의 각종 연합단체와 협력관계들을 포함하며, 가능하다면 에너지, 원거리통신, 급수 및 운송과 같은 주요한 역무를 제공하는 주 단계의 부문관리기관(SSP)까지도 포함한다. 이러한 주와 권역의 협력관계는 주와 권역의 요인에 기하는 위험분석에 기초한 통합된 대비, 보호 및 복원계획을 발전시킨다.

지역의 핵심 기반시설 협력관계는 종종 지역 상공회의소, 경영자회의(business roundtable) 또는 그와 유사한 민간 영역 기업들의 연합체와 연결된다. 여기에는 또한 대비, 대응 및 복구를 지원하는 지역사회 봉사단체 및 민·관 협력체계가 포함된다.

② **각 관계자들의 역할, 책임 및 역량**

대통령정책지침(PPD) 제21호는 "핵심 기반시설의 보호 및 복원을 강화하기 위한 국가의 효과적인 활동은 역할과 책임을 규정하고 부문관리기관(SSA), 핵심 기반시설에 관계되는 다른 연방 부처 및 기관, 각급 지방자치단체의 주체들, 그리고 기반시설의 소유자와 운영자의 전문적 의견, 경험, 역량 및 책임에 기반한 국가 계획에 의해 지도되어야 한다."라고 규정하고 있다.

㉮ **국토안보부 장관**

대통령정책지침 제21호는 국토안보부 장관의 역할과 책임을 다음과 같이 규정하고 있다.

국토안보부 장관은 전략적 지침을 제공하고, 국가의 통일적 활동을 촉진하며, 국가의 핵심 기반시설의 보호와 복원을 촉진하기 위한 연방의 전체적인 활동을 조정한다. 2002년 「국토안보법」에 의한 책임을 이행함에 있어서 국토안보부 장관은 다음의 사항을 수행한다.

- 핵심 기반시설을 보호하고 그의 복원력을 형성함에 있어서 국가적 역량, 기회 및 과제를 평가한다.
- 핵심 기반시설에 대한 위협, 그의 취약성 그리고 모든 종류의 위험으로부터의 파급효과를 분석한다.
- 모든 핵심 기반시설 부문에 있어서 효율적인 민·관 협력체계를 수립하기 위해 필요한 보호 및 복원의 기능을 파악한다.
- 부문관리기관(SSA) 및 다른 핵심 기반시설에 대한 협력자들과 국가 계획과 지표를 만든다.

- 연방의 부문 간 보호 및 복원 활동을 통합하고 조정한다.
- 핵심 기반시설 부문 간의 핵심적인 상호의존성을 파악하고 분석한다.
- 핵심 기반시설에 대한 국가의 보호 및 복원태세를 강화하기 위한 국가 활동의 효율성에 대한 보고를 한다.

국토안보부 장관은 국내 재난관리를 담당하는 최고의 공무원이며 대통령정책지침(PPD) 제8호에 따라, 핵심 기반시설에 영향을 미치는 중대한 사이버 상의 또는 물리적인 사고에 대응하는 것을 포함하여 연방의 대비활동을 (법령상의 권한에 따라) 조정한다. 국토안보부 장관은 필요한 경우 집행부의 다른 관련 기관들과, 재난관리에 대한 국가의 수단을 이용하여 모든 단계의 정부가 역량을 효과적이고 효율적으로 통합할 수 있도록 재난관리에 대한 단일하고, 포괄적인 수단을 조정한다.

대통령정책지침 제21호는 다음의 사항을 포함한 국토안보부 장관의 역할과 책임을 추가적으로 규정한다.

- 물리적 및 사이버 상의 위협, 취약성 및 그 파급효과를 고려하고 부문관리기관 및 다른 연방의 부처와 기관들과 함께 핵심 기반시설을 파악하고 우선순위를 결정한다.
- 새로이 제기되는 경향, 급박한 위협 및 핵심 기반시설에 영향을 미칠 수 있는 사고의 상황에 대한 통합적이고 활용가능한 정보를 포함하는 상황파악 역량을 제공하는 국가 핵심 기반시설본부를 유지한다.
- 부문관리기관 및 다른 연방의 부처와 기관들과 함께 핵심 기반시설의 소유자 및 운영자에게 분석, 전문적 의견 및 그밖의 기술적 지원을 제공하고 핵심 기반시설의 보호와 복원력을 강화하기 위하여 필요한 정보 및 첩보에 대

한 접근과 공유를 촉진한다.
- 부문관리기관 및 각급 지방자치단체의 주체들, 그리고 핵심 기반시설의 소유자 및 운영자와 협력하여 국가의 핵심 기반시설의 취약성에 대한 포괄적인 평가를 시행한다.
- 핵심 기반시설에 영향을 미치는 중대한 사이버 상의 또는 물리적 사고에 대한 연방 부처의 대응을 법령상의 권한에 따라 조정한다.
- 부문관리기관 및 그밖의 적절한 연방 부처와 기관들이 상업용 위성, 항공지원 및 다른 정부 부처 및 기관 내의 역량을 이용하여 핵심 기반시설의 지정학적 지도를 작성하고, 분석하며 분류하는 데에 협력하고 전문적 의견을 활용한다.
- 법령에 따라 연간 국가 핵심 기반시설의 상태를 보고한다.

그밖의 국토안보부 역할과 책임은 다음과 같다.

- 민·관의 부문 내 협력자들에게, 민간영역에서 자발적으로 제공된 정보의 보호, 부문별 및 부문 간 정보 공유 및 분석 체계, 절차 개발의 촉진을 포함한 적시의 활용가능한 위협정보, 평가 및 경고를 제공하기 위해 설계된 포괄적이고, 다층적이며 역동적인 정보공유체계를 수립하고 유지한다.
- 핵심 기반시설의 보호 및 복원과 관련된 연구 개발, 시범사업, 시험사업을 지원한다.
- 부문관리기관(SSA)과 함께 부문별, 부문 간 및 권역의 독립성과 상호의존성(사이버 독립성을 포함)을 분석하기 위한 모형화 및 모의실험을 실시하고 필요한 경우 그 결과를 핵심 기반시설의 협력자들과 공유한다.
- 핵심 기반시설과 관련한 연습, 실제 사고, 재난 발생 전 경감활동으로부터

의 교훈을 문서화하고 적용한다.
- 필요한 경우 지속적으로 추가적인 핵심 기반시설의 보호와 복원의 필요성을 평가하고 이에 협력한다.

④ 부문관리기관

대통령 정책지침 제21호는 부문관리기관의 역할과 책임을 다음과 같이 규정하고 있다.

각 핵심 기반시설부문은 고유한 특성, 운용방식 및 위험특성을 가지고 있다. 부문관리기관 또는 부문관리협력기관(co-SSA)로 지정된 연방의 기관은 그 부문에 대한 제도적 지식과 특별한 전문적 지식을 가지고 있다. 특정 연방 부처와 기관의 기존의 법령 및 규정상의 권한을 인정하고, 기존의 부문에 대한 친숙성과 관계를 활용하여 부문관리기관은 다음의 사항을 수행한다.

- 국토안보부 및 관련된 연방의 부처 및 기관과 협동하고 핵심 기반시설의 소유자 및 운영자와 협력하며, 대통령 정책지침 제21호의 시행을 위하여 필요한 경우에는 독립적인 규제기관, 각급 지방자치단체의 주체들과 협력한다.
- 역동적인 부문별 활동의 우선순위 부여와 조정에 있어 연방정부와의 일상적인 연계 업무를 수행한다.
- 규정상의 권한 및 그밖의 관련 정책, 지침 또는 규정에 따라 재난관리 책임을 이행한다.
- 부문에 대하여 취약성을 파악하고 필요한 경우 재난 위험의 경감에 대한 기술적 지원과 자문을 제공하고, 이를 지원하거나 촉진한다.
- 매년 부문별 핵심 기반시설에 대한 정보를 제공함으로써 국토안보부 장관의 법령상 보고의무를 이행하는 것을 지원한다.

부문관리기관 및 핵심 기반시설 부문[76]을 간략히 정리하면 아래 〈표 5-1〉과 같다.

〈표 5-1〉 부문관리기관 및 핵심 기반시설 부문

부문관리기관	핵심 기반시설 부문
농무부, 보건복지부	식량 및 농업
국방부	방위산업기지
에너지부	에너지
보건복지부	공중보건
재무부	금융산업
환경보호청	상하수도
국토안보부	화학 / 상업설비 / 통신 / 핵심 생산업 댐 / 재난관리 / 정보기술 / 원자력 발전, 방사능 물질 및 폐기물
국토안보부, 총무청	정부설비
국토안보부, 교통부	교통체계

㉢ **그밖의 연방 부처 및 기관**

대통령 정책지침 제21호에 규정되어 있는 바와 같이, 연방의 부처와 기관들은 국토안보부 장관 및 국가 핵심기반 시설본부(National Critical Infrastructure Center)에 부문 간 분석을 위하여 필요한 정보를 적시에 제공하여야 하며, 핵심 기반시설에 대한 상황파악 역량에 관한 정보를 제공하여야 한다. 이에 대하여 국가 핵심 기반시설본부는 적절한 핵심 기반시설 협력자와 정보를 공유할 것이다.

부문관리기관으로 지정되지는 않았지만 특정한 핵심 기반시설 부문에 대한

---

[76] DHS(2013), p. 43.

고유한 책임, 역할, 또는 전문적 지식이 있는 연방의 부처 및 기관은 (부문관리기관과 같이) 핵심 기반시설의 높은 파급효과를 파악하고 평가하는 데에 협력하며, 필요한 경우 부문 내 보호 및 복원과 관련된 정보를 관련 협력자들과 공유한다.

다음의 부처 및 기관들(그 중의 일부는 부문관리기관으로 활동한다)은 다른 연방 부처 및 기관 그리고 필요한 경우에는 규제기관에 의하여 또는 규제기관과 함께 핵심 기반시설의 보호와 복구를 위한 특별한 기능 또는 보조적 기능을 수행한다.

㉠ 국무부

국무부(DOS)는 해외의 국민 및 설비를 보호하는 정책과 활동에 대한 직접적인 책임을 가지고 있으며, 해외에서의 미국의 이익 증진 및 외국과의 관계, 정책 및 활동을 총괄적으로 지휘한다. 미국 정부를 위한 일상적인 외교활동의 일환으로 국무부는 핵심 기반시설의 보호 및 복원에 필요한 국제적 협력관계를 수립하고 유지하는 책임이 있다. 국무부는 국토안보부 및 부문관리기관, 그밖의 연방 부처 및 기관들과 함께 외국 정부, 국제기구 및 국외안보자문위원회(OSAC)를 통한 미국의 민간 영역과 협력하여 미국 밖에 존재하는 핵심 기반시설의 보호와 복원력을 강화하고 핵심 기반시설의 보호와 복원을 촉진하는 모범실무와 경험의 전체적인 교환을 촉진한다.

㉡ 국방부

핵심 기반시설의 보호와 복원을 지원함에 있어서 국방부(DOD)는 국방부가 소유하거나 위탁한 핵심 기반시설을 운영하고, 보호하며 복원력을 확보하고, 사이버 공격을 포함하여 국내로 향한 모든 공격으로부터 국가를 방어하고, 국가 및 국방부의 필요를 지원하기 위하여 외국의 첩보를 수집하여 그 특성을 파악하고, 국가안보와 국방체계를 보호하고, 군의 관할권 아래에 있는 범죄적 사이버 활동을 조사한다. 국방부 및 정보기관협의회(IC) 산하의 국가안전국은 외국의 첩보에 대한 지원과 국토안보부 및 그밖의 부처와 기관에 대한 정보보증을 지원한다.

ⓒ **법무부**

연방수사국(FBI)을 포함하는 법무부(DOJ)는 테러리즘에 대한 대항 및 방첩 조사를 주도하며 핵심 기반시설 부문 간의 관련 사법집행활동을 지휘한다. 법무부는 국가의 핵심 기반시설에 대한 외국의 첩보, 테러 및 그밖의 위협 또는 시도하려 하였거나 시도된 공격, 파괴행위에 대한 조사, 방지, 기소 및 경감을 위한 활동 등을 수행한다. 연방수사국은 또한 사이버 위협에 관한 국내 정보를 수집, 분석 및 배포하고 국가사이버합동조사반(NCIJTF)의 운영에 대한 책임을 진다. 국가사이버합동조사반은 국토안보부, 정보기관협의회(IC), 국방부의 대표들로 구성되어 필요에 따라 부문관리기관 및 다른 기관들과 협력하여 사이버 위협의 조사에 관한 정보를 취합하고, 통합하며 공유하는 기관 간 조직이다.

ⓔ **내무부**

내무부(DOI)는 정부 설비부문을 담당하는 부문관리기관과 함께 국가적 기념물과 상징물에 대한 보호 및 회복을 위한 활동을 파악하고 우선순위를 부여하며 조정하며 그러한 핵심 자산의 이용을 촉진함과 동시에 그들의 위험을 경감시킬 수 있는 조치를 시행한다.

ⓜ **상무부**

상무부(DOC)는 국토안보부, 부문관리기관 그리고 그밖의 연방 부처 및 기관들과 함께 민간영역, 연구단체, 학술단체 및 정부의 단체들의 사이버에 기반한 체계의 기술과 도구의 보안 개선에 관여하여 국토방위에 필요한 공산품, 원료 및 역무가 적시에 제공될 수 있도록 한다.

ⓑ 정보기관협의회

국가정보국장이 지휘하는 정보기관협의회(IC)는 해당 권한과 협의체계를 이용하여 필요한 경우 핵심 기반시설에 대한 위협에 관한 정보 평가를 실시하고 핵심기반시설에 대한 첩보 및 민감하거나 독점적인 정보에 관하여 협력한다. 나아가 대통령의 명령, 해당 법령 및 국가 안보체계에 관한 권한을 행사하거나 이를 운용하는 기관의 장에 의하여 수행되는 명령에 따라 국가 안보체계를 방어하는 정보보안정책, 명령, 기준 및 지침을 감독한다.

ⓢ 총무청

총무청(GSA)은 국방부, 국토안보부 및 그밖의 연방 부처와 기관과의 협의하여, 필요한 경우 핵심 기반시설체계에 대한 정부차원의 계약을 체결하거나 이를 지원하며 그러한 계약에 핵심 기반시설의 보호 및 복원에 대한 감사권이 포함되도록 한다.

ⓞ 원자력규제위원회

원자력규제위원회(NRC)는 상업 발전용 원자로 및 연구, 실험 및 교육용 원자로, 의료·공업 및 학술용 방사성 물질의 설치 및 핵연료의 가공, 방사성 물질 및 폐기물의 수송·보관 및 처분에 대한 면허보유자의 보호활동을 규제한다. 원자력규제위원회는 가능한 한도에서 국토안보부, 법무부, 에너지부, 환경보호청, 보건복지부 및 그밖의 정부부처와 기관과 필요에 따라 협력한다.

㉚ 연방통신위원회

연방통신위원회(FCC)는 법이 허용하는 한도에서 국토안보부, 국무부 및 그밖의 연방 부처와 기관과 함께, 필요한 경우에는 부문관리기관과 함께 그의 권한과 전문 지식을 ① 통신 기반시설을 파악하고 우선순위를 결정하며, ② 통신부문의 취약성을 확인하고 이러한 취약성을 해결하기 위해 관련 산업 및 그밖의 이해관계자들과 협력하고, ③ 관련 산업을 포함한 이해관계자들과 협력하며, 외국 정부 및 국제기관과 통신 부문의 핵심 기반시설의 보호 및 복원력을 강화시키며 국가가 이용하고 있는 핵심 기반시설의 보호 및 복원력을 증진시키는 모범 실무의 수립과 시행을 위하여 협력하는 데에 이용한다.

㉛ 연방 및 주의 규제기관

일부의 부문은 당해 부문의 부문관리기관(SSA)으로 지정되지 않은 연방 또는 주의 규제기관에 의한 규제를 받는다. 이러한 경우에, 규제기관은 그들이 감독하는 핵심 기반시설의 기능에 대해 특유한 인식을 가지고 있으며 다음의 사항을 포함하여 핵심 기반시설의 협력자들에게 핵심적인 역량을 제공한다.

- 재난 대응 및 복구 시에 있어서 핵심 기반시설의 소유자 및 운영자들 사이의 정보 교환의 촉진
- 민·관 협력관계에 핵심 기반시설 소유자 및 운영자의 참여(예: 권역별 연합체 등을 통한) 독려
- 정부조정위원회(GCC)에의 참여 및 핵심 기반시설의 보호 및 복원 계획에 부문관리기관과의 협력
- 정책 결정 및 감독절차를 통한 부문내 복원력의 확보

㉤ 핵심 기반시설의 소유자 및 운영자

공·사 영역의 핵심 기반시설의 소유자 및 운영자들은 그들이 관리하는 핵심 기반시설의 보호 및 복원을 위한 사업계획을 수립하고 시행함과 동시에 공익을 고려한다. 소유자와 운영자는 신중한 사업계획 및 운용의 필수적인 요소로 보호에 관한 위험관리계획의 수립과 시행을 지원하기 위한 조치를 취한다. 오늘날의 위험환경에 있어서 이러한 조치들은 일반적으로 업무 지속성과 재난관리계획의 재평가 및 조정, 업무 절차 및 체계 내에 강화된 복원성 및 여유분 구축, 물리적 및 사이버 상의 공격으로부터 설비의 보호, 자연재해에 대한 취약성의 경감, 내부의 위협으로부터의 보호, 인근 지역사회 또는 다른 산업의 협력자들에 대한 영향을 회피하거나 경감시키기 위한 외부 단체와의 협력의 강화 등을 포함한다.

민간 영역의 많은 기업들에서는 ① 위험환경에 대하여 알려진 사실, ② 경쟁적인 시장 내에서 또는 자원의 제약 내에서 경제적으로 정당화되고 지속가능한 정도의 2가지 요소에 기초한 위험-결과의 균형을 반영하여 보호에 대한 투자의 정도가 결정된다. 첫 번째 요소와 관련하여 연방정부는 부문 간의 핵심 기반시설 투자에 관한 결정과 운영계획의 수립에 정보를 제공하여 도움을 줄 수 있는 독보적인 위치에 있다. 소유자들과 운영자들은 정부 및 정보공유 및 분석실(ISAC)과 같은 정보공유 및 분석기구에 대하여 보호와 관련된 모범실무 그리고 공격 또는 자연재난의 지표, 경보 및 위협 평가를 요청할 수 있다.

두 번째 요소와 관련하여 소유자와 운영자는 그들의 자산 외부의 위험이나 현재의 위협이 기업의 자신을 보호하기 위한 역량을 벗어나거나 위험을 경감하기 위해 불합리할 정도로 많은 추가적인 투자를 필요로 하는 상황에서의 위험에 대처하기 위해 정부 주체에 의존하거나 다른 소유자 및 운영자들과의 협동작업에 참여할 수 있다. 이러한 상황에서, 모든 단계의 공·사 영역의 협력자들은 국가적 차원의 핵심 기반시설의 보호 및 복원을 위해 적시의 경보를 발하고, 핵심 기반시설의 소유자 및 운영자가 자신들의 특정한 책임을 이행하는 환경을 개선한다.

핵심 기반시설의 소유자와 운영자는 사이버 보안 정보의 공유, 사이버 위험의 평가, 사이버 보안 훈련, 사이버 상의 재난에 대한 대응 및 복구 등을 포함하는 사이버 보안과 관련한 정보의 공유를 위한 많은 위험 경감활동에 참여한다. 특정 소유자 및 운영자의 역할은 부문 간 및 부문내에서 매우 상이하다. 일부의 부문에서는 법령 및 규정상의 체계가 그 부문 내에 있는 민간 영역의 보호활동에 영향을 미치지만, 대부분의 경우에는 보호 및 복원 또는 산업별로 발달한 모범 실무에 대한 자발적인 집중에 의하여 이루어진다.

이러한 다양한 틀 내에서 핵심 기반시설의 소유자 및 운영자는 폭 넓은 활동을 통하여 국가의 핵심 기반시설 보호 및 복원활동에 기여할 수 있다. 이러한 활동들의 예시는 다음과 같다.

- 핵심 기반시설에 대한 위험평가의 실시
- 독립성과 상호의존성에 대한 이해
- 적절한 연방 및 각급 지방자치단체와 재난대응계획의 수립 및 협력
- 재난 시 구호기능의 수행을 촉진하는 지속성 유지계획 및 활동계획의 수립
- 민관 영역의 협력자들과의 핵심 기반시설에 중점을 둔 훈련 및 교육활동에의 참여
- 국토안보부 및 부문관리기관에 의해 수행되는 핵심 기반시설의 보호 및 복원활동에 대한 기술적 전문성의 제공.

⑭ 각급 지방자치단체 및 권역 단체

각급 지방자치단체는 국토안보임무를 수행하며, 공적 안전과 복지를 보호하

며, 그들의 관할권 내에 있는 지역사회와 산업에 필수적인 역무를 제공할 수 있도록 한다. 그들은 또한 그들이 관리하거나 그들의 관할권 내에서 다른 당사자들이 소유 또는 운영하는 는 핵심 기반시설의 보호 및 복원을 확보한다. 그들의 활동은 핵심 기반시설의 보호 및 복원활동을 계획하고 실행하기 위하여 필수적이다. 각급 지방자치단체의 공무원들이 재난 현장에 최초로 도착하는 경우가 많기 때문에 그들은 시간을 다투는 사고 발생 이후의 핵심 기반시설의 대응 및 복구에 있어 매우 중요하다. 주, 준주 및 원주민자치 정부는 또한 보다 낮은 단계 관할권의 민·관 협력자들의 역량을 넘어서는 위협 또는 재난 상황에서 연방의 지원을 요청하는 연결통로가 된다.

핵심 기반시설의 보호 및 복원 활동계획은 각급 지방자치단체의 국토안보전략의 핵심적 요소가 되며, 특히 우선적 과제에 대한 재정을 마련하고 보호 및 복원에 대한 투자의 결정에 정보를 제공한다. 효율적인 핵심 기반시설의 보호 및 복원과 성과측정을 위하여, 이러한 활동계획은 필요한 경우, 위험관리에 중점을 둔 특정한 핵심 기반시설의 보호 및 복원활동뿐만 아니라 부문 간 보호 및 복원 정보 공유를 위한 연결망을 포함하는 국가기반시설 보호계획(NIPP)의 모든 핵심 요소들을 포함하여야 한다. 이 활동계획은 지역 및 권역의 핵심 기반시설의 파악과 보호에 있어서 일차적인 역할을 수행하며 국토안보부와 부문관리기관이 그 관할권 내의 국가적 중요성 있는 핵심 기반시설을 파악하고, 그와 연결을 확보하며 보호 및 복원을 하도록 하는 데에 도움을 준다.

㉠ 주 및 준주정부

주 및 준주정부는 그들의 관할권 내에 있는 핵심 기반시설과 협력관계를 수립하고, 협력에 기한 정보공유를 촉진하며, 핵심 기반시설의 보호 및 복원을 위한 계획의 수립과 대비를 가능하게 한다. 그들은 지역의 관할관청, 부문 간 및 권역

간의 주체들의 대비, 예방, 경감, 대응 및 복구를 위한 권한, 역량 및 자원을 통합하는 협력의 중추이다. 주 및 준주는 국가 및 주의 핵심 기반시설 보호 및 복원 활동계획을 지원하기 위해 연방정부로부터 핵심 기반시설에 관한 정보를 수령한다. 이에 더하여 주 및 준주정부는 보조금 절차의 일부로써 또는 국토안보전략의 갱신을 통하여, 주 또는 준주의 우선순위, 필요사항 및 핵심 기반시설과 관련한 재정필요에 관한 사항에 대한 정보를 국토안보부에 제공한다.

주 및 준주정부는 주 및 준주정부 단계의 부문관리기관과 협력하여 그 부문 내에서의 국가 기반시설 보호계획(NIPP)의 목적, 임무, 목표를 지원하고, 필요한 경우 그러한 활동을 지원하기 위하여 부문에서의 해당 문제에 대한 전문가와 접촉한다.

그리고 활동계획은 핵심 기반시설의 보호 및 복원과 관련된 모든 문제에 대한 것이어야 하며, 국토방위 영역 간에 적용되는 국토방위 지원활동계획의 지원을 활용하며, 자원이 효율적으로 배분될 수 있도록 그들의 전략 내에서의 우선순위에 있는 활동을 반영하여야 한다. 주 및 권역 범위에서의 효율적인 핵심 기반시설 보호 및 복원활동은 대비, 예방, 경감 및 복원활동이 조화를 이루고 상호 협력적인 것이 될 수 있도록 총괄적인 국토방위 체계에 통합되어야 한다.

주 또는 준주정부 단계에서의 핵심 기반시설에 대한 보호 및 복원은 관할권 내의 모든 부문을 포괄하여야 하며 국가, 주 및 지역의 우선순위를 지원하여야 한다. 그 활동계획은 또한 부문 간의 상호의존성 및 그러한 지리적 경계 내의 관할권뿐만 아니라 경계 간의 관심사를 포함한 특유의 지리적 문제에 명시적으로 대처하여야 한다.

ⓒ 기초자치정부

기초자치정부는 민간 영역의 소유자 및 운영자와 함께 필수적인 공공의 역무와 기능을 제공한다. 일부의 부문에서는 기초자치정부의 주체가 그들의 공공사업부서를 통하여 수도, 우수처리설비, 및 전기설비와 같은 핵심 기반시설을 소유하고 운영한나. 핵심 기반시설에 영향을 미치는 대부분의 장해 또는 자연재해는 지역의 상황으로 시작하고 종료된다. 지역의 관청들은 피해를 입은 자산, 체계 또는 연결망을 누가 소유하고 운영하는지에 관계없이 다른 자원으로부터의 지원이 있을 때까지 최초의 대응 및 복구 활동에 대한 부담을 진다. 그 결과, 기초자치정부는 핵심 기반시설의 협력관계에 있어서 핵심적인 역할을 수행한다. 그들은 대비활동을 주도하며 정부기관, 소유자 및 운영자, 그들이 봉사하는 지역사회 내의 시민들을 포함하는 다양한 관할권 있는 협력자들의 핵심 기반시설의 보호 및 복원에의 참여를 독려한다.

주 및 준주정부와 기초자치정부 단계에서의 핵심 기반시설 보호 및 복원을 위한 특정한 활동들은 다음과 같다.

- 관련 관할권, 권역 단체, 민간 영역의 협력자 그리고 시민들 사이의 보호, 복원 및 재난대응활동, 재난대비활동계획 및 자원의 지원에 대한 중심점으로 기능하며, 이들을 조정한다.
- 관할권 내의 모든 이해관계자들 사이의 핵심 기반시설에 대한 일관된 접근법, 위험판단, 경감계획의 수립, 우선순위 있는 보호에의 투자, 대비활동의 연습을 개발한다.
- 위험관리 방법론을 파악하고, 시행하며 감독하고 필요한 경우 개선조치를 취한다.
- 사이버 체계에 대한 적절한 관리 및 보안을 촉진하기 위한 주요한 국가, 권역 및 지역의 인식사업(awareness program)에 참여한다.
- 관할권 내에 있는 주체들과 부문들 내 그리고 그 사이에서의 위협에 대한

평가 및 그밖의 분석, 공격의 징표, 경고 및 자문을 포함한 안보에 대한 정보의 교환을 촉진한다.
- 부문별 정부조정위원회(GCC), 각급 지방자치단체조정협의회(SLTTGCC), 그 밖의 관련 핵심 기반시설에 대한 관리 및 계획수립활동을 포함한 핵심 기반시설에 대한 협력 체계에 참여한다.
- 재정지원의 우선순위가 고려되고 자원이 효과적이며 효율적으로 배분되도록 한다.
- 관할권 내의 주요한 공공역무, 설비, 시설 및 필수적 기능에 대한 우선적 보호 및 복구가 가능하도록 국가, 주, 권역, 지역, 부족 및 준주정부의 관점에서 중요하게 여겨지는 기반시설에 대한 정보를 공유한다.
- 과거의 재난경감활동, 연습 및 실제 재난으로부터의 교훈을 문서화하고 적용한다.
- 핵심 기반시설의 보호 및 복원에 대한 교육, 훈련 및 인식을 증진시키는 데에 협력자들과 협력하여 소유자 및 운영자의 참여를 증가시키는 동인이 되도록 한다.
- 필요한 경우, 흠이 존재하고 지역 주체가 그 흠을 해결하기 위해 필요한 자원을 가지고 있지 못한 경우에 대응과 보호에 대한 지원을 제공한다.
- 핵심 기반시설과 관련한 연구 개발의 필요를 파악하고 국토안보부에 전달한다.
- 관련 핵심 기반시설의 협력자들이 대표될 수 있도록 주 및 준주정부의 부처들과 협력한다.

ⓒ 원주민자치정부

핵심 기반시설의 보호 및 복원에 있어서 자치정부의 역량과 역할은 앞서 본 주 및 기초자치정부의 그것과 유사하다. 원주민자치정부는 부족민의 보건, 복지 및 안전에 대한 책임뿐만 아니라 그들의 관할권 내에 있는 핵심 기반시설의 보호와 필수 역무의 지속에 대한 책임을 부담한다. 핵심 기반시설에 대한 협력관계 내에서 원주민자치정부는 연방, 주, 지역 및 외국의 상대방들과 함께 그들의 관할권 내에 있는 핵심 기반시설의 보호 및 복원 체계의 시행에 있어서의 상승효과를 달성하기 위하여 협력한다. 이는 정보공유, 위험 분석 및 관리, 인식, 대비계획의 수립, 보호 및 복원 사업에 대한 투자 등의 측면에서 특히 중요하다.

㉣ 권역 단체

권역의 협력관계에는 관할권 간 또는 부문의 경계 간 그리고 특정한 지역 내의 방지, 예방, 경감, 대응 및 복원에 중점을 둔 다양한 유형의 민·관 영역의 활동단체들을 포함한다. 특정한 권역 활동단체의 범위는 단일한 주 내에서 복수의 관할관청과 산업 협력자들을 포함하는 단체에서 한 주 이상 및 국경을 넘어선 관할관청과 기업체들과 관련되는 집단에 이른다. 대부분의 경우에 주정부 또한 권역에 기반한 협력관계를 공식화하기 위한 주상호 간의 협정을 채택하여 이와 협력한다.

권역의 활동단체에 참여하거나 이를 주도하는 협력자들은 다음을 위하여 더욱 큰 영역 및 부문의 전문가와 관계를 활용할 것을 권장받는다.

- 핵심 기반시설의 위험 평가 및 관리활동의 시행에 대한 협력자들의 협력 촉진
- 그들의 활동 영역 내에서 행해지는 핵심 기반시설의 보호 및 복원 활동에 대한 교육과 인식의 촉진
- 관할권 간 및 부문 경계 간의 핵심 기반시설의 보호와 복구에 중점을 둔 협력을 포함한 권역의 연습 및 훈련에의 참가
- 위협에 의해 시작되고 현재 진행 중인 보호와 복원력을 강화하기 위한 활동

의 지원 및 경감, 대응 및 복구활동의 지원
- 각급 지방자치단체, 외국 정부 및 필요한 경우 민간 영역과 협력하여 사이버 문제에 대한 고려를 포함한 권역 및 부문의 핵심 기반시설의 의존성에 대한 평가
- 권역에 대한 적절한 계획수립활동의 수행 및 권역의 핵심 기반시설의 보호와 복원 및 재난에 대해 강화된 대응이 가능하도록 하는 적절한 협력 약정의 체결
- 권역 활동단체의 구성원들 및 외부의 협력자들 사이의 정보 공유 및 자료 수집에 대한 촉진
- 국토안보부, 부문관리기관, 주 및 지역정부, 그리고 필요한 경우에는 다른 핵심 기반시설 협력자들과의, 핵심 기반시설의 보호 및 복원의 필요와 절차에 대한 정보 공유
- 핵심 기반시설의 협력관계에의 참여

ⓜ 주 및 권역의 위원회, 협의회 및 그밖의 주체들

주, 지역, 부족 및 권역 단계의 일련의 위원회, 협의회들은 부문 내 및 부문 간 그리고 관할권 내 및 관할권 간에 있어서 핵심 기반시설의 운영과 보호에 관한 다양한 관점에서 규제, 자문, 정책수립 또는 업무감독의 기능을 수행한다. 이러한 주체들의 일부는 주 또는 지역 단계의 법령에 의하여 선출, 지명 또는 지원에 의해 구성된다. 이러한 단체들에는 교통위원회, 공공시설위원회, 상하수도 관리이사회, 공원관리위원회, 주택사업체, 공중보건기관 등이 있다. 이러한 단체들은 주 단계의 부문관리기관으로 기능하며 전문적 지식을 제공하고 규제기관을 보조하거나 해당 관할권 또는 지역내에서의 핵심 기반시설의 보호 및 복원과 관련된 투자 결정을 촉진하는 것을 지원한다.

㈏ 자문위원회

자문위원회는 정부기관(예: 국토안보부, 부문관리기관, 및 주 또는 지역정부의 기관)에 대하여 핵심 기반시설의 보호 및 복원 정책과 활동에 관한 자문, 제안 및 전문 의견을 제시한다. 이들은 또한 민·관 협력체계의 강화와 정보공유를 지원한다. 이들은 기존의 민간영역의 지도자들로 하여금 핵심 기반시설의 보호 및 복원 정책과 활동계획에 대한 환류를 받을 수 있도록 하고 특정한 정부의 사업계획의 효율성을 증가시킬 수 있는 제안을 하도록 하는 추가적인 체계를 제공한다. 핵심 기반시설의 보호 및 복원과 관련된 자문위원회와 그들의 역할에는 다음 사항들이 포함된다.

- 국토안보자문위원회(HSAC): 관련 문제에 대하여 국토안보부 장관에게 자문을 하며, 국토안보부 장관에 의해 임명되는 자문위원에는 주 및 지역정부, 치안분야, 및 보안 및 일선대응분야, 학문분야 및 민간 영역으로부터의 전문가들이 포함된다.
- 민간영역원로자문위원회: 국토안보자문위원회의 소속 위원회로서 민간영역의 지도자들로부터의 전문적 자문의견을 제공한다.
- 국가기반시설자문위원회: 국토안보부 장관을 통하여 대통령에게 모든 핵심 기반시설 부문에 대한 물리적 및 사이버 체계에 대한 보호에 관한 자문을 제공한다. 민간영역, 학술단체, 주 및 지역정부로 부터 선출되고 대통령에 의해 임명된 30명의 위원으로 구성된다. 이 자문위원회는 행정명령 제13231호, 제13286호, 제13385호 및 제13652호에 의하여 설립되었다.
- 국가안전보장통신자문위원회: 국가안전보장 및 재난대비 통신정책과 관련한 문제와 주제에 관하여 산업에 기반한 자문과 전문적 의견을 대통령에게 제공한다. 주요한 통신사와 연결망 제공 사업자 및 정보기술, 금융 그리고

항공우주 회사들을 대표하는 30명의 최고경영자들로 구성된다.

㉔ 학술 및 연구기관

학술 및 연구기관을 다음을 포함하여 국가단계에서의 핵심 기반시설에 대한 보호와 복원을 하는 데에 주요한 역할을 수행한다.

- 핵심 기반시설의 보호 및 복원에 대한 독립적 의견을 제공하기 위한 전문연구기관(즉, 대학에 기초한 연구협력기관 또는 연방의 자금으로 운영되는 연구소)을 설립한다.
- 보호 및 복원을 위한 기술의 연구, 개발, 평가 및 활용을 지원한다.
- 핵심 기반시설의 보호 및 복원과 관련된 개념, 구성 및 기술적 전략의 개발과 시행을 지원한다.
- 핵심 기반시설의 우선순위결정, 보호 및 복원활동과 관련된 모범 실무를 분석하고 개발하며 공유한다.
- 위협 및 테러리즘과 범죄 행동에 대한 혁신적인 생각과 관점을 연구하고 제공한다.
- 물리적 및 사이버 상의 보호에 대한 지침과 설명을 작성하고 배포한다.
- 핵심 기반시설의 보호 및 복구의 전문가들을 위한 적용가능한 모든 위험의 분석 및 위험관리 교육과정을 개발하고 제공한다.
- 석사, 박사 및 학사 학위 교육과정을 개설한다.
- 협력자들이 핵심 기반시설의 보호 및 복원을 지원하기 위하여 적용할 수 있는 새로운 기술과 분석 방법론에 대한 연구를 수행한다.
- 핵심 기반시설의 보호와 복원을 위한 위험분석 및 관리방법론의 검토 및 평가에 참여한다.

- 물리적이거나 사이버 상의 핵심 기반시설의 보호와 복원을 강화하기 위한 지역사회 활동의 자원으로서 기능한다.

2 화학 부문 안전관리계획(2015년)

(1) 화학 부문의 주요 위험요소

설비의 소유자와 운영자들은 국립연구소 및 연방정부가 민관협력을 통해 개발한 최신의 도구들을 사용하여 개별 설비의 안전성 평가를 수행한다. 부문에서의 협력자들은 계속적으로 증가하는 위험에 대한 정보를 공유하고 부문의 위험관리 방식과 부문의 목표, 우선순위 및 활동의 기초를 형성하는 부문 전반에 걸치는 위험에 대한 정보를 제공한다.

이러한 화학 부문에서의 주요한 위험들은 다음과 같다.

① 내부적 위협

화학 부문에서의 사이버 상 및 물리적 보안체계는 외부의 위협을 상당 부분 방어하지만 의도적이든 비의도적이든 손해를 야기할 수 있는 내부인들의 잠재적 위험성은 화학 부문에서 주요한 문제이다. 화학 부문에서는 전문적인 경험과 지식을 활용하기 위하여 정기적으로 제3자를 고용하고, 임시 계약을 체결한다. 이는 내부인들에게 설비에 직접적으로 고용된 사람들처럼 폭넓게 감독을 할 수는 없어 좀 더 많을 사람들과 접촉하게 된다.

② 사이버 위협

공장제어체계(ICS)에서부터 넓게는 국제적 보안망에 이르는 화학 부문의 사이버 체계는 인위적인 공격, 기술적 결함, 인적 실수 및 공급망의 취약성 등을 포함하는 다양한 위험에 직면하고 있다. 이러한 체계에 발생하는 장해는 지적 재산의 절취, 운영 역량의 상실, 또는 화학물질의 절취, 전용 또는 유출을 야기할 수 있다. 공장제어체계의 일부분이라도 인터넷에 접속할 수 있는 체계와 제3자의 장치를 이용하여 업데이트되는 경우에는 화학부문의 자산들이 원거리 공격으로부터의 위협에 추가적으로 노출될 수 있다.

③ 자연재해와 악천후

실질적으로 모든 설비들은 폭풍, 화재, 지진 및 홍수를 포함한 자연재해와 악천후에 영향을 받기 쉬우며, 많은 설비들은 폭풍이 빈발하는 지역에 위치하고 있다. 이러한 사고들은 재산에 피해를 입히며 물과 전기와 같은 핵심적인 자원에의 접근에 영향을 미치고 이는 설비의 운영에 부정적인 영향을 미치며 공급망에 장애를 야기할 수 있다.

④ 인위적인 공격 및 테러리스트의 공격

화학 부문의 설비들은 사람들 또는 주변환경에 즉각적이고 장기적인 피해를 야기할 수 있는 특정한 화학물질을 보유하고 있기 때문에 공격 또는 테러리스트들의 공격 목표가 될 수 있다. 화학 부문의 설비들에 있는 물질들은 대량살상무기(WMD) 또는 사제폭발물(IED)을 제조하기 위한 절도 및 전용의 목표가 될 수 있다.

⑤ 생물학적 위험 및 대규모 감염병

외국에서 발생한 바이러스가 미국의 국민들에게 전파될 가능성이 증가하고 있으며, 이는 부문 내의 노동력과 운영에 부정적인 영향을 미치는 감염병의 유행을 야기할 수 있다. 많은 부문 내 협력자들은 개별적인 발병의 상황에 적용할 수 있는, 독감과 같은 바이러스 발생에 대비한 계획을 가지고 있다.

(2) 부문 간의 주요한 상호의존성

화학 부문은 다른 핵심적인 부문들의 운영과 밀접하게 연결되어 있으며, 이는 한 부문에 발생한 장해가 다른 부문의 안전한 운영에 영향을 미칠 수 있는 상호의존성을 만들어 낸다. 2013년 국가기반시설 보호계획(NIPP 2013)은 급수, 운송체계, 통신 및 에너지 등의 필수기능을 대부분의 핵심 기반시설 협력자들과 공동체의 활동에 필수적인 자원과 급부라고 정의하고 있다. 필수적인 기능을 파악하는 것, 특히 다른 부문들과 상호의존성이 있는 기능을 파악하는 것은 소유자들과 운영자들로 하여금 재난 발생 시에 이러한 역무의 상실에 대비하고 그로 인한 피해를 경감하는 데에 도움을 준다. 화학부문이 다른 핵심 기반시설들에 어떠한 방식으로든 의존하고 있으나, 특히 다음의 부문들의 필수 기능과 역무들에 의존하고 있다.

① 급수

화학물질의 생산은 대량의 공정수와 냉각수를 필요로 한다. 식용수와 폐수처리 체계를 포함하는 급수부문은 물의 정화와 소독을 위하여 화학부문에 의존한다.

② 수송체계

수송체계는 선박, 철도, 트럭 및 항공기를 이용하여 원료물질을 반입하고 화학제품을 반출한다. 만일 생산설비가 적시에 원료물질의 반입이나 생산품의 반출을 하지 못하는 경우에는 원료물질이 설비에 도착하거나 완성품을 반출할 수 있을 때까지 생산이 중단될 수 있다. 수송체계는 그 활동을 유지하기 위하여 석유화학제품 및 그밖의 화학제품에 의존한다.

③ 통신

화학설비들은 운송자들과의 연락을 유지하고 일상적인 업무를 수행하기 위하여 통신에 의존한다. 통신부문에서 발생하는 장해는 원료물질의 고갈 또는 대량의 제품이 반출을 위해 기다리게 하는 사태를 야기할 수 있다. 각 사업자가 세계에 있는 상대방과 연락을 취할 수 없게 되는 경우에는 국제적 업무 업무수행이 제한될 수 있다. 주요한 통신설비들은 또한 화학제품을 이용하여 제작된다.

④ 에너지

화학 부문은 전기 및 천연가스와 같은 핵심적인 물질의 공급을 위하여 에너지

부분에 의존한다. 전력공급의 장해는 피해 지역 내의 모든 화학설비에 직접적인 영향을 미친다. 나아가 그러한 장해는 피해를 입은 설비에서 제공되는 물질 또는 제품에 의존하는 다른 화학설비에 파급효과를 미칠 가능성이 있다. 에너지 부문은 석탄을 채굴하고 가스정 및 유정을 시추하기 위한 화학제품(예: 폭발물)에 대해 화학부문에 의존한다.

⑤ 정보기술

정보기술은 공정제어, 공급의 추적, 민감한 정보의 보관 그리고 자동화된 안전 및 보안 체계의 제어를 포함하는 화학설비의 일상적 업무수행의 필수적인 요소이다. 만일 이러한 기능 중의 하나에 장해가 발생한다면 화학 부문의 운영에 있어 자료를 보호하고 안전하고 효율적으로 운영할 수 있도록 하는 역량을 상실할 수 있다. 비밀정보 또한 손상될 수 있다. 화학부문은 마이크로칩과 디스플레이와 같은 전자제품을 생산하는 데에 필요한 화학물질을 제공한다.

⑥ 재난구호활동

재난의 발생 시에 재난구호활동은 핵심적인 역할을 수행하며 부정적인 파급효과를 최소화할 수 있도록 한다. 화학부문의 종사자들은 대응활동의 역량을 강화하기 위한 합동 훈련에 재난대응인력들과 적극적으로 협력한다.

⑦ 식량 및 농업

화학비료, 농약, 제초제, 살균제들은 모두 현대 식량생산에 있어서 필수적인 요소들이다. 이러한 화학제품의 공급에 장해가 발생하면 소비가능한 식량의 생산이 줄어들 것이다.

(3) 관련 주체들의 협력관계

민간과 공공의 대표자들의 협의회를 포함하는 2013년 국가기반시설 보호계획(NIPP 2013)의 협력체계는 핵심기반시설자문위원회(CIPAC)의 조직체계를 바탕으로 운영된다. 이러한 조직체계는 숙고를 통하여 연방정부의 일치된 입장을 형성하기 위한 소유자 및 운영자들의 공동체와 연방정부를 비롯한 각급 정부의 대표들 사이의 상호작용을 촉진시킨다. 화학 부문의 협력관계는 [그림 5-2]와 같다.

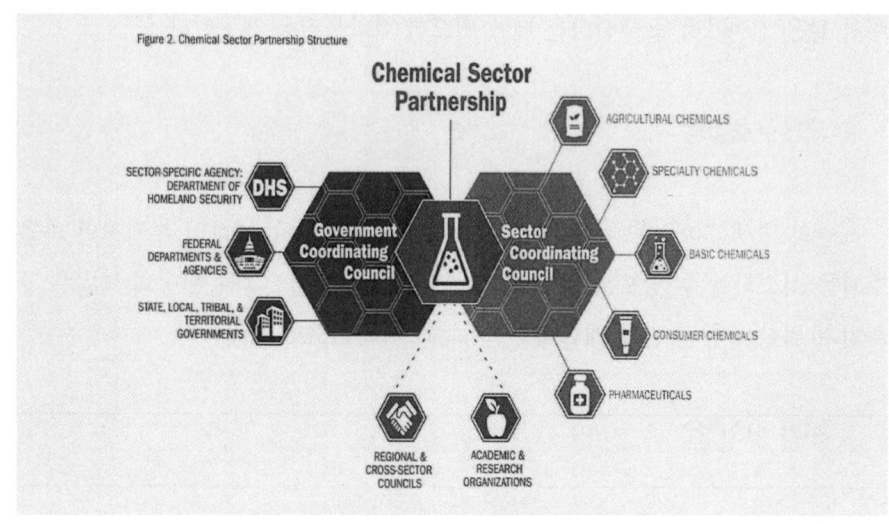

[그림 5-2] 화학 부문의 협력관계[77]

77) DHS(2015B), p. 6.

화학 부문의 협력 위원회들은 정기적인 회합을 통하여 아이디어들과 습득된 교훈을 교환하고, 부문 차원이 계획수립과 자원 배분을 촉진하며, 효율적인 협력체계를 구축하며, 보안 및 복원력 도구·지침·사업활동 등을 수립한다.

① 화학 부문 관리기관

국토안보부가 화학 부문의 부문관리기관으로 지정되어 있으며 협력활동의 선임 조정자로서의 역할을 수행하고 부문의 보안 및 복원에 있어서 연방의 주된 창구로 기능한다.

국토안보부의 기반시설보호실(IP)이 국토안보부의 부문관리기관으로서의 역할을 담당한다. 기반시설보호실 담당 차관보가 화학부문 정부조정위원회(GCC)의 위원장이 되며 부문지원사업국의 국장(Director of the Sector Outreach and Programs Division)을 기반시설보호실의 대표로 지명한다. 부문지원사업국장은 필요에 따라 자신을 보좌하기 위한 대리인을 지명할 수 있다.

② 화학 부문 조정협의회

화학 부문 조정협의회(SCC)는 미국 내 화학 부문에서 상위의 점유율을 가지고 있는 15개의 동업조합의 대표들을 포함하여 자치적으로 조직되고 운영되는 협의회이다. 협의회의 의장과 부의장은 동업조합에서의 개별적 소유자와 운영자들을 대표한다. 협의회는 민간 회사들에게 부문 내의 전략, 정책, 정보공유, 규제 및 위험관리활동에 있어서 협력할 수 있는 장을 제공한다.

③ 화학 부문 정부조정위원회

화학 부문 정부조정위원회(GCC)는 각급 정부의 기관들 사이에서의 화학 부문의 보안전략, 안전활동 및 정책에 대한 기관 및 관할 관청 사이의 협력과 의사교환을 가능하도록 한다. 정부조정위원회는 또한 조정협의회(SCC)와 밀접하게 협력하여 화학 부문 내에서의 부문 전반에 걸치는 복원력 및 보안 활동을 계획, 집행하고 실시한다.

3 원자로·방사능 물질 및 폐기물 부문 안전관리계획(2015년)

(1) 원자로·방사능 물질 및 폐기물 부문의 주요 위험 요소

신뢰할 수 있는 기본적인 전력의 공급을 포함하는 원자력 부문의 주요한 경제적 장점은 핵심 자산의 결함, 손상 또는 장해의 가능성으로부터 비롯될 수 있는 파급효과의 정도에 상쇄된다. 부문에 특징적인 대부분의 위험들은 정확히 파악되고 있으며, 각 부문은 그를 경감하기 위한 주요한 조치들을 취하고 있다. 원자력 부문은 기반시설의 부문들 중에서도 매우 철저하게 규제가 이루어지고 있으며, 원자력 산업은 특히 2011년의 후쿠시마 원자력 발전소 사고 이후 자산을 보호하고, 사고에 대응하고 이로부터 복구하고, 복원력을 강화하기 위한 조치를 취하고 있다.

주요 원자력 설비의 중대한 사고 또는 결함은 막대한 경제적 비용의 지출, 현장 또는 인근의 재산 손실 및 대피를 야기할 수 있다. 이는 또한 장기간의 제염 비용 및 그 지역에의 경제적 손상을 야기할 수 있다. 원자력 설비에서 발생하는 사고의 여파는 그 설비의 특성, 그 자산의 핵심 기능, 그 지역의 방사능 물질의 종류 및 수량, 지역적 위치, 계절적 및 기후적 상황을 포함하는 많은 요인들에 의하여 영향을 받는다.

① 자연재해 및 악천후

가뭄은 원자력 발전소에 냉각수를 공급하는 강, 호수 및 운하의 수위를 낮춘다. 일부의 원자력 발전소들은 가뭄기간 동안에 수위가 냉각수 유입구보다 아래로 내려가거나 수온이 냉각수로서 사용하기에 적정한 온도 이상으로 올라가거나 냉각계통을 폐색시킬 정도의 염분이나 조류를 포함하고 있어 임시로 폐쇄되었던 경우가 있다.

강력한 태풍, 지진 및 지진해일은 핵심적인 운영 및 재난 설비에 심각한 피해를 입힐 수 있다. 각 설비의 건설 및 유지에 있어서 이러한 위험들을 고려하여야 한다.

② 구조적 문제

원자력 발전소의 매우 특수화된 설계 때문에 사전에 발견되지 않은 설계 또는 건설 상의 결함은 발전소의 운영을 위태롭게 할 수 있다. 과거의 문제 중에는 건설 및 부식으로 인한 구조적인 결함으로 가동 후 수년 만에 고장이 났던 발전기들의 경우가 있다. 미국 및 외국으로부터 조달되는 부속품에 대한 품질관리체계 또한 발전소 운영의 일부분이다.

③ 노후된 설비와 노동력

미국 원자력 발전소의 평균 가동 연수는 40년이다. 미국의 모든 동력로는 '주문 생산'으로 공급되었으며, 일부의 경우 원래의 사양, 원래의 지식 또는 부속품은 현재의 체계에는 적용될 수 없거나 호환되지 못한다.

다른 원자력 자산 또한 노후되어 있다. 미국의 유일한 우라늄 변환시설은 1950년대에 건설되었다. 다수의 연구용 원자로들도 1950년대 이전에 건설되었다.

약 12만 명 이상의 근로자가 미국의 원자력 산업에 종사하고 있으며, 그들 중 38% 이상이 5년 이내에 은퇴한다. 원자력 산업은 제도적 지식기반을 유지하고 이를 보다 젊은 근로자들에게 전수하기 위하여 최대한 집중하고 있다.

④ 인위적인 공격 및 테러리스트의 공격

원자력규제위원회(NRC)와 미국의 원자력 산업은 각 설비에 대한 설계기준위협(DBT)으로부터 원자력 발전소를 보호하기 위해 막대한 노력을 하고 있다. 원자력 발전소들은, 만일 성공하면 인근 지역사회를 오염시키고 광범위한 정전을 야기하거나 부상자와 손실을 일으킬 수 있는 테러리스트 공격의 위협에 대해 계속적으로 평가하며, 설비를 보호하고 있다.

새로이 부각되는 문제들에는 정찰 또는 소규모의 공격에 활용될 수 있는 작고 식별되지 않는 무인 항공기 또는 원격으로 조종되는 그밖의 차량들에 관한 것들이 포함된다.

사회에 불만을 품은 개인이나 행동주의자들에 의해 가해지는 개인적이거나 소규모의 공격 또한 장해를 야기할 가능성이 있다. 과거의 사고들 중에는 개인들이 발전소의 외곽에서 냉각탑과 같은 대형 시설물을 향하여 고성능의 무기를 발사하였던 사례들이 있다. 설비에 대한 튼튼한 설계, 건축 및 유지관리는 이러한 문제를 경감시킨다.

⑤ 사이버 공격

원자력 부문은 미국 및 전 세계로부터의 무수히 많고 급격하게 변화하는 사이버 상의 위협을 받고 있다. 여기에는 컴퓨터에 연결되는 차량·의료장비·소형 무인 항공기 등을 조종할 수 있는 해커들의 발전하는 역량, 국가의 지원을 받는 산업스파이 활동, 인터넷을 이용한 금융 조작, 악성 프로그램의 주입, 공급망에 대한 공격들이 포함된다.

원자력안전위원회(NRC)의 포괄적인 사이버 보안 규제는 각 설비가 견고한 사이버 보안계획을 수립할 것을 요구한다. 국토안보부 또한 원자력에 대한 사이버 위험과 의존성에 대한 내부적 검토를 수행한다.

⑥ 공급망의 장해

미국의 모든 원자력 설비들은 주요 교환부품 및 소프트웨어, 훈련용 시뮬레이터와 같은 핵심적인 설비에 대한 국제 공급에 상당히 의존하고 있다. 원자로 용기로 사용되는 대형 단조물과 같은 일부의 부품들은 극히 제한된 외국의 공급자로부터 구입할 수밖에 없다. 또한 원자력 설비들은 핵연료주기시설 등으로부터 우라늄의 수송과 의료용 동위원소의 공급을 위한 공급망에 의존하고 있다. 공급망에 발생하는 장해는 그 기간에 따라 원자력 운영에 영향을 미칠 수 있다.

⑦ 원료의 반출 또는 잘못 관리되고 미아가 된 밀봉방사성 선원

미아가 된 밀봉방사성 선원에는 규제받지 않고 유기, 분실, 도난 또는 권한 없이 반출된 오래된 원료들을 포함한다. 미아가 된 밀봉방사성 선원들은 사고 또는 과실로 인한 오용 또는 파괴적 행동을 야기할 위험이 있으며, 이는 인식하지 못하는 사이에 사람들을 위험에 노출시킬 수 있다.

방사성 선원을 부주의하게 용해시키는 것을 포함하는 방사성 선원의 관리상의 과실은 그에 직접적으로 관련된 사람들의 건강상의 문제를 야기할 수 있으며, 많은 비용이 소요되는 방사능 제염작업을 필요로 한다.

비핵화연구소(CNS)는 2013년과 2014년 사이에 발생한 38개국 325건의 사고가 밀봉방사성 선원의 유실, 도난 또는 밀매와 관련되어 있다고 파악하였다. 이는 공개적으로 발표된 사고만 나타내는 것으로, 연간 그 이상의 사고가 발생하는 것으로 추측된다.

테러리스트들은 악의적으로 방사능 물질을 확산시키기 위한 방사능분사장치(RDD)를 제조하기 위하여 방사성 선원을 절취하려 할 수 있다. 국제원자력에너지기구(IAEA)는 70개국 이상에서 보고되고 확인된 암시장을 통한 방사성 선원 및 봉인되지 않은 방사능 물질의 거래에 관한 정보를 포함하고 있는 사고 및 밀매 데이터베이스(ITDB)를 보유하고 있다.

(2) 다른 부문과의 의존성

① 에너지

원자력 설비는 송전망에 전력을 공급함과 동시에 중단 없는 안전한 운영을 위

하여 중단 없는 전력의 공급을 받아야 한다. 원자력 발전소는 다수의 보조 발전체계를 갖추고 있으며 지역의 송전망 및 외부전원이 장기간 차단될 경우에 대비하여 안전한 운영중단을 위한 상세한 규칙을 가지고 있다. 송전망에의 의존성은 교류전원의 상실이 노심 냉각 및 격납용기의 안전성에 위협을 가하였던 후쿠시마 사고 이후에 더 높은 우선순위를 갖게 되었다. 석유 및 천연가스 부문 또한 석유 및 가스의 채굴에 활용되는 시추를 위하여 원자력 물질 및 부산물에 의존한다.

② 운송체계

원자력 및 방사능 물질은 국내 또는 국제적으로 선박, 철도, 트럭 및 항공기를 통하여 수송된다. 운송의 장해는 원자력 설비 또는 최종 이용자들에의 원자력 물질의 이동을 방해하며 이는 파급적으로 원자력 물질을 이용하는 부문 또는 설비의 운영에 지장을 야기한다. 이 부문은 또한 원자력 기반시설을 공중으로부터의 공격에서 보호하기 위하여 공항의 검색 및 보안조치에 의존한다. 자연 또는 인적재난으로 인한 운송의 장해는 장기간 원자력 설비에서의 장비, 식량 및 근무자들을 위한 의료지원에 접근할 수 없도록 할 수 있다. 운송체계부문은 도로 건설에 있어서 교통부(DOT)의 기준을 준수하기 위하여 핵밀도계를 이용한다.

③ 통신 부문

현장 및 주요한 민관의 협력자들 사이에서의 통신은 재난 시에 효과적인 대응 및 공공의 안전을 유지하기 위하여 필수적이다. 원자력 설비는 효율적인 운영과 적시 정보 공유를 위하여 단절 없는 인터넷 및 통신망을 필요로 한다.

④ 급수 부문

미국 원자력 발전소의 과반수는 일회냉각 방식을 채택하고 있으며, 이는 하천, 호수 또는 바다에서 대량(1,600 메가와트의 원자력 발전소의 경우 초당 90제곱미터)의 물을 취수하여 처리하고, 증기순환계를 냉각시키는 방식이다. 노심을 냉각시키는 냉각수는 폐쇄회로에 격리되어 사고가 발생하지 않는 한 외부로 유출되지 않는다. 냉각수의 부족 또는 온도 내지 화학성분의 변화는 원자력 발전소의 운영에 지장을 가져 오거나, 상황에 따라서는 이를 중단시킬 수 있다.

⑤ 보건

방사능 물질들은 대사과정 또는 인간의 조직을 분석, 형상화 또는 치료하는 다양한 의료도구에 사용된다. 미국에서는 매년 1700만 건의 진료가 방사능 물질을 이용하여 이루어지고 있으며, 국내에서 소비되는 동위원소의 90%를, 몰리브덴-99(Mo-99)는 전량 수입하고 있다. 방사능을 이용한 진료의 80%에서 85%는 몰리브덴-99를 이용하여 이루어지지만, 장기간 지속적인 공급이 가능한지는 불명확하다. 이에 대하여 원자력 부문은 노동력의 건강 및 대규모 감염성 질병으로부터의 보호를 위하여 보건 분야에 의존한다.

⑥ 정보기술

정보기술은 원자력 부문의 핵심적인 절차, 일상적인 운영 및 민감한 정보의 저장을 제어한다. 사이버 공격으로부터 핵심적인 제어절차체계를 보호하는 것은 부문 내에서 높은 우선순위를 갖는다. 원자력 부문 및 그 산업과 정부의 협력자들은 정보기술을 정보의 공유와 보안 및 위협에 관한 자료의 배포를 촉진하기 위하여 사용한다.

⑦ 재난구호

연방, 주 및 지역의 재난대응자들은 원자력 설비 또는 방사능 물질과 관련된 모든 재난에서 특정한 역할을 담당하도록 되어 있다. 재난대응활동을 필요로 하는 사고에는 방사능 물질 또는 원료의 멸실 또는 도난, 원자력 설비로부터 오염된 공기 또는 물의 유출, 화재, 보안 경계의 침범, 실험실 또는 실험 설비에서의 사고, 원자력 물질의 수송과 관련한 사고, 주민들의 대피 및 장기간의 제염을 필요로 하는 주요한 원자력 사고 또는 악의적인 행동들이 포함된다.

⑧ 화학

핵연료주기설비에서의 사고 중에 공공의 보건에 대한 가장 중대한 위험은 현장의 화학물질 유출로부터 비롯될 것이다. 화학물질은 또한 상업용 원자력 발전소에서 정기를 생산하는 데에 일상적으로 사용된다.

⑨ 주요 생산 부문

원자력 부문은 도관, 밸브 및 밸브 부속품, 전선, 차단재 등을 포함하는 광범위한 발전소용 부속에 대해 주요 생산 부문에 의존하고 있다. 원자로용기헤드 교환부속과 같은 크고 고도로 전문적인 부품의 일부는 외국의 공급에 주로 의존하고 있다.

(3) 주요 협력관계

민간영역 및 정부 이해관계자의 자발적인 협력은 원자력의 보안과 복원을 위한 협력활동을 증진시키기 위한 가장 기본적인 체계이다. 다른 주요기반시설 부문에서와 마찬가지로 원자력 부문 또한 민간영역, 각급 정부 및 부문의 협력자 그리고 부문의 보안과 복원력을 지원하는 학술 및 비정부 조직들과의 협력을 촉진하는 2013년 국가기반시설 보호계획(NIPP 2013)에 따라 활동하고 있다.

① 원자력 부문의 협력관계

2013년 국가기반시설 보호계획(NIPP 2013)의 협력 구조는 핵심기반시설협력자문위원회(CIPAC)의 조직체계를 바탕으로 활동하는 민간영역과 공공영역의 대표들의 협의회들을 포괄하고 있다. 핵심기반시설협력자문위원회는 숙고를 통하여 연방정부의 일치된 입장을 형성하기 위한 소유자 및 운영자들의 공동체와 연방정부를 비롯한 각급 정부의 대표들 사이의 상호작용을 촉진시킨다.

원자력 부문의 협력관계는 부문조정협의회(SCC) 및 정부조정위원회(GCC)의 위원들로 대표되는 미국의 수많은 소유자들과 운영자들의 공동체를 포함한다. 원자력 부문의 성공적인 운영은 협력 협의회를 통해 부문내외의 모든 이해관계자들의 모든 역량, 전문지식 및 경험을 증폭시킬 수 있는 능력에 달려있다. 이는 또한 협력협의회의 구성원이 아닌 이해관계자들과 정보, 지침, 방법 및 모범적인 실무를 공유할 수 있는 능력에도 의존하고 있다.

협력협의회는 정기적인 회합을 통하여 아이디어와 습득된 교훈을 공유하고 부문 단계에서의 계획수립과 자원배분을 촉진하며 효율적입 협력체계를 구축하고, 보안과 복원력을 위한 수단, 지침, 상품 및 사업활동을 수립한다. 원자력 부문의 협력 구조는 [그림 5-3]과 같다.

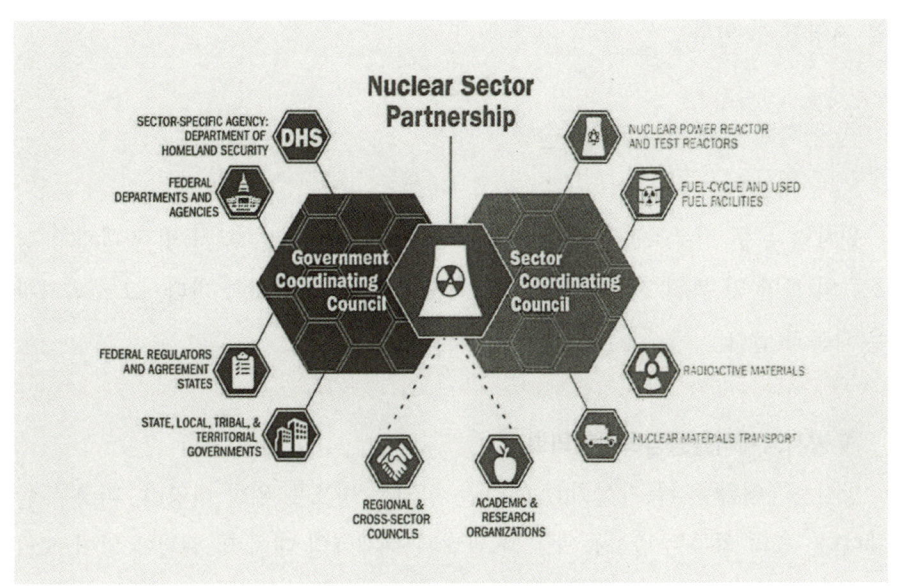

[그림 5-3] 원자력 부문의 협력 구조[78]

② 부문관리기관

부문 내에서의 협력은 부문관리기관(SSA)의 역할을 수행하는 국토안보부(DHS)가 지휘하며, 국토안보부는 부문 내의 보안과 복원활동을 위한 연방의 기본적인 창구로서 부문 내에서의 정보교환을 촉진하고 원자력 부문에서 2013년 국가기반시설 보호계획(NIPP 2013)의 시행을 지원한다.

국토안보부의 기반시설보호실(IP)이 국토안보부의 부문관리기관으로서의 역

[78] DHS(2015F), p. 13.

할을 담당한다. 기반시설보호실 담당 차관보가 원자력부문 정부조정위원회(GCC)의 위원장이 되며 부문지원사업국(SOPD)의 국장을 기반시설보호실의 대표로 지명한다. 부문지원사업국장은 필요에 따라 자신을 보좌하기 위한 대리인을 지명할 수 있다.

③ 원자력 부문 정부조정위원회

원자력 부문 정부조정위원회(Nuclear GCC)는 정부기관, 부처 및 관할관청 상호간의 보안 및 복원 전략, 활동 및 정책을 수립할 수 있도록 한다. 그 소속기관은 다음과 같다.

㉮ 방사능제어활동감독자협의회

방사능제어활동감독자협회(CRCPD)는 방사능 방호를 위한 비영리, 비정부 단체이다. 그의 임무는 방사능 보호와 관련된 문제에의 대처 및 해결에 있어서 일관성을 증진하고, 방사능 방호활동의 수준을 높이며, 방사능으로부터의 안전과 그에 대한 교육을 지도하는 것이다.

㉯ 관세 및 국경보호청

국경을 보호하는 일차적인 기관으로서, 관세 및 국경보호청(CBP)은 테러리스트와, 대량살상무기를 포함하는 테러리스트의 무기가 미국 내로 반입되는 것을 방지하기 위해 자신의 모든 권한을 행사한다. 관세 및 국경보호청은 미국 경제에 필수적인 적법한 무역을 촉진하는 동시에 이러한 임무를 수행한다. 원자력 및 방사능 물질은 그들이 많은 시민들과 미국 경제에 피해를 입힐 가능성 때문에 특히 주의의 대상이 된다.

㉢ 국내핵탐지실

국내핵탐지실(DNDO)은 미국을 테러리스트의 원자력 또는 방사능을 이용한 공격으로부터 보호하기 위한 국내 및 국제 방어전략을 수립하고 시행하는 데에 핵심적인 역할을 수행한다. 국내핵탐지실은 미국 정부 내에서 국제적인 원자력 방어 조직구조를 수립하는 일차적인 책임을 가지고 있다. 이는 불법적인 의도로 원자력 장비, 원자력 분열물질 또는 방사능 물질을 수입하거나 운반하려는 시도를 탐지하고 보고하는 국내 탐지체계의 활동을 지원한다.

㉣ 연방수사국

연방수사국(FBI)은 원자력과 방사능 물질과 관련된 범죄 및 테러리스트의 활동을 방지하기 위한 법령의 시행에 더하여 국토안보, 대통령정책, 국토안보에 관한 대통령 정책지침에서 규정하고 있는 전반적인 대테러대응조직을 관할한다. 연방수사국은 또한 방사능 물질과 관련된 사고에 대한 대응역량을 실험하는 합동연습을 지원한다.

㉤ 연방재난관리청

연방재난관리청(FEMA)은 현장 외에서의 모든 원자력에 대한 계획수립 및 대응에 대한 주도적인 책임을 갖는다.

㉥ 원자력규제위원회

원자력규제위원회(NRC)는 상업용 원자력 발전소, 연구 및 실험용의 비동력 원자로, 의료·공업 및 연구용으로 사용되는 원자력 물질, 핵연료주기설비, 그리고 원자력 물질 및 원자력 연료와 폐기물의 운반·저장 및 처분을 포함하는 민간의 원자력 산업을 규제한다. 원자력규제위원회는 정책을 수립하고, 규칙을 제정하며 면허보유자에게 명령을 발하고 법적 문제를 조정하는 5명의 위원으로 구성되는 독립기관이다.

㉔ 주협정조직국

주협정조직국(Organization of Agreement States: OAS)의 회원들은 자신들의 관련 주의 협정사업을 실시할 책임이 있는 37개 주의 방사능 제어감독관과 직원들로 구성된다. 주협정조직국의 목적은 협정의 당사자인 주정부들로 하여금 원자력 규제위원회와 협정당사자신 주정부들 사이에서 협정과 관련된 규제문제에 있어서 협력을 할 수 있는 체계를 제공하는 것이다.

㉕ 각급지방자치단체 조정협의회

각급지방자치단체 조정협의회(SLTTGCC)는 모든 단계의 정부에서 핵심 기반시설의 보호와 관련된 다양한 분야의 전문가들을 모아 부문 내의 협력관계를 강화한다. 각급지방자치단체 조정협의회는 국가 핵심 기반시설의 보호와 복원활동에 있어서 각급 지방자치단체의 공무원들이 통일적인 역할을 수행할 수 있도록 지역적으로 분산된 협력관계를 지원한다.

㉖ 교통안전국

교통안전국(TSA)은 국가의 교통안전체계를 강화할 책임을 진다. 교통안전국은 위험기반전략을 바탕으로 운송, 사법 및 정보 공동체들과 긴밀히 협력하여 교통안전에 있어서 우수한 기준을 수립한다.

㉗ 해안경비대

해안경비대(USCG)는 전 세계에서 미국의 해상의 이익과 환경을 보호한다. 해안경비대는 강, 항구, 연안지역 및 공해상에서 지속적으로 활동하며 폭넓은 법적 권한·가용 자산·지리적 다양성·광범위한 협력관계를 가지고 있는 해상의 전문가들로 이루어진 적응력 있는 군사집단이다. 이는 해상의 안전, 보안 및 환경에 대한 책임을 지고 있다.

㉮ 국방부/국방위협감소국

국방부(DOD)/국방위협감소국(DTRA)은 대량살상무기에 대처하고 화학·생물학·방사능·원자력 및 고폭탄과 관련한 모든 문제에 대처하는 국방부의 지원기관이다.

㉯ 국방부/국토방위 및 미국보안국

국방부(DOD)/국토방위 및 미국보안국(HD & ASA)는 국방부의 국토방위활동, 시민단체의 국방지원활동 및 국방부의 서반구에 대한 안보활동을 감독할 책임이 있다.

㉰ 국방부/북부사령부

국방부(DOD)/북부사령부(USNORTHCOM)는 미국과 그의 이익을 보호하기 위한 국방, 민간 지원 및 안보활동에 협력한다. 북부사령부의 민간 지원활동에는 화재, 태풍, 홍수 및 지진의 발생 시에 이루어지는 국내 재난구호활동이 포함된다. 지원활동에는 또한 대마약활동 및 대량살상무기를 사용한 테러리스트의 활동에 대한 사후 관리가 포함된다.

㉱ 에너지부

에너지부(DOE)는 연구, 개발 및 원자력 발전, 부수생산물의 활용, 방사선원 및 에너지, 의료, 생물학 및 그밖의 연구에 사용되는 특수한 원자력 물질의 이용을 지원하는 기타의 활동을 촉진한다.

ⓐ 에너지부/핵안보청

에너지부/핵안보청(NNSA)의 국제위협감소사업(GTRI)은 대량살상무기로 사용되거나 또는 다른 테러활동에 사용될 수 있는 원자력 및 방사능 물질을 테러리스트가 확보하는 위험을 감소시키려는 에너지부의 원자력 안전 목표(Nuclear Security Goal)를 지원한다.

ⓑ 보건복지부

보건복지부(HHS)는 모든 미국 국민의 건강을 보호하고 주요한 의료활동을 제공하는 미국정부의 주된 기관이다.

ⓒ 국토안보부

국토안보부(DHS)는 원자력부문관리기관(SSA)이자 원자력부문정부조정위원회(GCC)의 위원장으로서 연방정부의 민간영역에 대한 협력을 지휘한다.

ⓓ 국무부

국무부의 세계안보 및 비핵확산국(ISN) 산하의 2개 부서가 핵심 기반시설의 보호를 위한 국제적 협력을 지원한다.

- 원자력 에너지, 안전 및 보안실(Office of Nuclear Energy, Safety and Security)은 평화적인 원자력 협력, 원자력 에너지, 원자력 수출의 통제 그리고 원자력 물질 및 설비의 방어에 대한 미국의 정책 개발을 지휘하고 장

래 미국의 핵비확산 및 에너지 목표의 달성을 촉진한다.
- 대량살상테러실(Office of Weapons of Mass Destruction Terrorism)은 테러리스트들과 그들의 후원자들을 방해·탐지·공격 및 대응하는 국제 협력자들의 정책 및 활동역량을 강화함으로써 대량살상무기를 사용하는 테러리스트의 위협에 대한 국제사회의 안보를 강화한다. 여기에는 원자력 물질의 밀수에 대항하는 미국의 활동과 관련된 외교적 지원 및 협력의 지휘와 외국 협력자들과의 원자력 관련 범죄 합동수사의 촉진이 포함되며 이는 미국의 전문가들이 보다 광범위한 대테러활동 및 비핵확산 활동을 증진시키도록 한다.

ⓔ 교통부

교통부(DOT) 장관은 모든 형태의 위험물질의 안전한 운송과 위험한 액체 및 천연가스의 도관을 통한 이송이 안전하게 이루어질 수 있도록 하는 규제 및 집행 권한을 가지고 있다. 교통부장관은 또한 국가 방위 국토 안보를 위해 특정한 지역에서의 운송에 대한 사법권을 가지고 있다.

ⓕ 환경보호청

환경보호청(EPA)은 「대기오염정화법」에 의하여 원자력 설비로부터 방사성 물질이 대기 중으로 유출되는 양을 제한할 수 있는 권한을 가지고 있다. 환경보호청은 모든 연방의 설비와 산업설비로부터 방사능 물질의 유출을 제한한다. 환경보호청은 또한 사용후 핵연료와 고준위 방사성 폐기물의 처분으로부터 유출되는 방사능의 양을 제한한다.

④ 원자력부문조정협의회

원자력부문조정협의회(SCC)는 전략, 정책, 정보공유 및 위험관리활동에 있어서 서로 협력하는 민간의 소유자와 운영자 및 산업관련자들의 자치적으로 조직되고 운영되는 조직이다. 구성원들에는 다음이 포함된다.

- Dominion Generation
- Exelon Generation Company, LLC
- Harvard University/Boston Children's Hospital
- Mallinckrodt Pharmaceuticals
- Nuclear Energy Institute(NEI, 원자력 에너지 재단)
- Oregon State University
- Reed College
- Rutgers University
- Security Engineering Associates
- University of Missouri

이 중 원자력에너지재단(NEI)은 미국의 원자력 산업의 동업조합을 지도한다. 미국의 모든 원자력 발전소의 운영자들과 물질에 대한 면허의 보유자들은 원자력에너지재단의 구성원이 된다. 원자력에너지재단은 원자력 산업의 다양한 구성원들의 질의 또는 관심사를 원자력규제위원회(NRC)에 전달하는 정책적·정치적 창구로 기능한다. 원자력에너지재단에서 조직하는 실무단 및 전담반은 정보를 교환하고 보안에서 화재예방에 이르는 범위의 행동지침을 수립한다. 원자력에너지재단과 산업체들은 사이버 상의 그리고 물리적 보안에 관한 산업체의 활동에 대한 지침을 제공하고 이를 감독하기 위한 보안실무단(SWG)을 설립하였다. 보안실무단은 산업체의 보안관리자와 보안감독자로 구성되어 보안활동에 협력하고 최적화하기 위하여 빈번하게 회합을 한다. 보안실무단은 산업체들에게 그들의 위험상황을 개선할 수 있는 전략적 수단을 제공한다.

원자력부문조정협의회의 구성원이 변경되는 경우에는 다음의 지침에 따라야 한다.

- 최소한 1개 이상의 상업용 발전기를 소유 또는 운영하는 회사들로부터 6명
- 연료생산 또는 연료가공설비의 소유자 중 1인
- 원자로 또는 그 부품의 생산자 중 1인
- 국립원자로시험연구훈련소(TRTR)로부터 입회인 1인
- 원자력 폐기물관리 또는 운송회사로부터 1인
- 원자력에너지재단(NEI)로부터 1인. 원자력에너지재단은 원자력 부문의 대부분을 대표하기 때문에 구성원으로 참여한다. 미국 내의 모든 상업용 원자력 발전소 및 연료 처리설비의 운영자들은 원자력에너지재단에 참여한다. 원자력에너지재단을 통하여, 원자력 산업은 전체 산업에서 특정한 조치를 주도할 수 있게 된다.
- 원자력부문조정협의회 소속 방사성 동위원소 소위원회(NSCC-R)의 대표

⑤ 원자력 부문의 실무단과 소위원회

㉮ 원자력 부문조정협의회 방사성 동위원소 소위원회

소위원회인 원자력부문조정협의회 방사성 동위원소 소위원회(NSCC-R)는 방사성 동위원소산업의 광범위한 이해관계를 대표하는 사람들로 구성된다. 즉 미

국 내에서 방사성 동위원소를 제조·가공 또는 처리하는 설비의 운영에 대한 면허를 보유한 회사, 미국 내에서 방사성 동위원소 제품을 판매하는 면허를 보유한 회사 및 그밖에 원자력 산업과 관련된 회사의 대표들로 구성된다. 이 소위원회의 임무는 국가기반시설 보호계획의 지원을 받아 방사성 동위원소 산업에서의 물리적 보안과 재난대비 태세를 강화하기 위한 전략을 수립하고 제안하는 것이다. 이 위원회는 그러한 목적을 달성하기 위하여 원자력부문정부조정위원회(NGCC)의 방사성 동위원소 소위원회와 긴밀하게 협력한다.

㉮ 원자력부문정부조정위원회 원자로시험연구소위원회

소위원회인 원자력부문정부조정위원회 원자로시험연구소위원회(NGCC-RTR)는 미국 정부 간 및 미국 정부와 원자로시험연구소들 사이의 보안전략, 정책, 활동 및 의사교환을 조정한다. 이 소위원회는 또한 원자로시험연구 소부문에서의 보안과 재난대비에 관련하여 재난대응 및 공중보건과 안전을 담당하는 조직들과 협력한다. 여기에는 국토안보부, 국가핵안보청, 연방수사국 및 원자력규제위원회가 포함된다.

㉯ 원자력부문조정협의회 원자로시험연구소위원회

원자력부문조정협의회 원자로시험연구소위원회(NSCC-RTR)는 원자력부문정부조정위원회 원자로시험연구소위원회(NGCC-RTR)에 대응하여, 특히 대학교의 원자로시험연구 및 훈련에 대한 보안문제를 다룬다. 이 소위원회의 주요한 구성원은 정부, 주요 대학교, 국립연구소, 민간산업체가 운영하는 미국의 원자로시험 연구설비들을 대표하는 국립원자로시험연구소(TRTR)이다. 원자력부문정부조정위원회 원자로시험연구소위원회(NGCC-RTR)와 함께 이 소위원회는 원자로시험연구설비를 규제상의 기준보다 강화하는 방안의 모색에 협력하고 있다.

㉤ 합동사이버소위원회

이 소위원회는 원자력부문정부조정위원회(NGCC)와 원자력부문조정협의회(NSCC)의 합동위원회로서 원자력부문에서의 사이버 보안에 대한 일차적인 책임이 있는 이해관계자들로 구성된다. 국토안보부, 연방수사국, 원자력규제위원회 및 민간의 대표 등으로 구성된 위원들은 원자력부문에 영향을 미칠 가능성이 있는 사이버 상의 위험을 파악하고 핵심기반시설자문위원회(CIPAC)의 체계 내에서 관련된 정보를 공유하는 장으로 기능한다. 구성원들은 또한 부문간사이버보안실무단(CSCSWG) 및 공장제어체계합동실무단(ICSJWG)과 같은 부문간협의체에의 원자력부문의 참여를 위해 협력한다.

⑥ 그밖의 부문 내 기관, 조직 및 사업협력자

㉮ 원자력발전운영자협회

원자력발전운영자협회(INPO)에는 미국의 모든 원자력 발전소 운영자들이 소속된다. 이는 무엇보다 각 원자력 발전소에 대한 현장에서의 평가, 교육 및 인가, 사고분석 및 장보교환 그리고 지원에 관한 주춧돌이 되는 사업을 통하여 원자력 발전소의 안전과 신뢰성을 강화하기 위한 감독을 한다.

㉯ 국제원자력운영자협회 Atlanta본부

국제원자력운영자협회(WANO)는 원자력발전운영자협회(INPO)와 동일한 곳에 위치하고 있다. 국제원자력공동체에 의해 설립된 국제원자력운영자협회는 세계적으로 원자력 발전의 운영수준을 향상시키기 위해 노력한다. Atlanta본부는 전 세계적으로 존재하는 5개의 본부 중의 하나이다. 원자력발전운영자협회는 Atlanta본부의 활동을 지원하고 촉진하며 국제원자력운영자협회에서 미국을 대표한다.

㉣ 세계핵안보기구

2008년 수립된 세계핵안보기구(WINS)는 국제원자력운영자협회(WANO)를 모범으로 조직되었으며, 핵안보의 전문가들이 최상의 안보방법론을 논의하고 그에 대한 정보를 교환하는 국제적인 장으로 기능한다.

㉤ 원자력안전점검위원회

각 원자력 발전소는 원자력 발전소에 대한 독립적인 감독을 수행하는 안전점검위원회를 설치하고 있다. 이 위원회들은 고위의 관리자들에게 보고하며, 독립적으로 설비들이 운영면허 및 관련 원자력 안전규정에 맞추어 운영되고 유지되고 있다는 사실을 추가적으로 확인하기 위한 독립적인 점검활동을 수행한다. 이들은 또한 원자력 안전과 운영에 대한 폭 넓고 독립적인 제안을 한다.

㉥ 그밖의 기구들

원자력 부문의 정부조정위원회(GCC)와 조정협의회(SCC)는 자주 다른 기관 및 표준위원회들에 참여하거나 그들과 협력한다. 이러한 기구들은 다음과 같다.

- 미국 콘크리트협회(ACI)
- 미국 원자력학회(ANS)
- 미국 표준협회(ANSI)
- 미국 토목기술자학회(ASCE)
- 미국 기계기술자협회(ASME)
- 미국 비파괴검사학회(ASNT)

- 방사성 핵종 및 방사성 의약품 위원회
- 전력연구소(EPRI)
- 보건물리학회(HPS)
- 전기·전자기술자협회(IEEE)
- 핵물질관리연구소(INMM)
- 핵의학회

4 정보기술 부문 안전관리계획(2016년)

(1) 정보기술 부문의 주요 위험요소

정보기술(IT) 부문에서는 6가지의 주요 기능이 직면하고 있는 주요한 위험을 5가지로 파악하고 있다. 이러한 위험들은 정보기술 부문에서 정기적으로 실시하는 일련의 위험평가에서 판단되고 갱신된다. 정보기술 부문은 이러한 영역에서의 위험관리활동에 중점을 두고 있다.

① 정보기술제품 및 용역의 생산과 제공에서의 위험

공급망의 취약성을 이용한 악의적인 공격으로 인한 치명적인 제품 또는 용역의 공급 또는 제공

② 도메인 주소 변환에서의 위험

인위적인 공격에 의하여 호환성이 있는 하나의 인터넷망이 차단되면 전체적인 연결체계에 혼란이 발생할 수 있으며, 도메인 주소체계에 대한 대규모 DDos 공격의 가능성 또한 존재한다.

③ 인터넷을 기반으로 하는 정보 및 통신에서의 위험

의도치 않은 인위적인 실수는 전자상거래 역량을 중대하게 훼손할 수 있다.

④ 인터넷에의 접속 및 연결에서의 위험

인터넷 연결체계에 대한 인위적인 공격으로 인한 인터넷 연결역량의 부분적이거나 전체적인 상실의 가능성이 있다.

⑤ 인터넷 관리역량에서의 위험

자연재해로 인한 가용 데이터의 멸실로 검색능력이 영향을 받을 수 있다.

(2) 정보기술 부문의 협력관계

2013년 국가기반시설 보호계획(NIPP 2013)은 자신들의 관할 기반시설을 보호하기 위한 활동에 있어서 민·관협력을 증진시키기 위한 부문내 협력모형을 제시하고 있다. 이러한 협력은 당해 산업 및 민간영역의 협력자들로 구성되는 부문조정협의회(SCC)와 각급 정부들로 구성되는 정부조정위원회(GCC)를 통하여 이루어진다.

정보기술 부문의 부문조정협의회와 정부조정위원회는 각각의 관점을 교환하고 핵심 기반시설의 보호를 위한 전략, 정책 및 보안활동에서의 협력을 증진시키는 기본적인 주체이다.

① 부문관리기관

정보기술 부문의 부문관리기관(SSA)은 국토안보부(DHS)이다. 국토안보부의 국가방위사업국(NPPD) 산하 사이버 보안 및 통신실(CS&C)이 정보기술 부문의 부문관리기관으로서 정보기술 부문을 지휘한다.

② 정보기술 부문 정부조정위원회

연방 및 각급 정부들의 대표들로 구성된 정보기술 부문 정부조정위원회(GCC)는 정보기술 부문의 민관협력모형에서 공공측면의 구성요소이다. 정부조정위원회의 목적은 정보기술 부문 내의 효율적인 협력을 이룩하고, 정부 간 및 정부와 민간 영역 사이에 복원 전략 및 활동, 정책 및 의사교환을 제공하며, 국가의 정보기술 기반시설과 국토안보 임무의 수행을 지원하는 것이다.

정보기술 부문 정부조정위원회는 시민, 기업체 및 근로자들의 필요를 충족시키는 정보기술 역무의 제공자로서의 연방 및 각급 지방정부들로 구성된다. 정보기술 부문 정부조정위원회는 최소한 6개월에 1번씩 정기적으로 회합하여 관련 보안 및 복원 사업, 활동 및 협력자들 사이의 문제를 논의한다. 현재 정보기

79) 그밖에 내무부(DOI), 법무부(DOJ), 국무부(DOS), 연방수사국(FBI), 총무청(GSA), 주정부정보책임자협회(NASCIO), 국립표준기술원(NIST), 각급 지방정부조정위원회(SLTTGCC) 등이 있다.

80) 미국의 주요한 정보기술 회사들을 망라하고 있으며, 2016년 기준 그 명단은 다음과 같다. Adobe Systems Incorporated · Advanced Micro Devices(AMD) · Afilias USA, Inc. · Araxid · Aveshka · Bell Canada · Biofarma · Bivio Networks · Blackberry · BSA–The Software Alliance · Center for Internet Security · Certichron Inc. · Cisco Systems Inc. · Coal Fire Systems · CA Technologies · Computer Sciences corporation · Core Security Technologies · Cyber Pack Ventures Inc. · Dell · Deloitte & Touche LLP · Dunrath Capital · Dynetics, Inc. · e-Management · Ebay · Echelon One · EMC Corporation · Entrust, Inc. · Equifax, Inc. · EWA Information & Infrastructure

술부문 정부조정위원회는 상무부(DOC), 국방부(DOD), 에너지부(DOE), 재무부(TREAS)와 그밖에 국토안보부(DHS)의 다양한 부서들과 기관들로 구성되어 있다.[79]

③ 정보기술 부문 조정협의회

정보기술 부문 조정협의회(SCC)는 핵심 기반시설의 소유자와 운영자 및 그들의 대표들로 자치적으로 조직되고 구성되며 운영되는 조직으로서 민간 영역의 구성원들에게 기반시설 보호에 대한 문제를 서로 논의하거나 정부조정위원회를 통해 정부에 전달하기 위한 장을 제공한다. 정보기술 부문 조정협의회는 모든 규모의 정보기술체계의 소유자와 운영자에게 부문 내의 보안과 복원력에 대해 광범위한 부문 내의 전략, 정책, 활동 및 문제에 있어서의 협력을 달성할 수 있도록 한다. 정보기술 부문의 소유자와 운영자들은 정보기술 부문 조정협의회가 주도적으로 활동할 수 있도록 하는 주요한 역할을 수행한다.

정보기술 부문 조정협의회에는 무수히 많은 기업과 단체들[80]이 참여하고 있으며, 이들은 각 다음을 대표하는 민간 영역의 대표들로 구성된다.

- 정보기술에 있어서 주요한 역할을 수행하는 통신회사
- 도메인 주소 제공 및 일반 최상위 도메인 주소 운영자
- 첨단 및 핵심 서비스 제공자
- 인터넷 백본(기간망) 제공자
- 인터넷 포털 및 전자우편 제공자
- 인터넷 서비스 제공자
- 정보기술 보안 협회

- 정보기술 통합사업자
- 통신망용 하드웨어 회사
- 통신망보안정보교환협의회(NSIE)
- 소프트웨어 회사
- 보안업무제공자

④ 정보기술 부문 협력조직구조

민간과 공공영역의 협력자들 사이의 협력은 정보기술 부문의 기능에 대한 보안과 복원력을 확보하기 위하여 필수적이다. 정보기술 부문의 우선적 과제 중의 하나는 정보공유의 강화, 상황파악역량의 증가, 재난대응역량 및 전반적인 재난관리역량의 향상 및 전략적 정책문제에 대한 협력을 위한 국내외의 핵심 기반시설에서의 협력관계를 강화하는 것이다.

이러한 협력조직구조에서 각 기관의 역할은 〈표 5-2〉와 같다.

〈표 5-2〉 협력관계에서의 역할

조직	활동
부문관리기관	• 정기적인 국가기반시설 보호계획(NIPP) 실무단의 회의에 참가한다. • 매월 기반시설보호실(IP)에서 주관하는 부문관리기관(SSA)의 조정회의에 참석한다. • 분기별로 기반시설보호실(IP)의 위협정보공유체계실무단의 회의에 참석한다. • 분기별로 연방고위공무원협의회(FSLC)의 회의에 참석한다.
정부조정위원회	• 분기별로 정부조정위원회(GCC)의 회의를 개최한다. • 2개월 마다 조정협의회(SCC)와의 합동회의를 개최한다. • 매년 1회 정보기술 부문 조정협의회의 협력회의에 참석한다.

Technologies, Inc. · Exelis, Inc. · Fire Eye · Green Hills Software · Google · Hatha Systems · HP · IBM Corporation · Intel Corporation · Information Technology – Certification and Security Experts (ISC2) · Information Technology Industry Council(ITI) · Information Technology – Information Sharing & Analysis Center(IT-ISAC) · Internet Security Alliance · iWire365, Inc. · ITT Exelis · Juniper Networks · KPMG LLP · Kwictech · L-3 Communications · Landcope, Inc. · Litmus Logic · LGS Innovations · Lockheed Martin · Lumeta Corporation · Microsoft Corporation · Motorola · NetStar-1 · Neustar · Northrop Grumann · NTT America · One Enterprise Consulting Group, LLC · Pragmatics · Rackspace Hosting · Raytheon · Reclamere · Renesys Corporation · SAIC · SafeNet Government Solutions · Seagate Technology · SecureState · Sentar, Inc. · Serco · The SI Organization · Siemens Healthcare ·

Sony · Symantec Corporation · System 1 · TASC Incorporated · Telecom Industry Association(TIA) · Team Cymru · Telecontinuity, Inc. · Terremark World Wide · TestPros, Inc. · Triumfant · Tyco · U.S. Internet Provider Association · Unisys Corporation · Vanguard · VeriSign · Verizon · VOSTROM · Xerox

조정협의회	• 2개월 마다 국토안보부의 사이버 보안 및 통신실(CS&C)의 주관으로 개최되는 정보기술 부문의 조정협의회 운영이사회(Executive Committee: EC)에 참석한다. • 2개월 마다 정보기술 부문 정부조정위원회(IT GCC)와의 정보기술 부문 조정협의회 운영이사회의 회의에 참석한다. • 매년 1회 정보기술 부문 조정협의회 회의를 개최한다.
부문 간	• 매년 1회 정부조정위원회(GCC) 및 조정협의회(SCC)와 함께 정보기술 및 통신 부문 4자 회의를 개최한다. • 통신 부문과 함께 정기적으로 정부조정위원회회의를 개최한다. • 분기 및 반기별로 부문간위원회와의 합동정부조정위원회(GCC)회의를 개최한다. • 부문간위원회의 분기 및 반기별 회의에 참석한다. • 부문 간 핵심기반시설임시회의(예: 악천후 대비계획의 수립, 노후화된 기반시설 문제 등)에 참석한다.

⑤ 각급 지방자치단체

각급 지방정부들은 그들의 주민, 기업체 및 근로자들의 필요를 충족시키기 위한 정보기술역무를 제공한다. 주정부는 정보기술부문 정부조정위원회에 참여하는 주정부정보책임자협회(NASCIO)를 통해 정보기술부문의 활동에 관여한다. 그밖의 각급 자치정부들은 각급지방정부조정협의회(SLTTGCC)를 통해 정보기술부문의 활동과 정보기술부문 정부조정위원회에 관여한다.

〈표 5-3〉 각급 지방정부의 정보기술 부문 협력조직

명칭	개요
주정부정보책임자협회 (NASCIO)	각 주의 정보기술 고위 관리자 및 정보기술 부문의 핵심 협력자들로 구성된다.
주간정보공유및분석실 (MS-ISAC)	모든 주정부 및 지방정부 등이 참여하는 공동기구로서, 모든 참여자들에게 사이버 보안준비 및 대응의 수준을 높이기 위한 공통적인 체계를 제공한다.

5 미국의 안전관리체계 주요 시사점

국가기반시설 보호계획(NIPP)을 바탕으로 미국의 안전관리체계를 요약 정리하면 다음과 같다.

미국의 경우에는 연방주의와 분권주의를 바탕으로 하여 많은 권한이 연방과 지방 및 각종 국가기관 사이에 분산되어 있으며, 나아가 민간에서도 주도적 역할을 취하는 경우가 많다. 이렇듯 국가의 기능이 분산되어 있는 관계로 행정에 있어서 혼란이 발생하기도 하지만 동시에 각 주체들 사이의 의사교환과 소통을 원활하게 하게 위한 각종 협의제도가 발달하고 있다. 특히 국토안보부의 설치를 계기로 국가의 안전과 관련된 분야에 대한 통합적 관리를 위한 노력이 이루어지고 있으며, 이는 국가기반시설 보호계획을 통해 구체화되고 있다.

미국의 국가기반시설 보호계획은 미국의 안전과 관계된 16개의 부문을 선정하여, 각 부문에 대한 부문관리기관(SSA)을 두고 안전관리업무의 총괄적인 조정을 담당하도록 하고 있다. 즉 각 기반시설에 대한 안전관리의 일차적인 책임은 그 시설의 소유자 또는 운영자에게 있으며, 이들의 안전관리활동에 대한 총괄적인 계획을 작성하고 전반적인 안전관리활동을 지도하는 역할을 부문관리기관으로 하여금 수행하게 하고 있는 것이다. 나아가, 각 부문별로 기반시설의 소유자·운영자들의 입장을 대변할 수 있는 부문조정협의회(SCC), 관련된 정부부처들의 의견조정을 위한 정부조정위원회(GCC)를 두고 있으며, 이들의 입장을 총괄적으로 조율하는 핵심기반시설자문위원회(CIPAC)가 설치되어 있다. 또한 각 기반시설들은 고립적으로 기능하는 것이 아니라 상호간 긴밀한 연계를 가지고 운영되어 상호의존성을 가지고 있으므로, 이들 사이의 협력관계를 유지하기 위한 부문간협의회(Critical Infrastructure Cross-Sector Council)가 설치되어 있으며, 이들은 모두 정기적으로 회의를 개최하여 상호간의 의견을 조정하여 통일적인 안전관리가 이루어지도록 하고 있다.

또한 미국의 재난관리체계에 의하면, 미국의 재난 및 안전관리의 기조는 '현장중심'이라고 할 것이며, 따라서 재난 또는 사고가 발생하는 경우 가장 직근의 관할관청이 그에 대한 지휘권을 행사한다. 예를 들어 어떠한 기반시설에 화재가 발생하는 경우, 현장에 경찰관이 가장 먼저 도착하고 그 뒤에 소방관이 도착하였다면 그 경찰관이 현장지휘관(Incident Command: IC)으로서 현장에 대한 지휘권을 행사하고 그 이후에 도착한 소방관에게 지휘권이 이전된다. 만일 화재의 규모가 발달하여 인근의 소방과 경찰 조직을 비롯한 관련 조직들이 모두 동원되는 경우에는 소방조직을 중심으로 통합지휘부(Unified Command: UC)를 구성하여 상호협의를 통하여 재난에 대처하게 되는 것이고, 상급 정부기관들은 이러한 현장지휘조직의 요청에 따른 자원의 배분 등의 지원 및 조정 역할을 수행하게 된다. 기반시설의 소유자·운영자는 기반시설의 상태 등에 대한 전문적 조언을 위하여 이러한 현장의 지휘부의 일원으로 참여하게 된다.

한국 사회기반시설의 안전관리체계 6

우리나라 또한 미국과 유사하게 재난관리를 "재난의 예방·대비·대응·복구를 위하여 하는 모든 활동"을 의미하는 것으로 정의되고 있으며, 안전관리에 대해서는 좀 더 구체적으로 "재난이나 그밖의 각종 사고로부터 사람의 생명·신체 및 재산의 안전을 확보하기 위하여 하는 모든 활동"이라고 정의하고 있다(재난 및 안전관리 기본법[이하 '재난안전법'] 제3조 제3항 및 제4항). 이를 바탕으로 국가안전관리기본계획을 수립하도록 하고 있으며, 관계 중앙정기관의 장은 국가안전관리기본계획을 바탕으로 소관 업무에 관한 집행계획을 작성하게 되어 있다(재난안전법 제22조 및 제23조). 이하에서는 이를 바탕으로 주요 부문에 대한 안전관리의 원칙, 조직체계, 민관협업 등에 대한 사항을 분석한다.

1 안전관리 법률의 현황

「재난 및 안전관리에 대한 기본법」이 우리나라 안전관리체계의 기본이 되는 법률이라 할 수 있을 것이며, 그밖의 안전관리에 대한 법률들을 소관부처에 따라 예시하면 다음과 같다.

행정안전부(구 국민안전처) 소관 안전관리에 관한 법률에는 「다중이용업소의 안전관리에 관한 특별법」, 「위험물안전관리법」, 「승강기시설 안전관리법」, 「저수지·댐의 안전관리 및 재해예방에 관한 법률」, 「화재예방법」, 「소방시설 설치·유지 및 안전관리에 관한 법률」, 「어린이놀이시설 안전관리법」, 「보행안전 및 편의증진에 관한 법률」 등이 있다.

경찰청 소관 공공의 안전을 확보하기 위한 법률로는 「총포·도검·화약류 등의 안전관리에 관한 법률」, 「사격 및 사격장 안전관리에 관한 법률」 등이 있다.

산업통상자원부 소관 안전관리법률로는 「제품안전기본법」, 「송유관 안전관리법」, 「전기용품안전관리법」, 「어린이 제품 안전 특별법」, 「품질경영 및 공산품 안전관리법」, 「고압가스 안전관리법」, 「액화석유가스의 안전관리 및 사업법」, 「도시가스사업법」 등이 있다.

식품안전처 소관의 안전관리법률로는 「식품안전기본법」, 「어린이식생활안전관리특별법」, 「수입식품안전관리특별법」 등이 있다. 이 밖에도 국토교통부 소관의 「시설물의 안전관리에 관한 특별법」, 교육부 소관의 「학교안전사고 예방 및 보상에 관한 법률」, 환경부 소관의 「석면안전관리법」, 보건복지부 소관의 「생명윤리 및 안전에 관한 법률」, 고용노동부 소관의 「산업안전보건법」, 미래창조과학부 소관의 「연구실 안전환경 조성에 관한 법률」 등이 있다.

한편, 교통수단의 안전을 확보하기 위한 법률로는 「항공안전 및 보안에 관한 법률」, 「군용항공기비행안전성 인증에 관한 법률」 등을 들 수 있다. 선박안전 관련 법률로는 「선박안전법」, 「선원법」, 「선박직원법」, 「해운법」, 「해사안전법」 등이 있다.

원자력의 안전과 관련하여 규율하고 있는 법률로는 「원자력안전법」, 「생활주변방사선 안전관리법」, 「원자력안전위원회의 설치 및 운영에 관한 법률」을 들 수 있다.

이렇듯 분야별 또는 소관부서별로 안전관리에 관한 법률들이 산재되어 있고, 이들 사이의 상호연계성이 부족하여 체계적이고 통일적인 안전관리가 이루어지지 못하고 있다는 문제점이 지적[81]되고 있으며, 「재난 및 안전관리 기본법」은 사실상 재난관리에 치중하고 있으므로 재난관리 기본법과 안전관리 기본법으로 분리하여 체계적인 안전관리가 이루어지도록 하여야 한다는 견해가 제기된다.

2 재난 및 안전관리 기본법상의 안전관리 조직체계

우선 재난 및 안전관리에 대한 총칙적 사항을 다루고 있는 「재난안전법」의 주요 내용은 다음과 같다.

(1) 안전관리위원회

① 중앙안전관리위원회

국무총리를 위원장으로, 중앙행정기관의 장 등[82]을 위원으로 하는 중앙안전

---

81) 김용섭(2016), 70면.

82) 「재난안전법 시행령」 제6조 제1항에서는 중앙위원회의 위원을 다음과 같이 지정하고 있다.
① 기획재정부 장관, 교육부 장관, 과학기술정보통신부 장관, 외교부 장관, 통일부 장관, 법무부 장관, 국방부 장관, 행정안전부 장관, 문화체육관광부 장관, 농림축산식품부 장관, 산업통상자원부 장관, 보건복지부 장관, 환경부 장관, 고용노동부 장관, 여성가족부 장관, 국토교통부 장관, 해양수산부장 관 및 중소벤처기업부 장관
② 국가정보원장, 방송통신위원회위원장, 국무조정실장, 식품의약품안전처장, 금융위원회위원장 및 원자력안전위원회위원장
③ 경찰청장, 소방청장, 문화재청장, 산림청장, 기상청장 및 해양경찰청장
④ 그밖에 중앙위원회의 위원장이 지정하는 기관 및 단체의 장

관리위원회(이하 '중앙위원회')를 두어 다음의 사항들을 심의하도록 하고 있다(재난안전법 제9조).

- 재난 및 안전관리에 관한 중요 정책에 관한 사항
- 국가안전관리기본계획에 관한 사항
- 재난 및 안전관리 사업 관련 중기사업계획서, 투자우선순위 의견 및 예산요구서에 관한 사항
- 중앙행정기관의 장이 수립·시행하는 계획, 점검·검사, 교육·훈련, 평가 등 재난 및 안전관리업무의 조정에 관한 사항
- 안전기준관리에 관한 사항
- 재난사태의 선포에 관한 사항
- 특별재난지역의 선포에 관한 사항
- 재난이나 그밖의 각종 사고가 발생하거나 발생할 우려가 있는 경우 이를 수습하기 위한 관계 기관 간 협력에 관한 중요 사항
- 중앙행정기관의 장이 시행하는 대통령령으로 정하는 재난 및 사고의 예방사업 추진에 관한 사항

중앙위원회에 상정될 안건을 사전에 검토하고, 집행계획·국가기반시설의 지정에 관한 사항 및 안전관리기술 종합계획을 심의하기 위하여 중앙위원회에 안전정책조정위원회(이하 '조정위원회')를 설치한다. 조정위원회의 위원장은 행정안전부 장관이 되고, 위원은 중앙행정기관의 차관 또는 차관급 공무원과 재난 및 안전관리에 관한 지식과 경험이 풍부한 사람 중에서 위원장이 임명하거나 위촉하는 사람이 된다(재난안전법 제10조).

② **지역안전관리위원회**

지역별 재난 및 안전관리에 관한 다음의 사항을 심의·조정하기 위하여 특별시장·광역시장·특별자치시장·도지사·특별자치도지사(이하 '시·도지사') 소속으로 시·도 안전관리위원회(이하 '시·도위원회')를 두고, 시장·군수·구청장(자치구의 구청장) 소속으로 시·군·구 안전관리위원회(이하 '시·군·구위원회')를 설치한다. 시·도위원회의 위원장은 시·도지사가 되고, 시·군·구위원회의 위원장은 시장·군수·구청장이 되며, 시·도위원회와 시·군·구위원회(이하 '지역위원회')의 회의에 부칠 의안을 검토하고, 재난 및 안전관리에 관한 관계 기관 간의 협의·조정 등을 위하여 지역위원회에 안전정책실무조정위원회를 둘 수 있다(재난안전법 제11조).

- 해당 지역에 대한 재난 및 안전관리정책에 관한 사항
- 안전관리계획에 관한 사항
- 해당 지역을 관할하는 재난관리책임기관(중앙행정기관과 상급 지방자치단체는 제외한다)이 수행하는 재난 및 안전관리업무의 추진에 관한 사항
- 재난이나 그밖의 각종 사고가 발생하거나 발생할 우려가 있는 경우 이를 수습하기 위한 관계 기관 간 협력에 관한 사항
- 다른 법령이나 조례에 따라 해당 위원회의 권한에 속하는 사항
- 그밖에 해당 위원회의 위원장이 회의에 부치는 사항

③ **재난방송협의회**

재난에 관한 예보·경보·통지나 응급조치 및 재난관리를 위한 재난방송이

원활히 수행될 수 있도록 중앙위원회에 중앙재난방송협의회를, 지역 차원에서 재난에 대한 예보·경보·통지나 응급조치 및 재난방송이 원활히 수행될 수 있도록 지역위원회에 시·도 또는 시·군·구 재난방송협의회를 설치할 수 있도록 하고 있다(재난안전법 제12조).

④ 민관협력위원회

조정위원회의 위원장은 재난 및 안전관리에 관한 민관 협력관계를 원활히 하기 위하여 중앙안전관리민관협력위원회(이하 '중앙민관협력위원회')를, 지역위원회의 위원장은 재난 및 안전관리에 관한 지역 차원의 민관 협력관계를 원활히 하기 위하여 시·도 또는 시·군·구 안전관리민관협력위원회(이하 '지역민관협력위원회')를 구성·운영할 수 있도록 하고 있다(재난안전법 제12조의2).

이중 중앙민관협력위원회의 기능은 「재난안전법」 제12조의3에서 다음과 같이 규정하고 있다.

- 재난 및 안전관리 민관협력활동에 관한 협의
- 재난 및 안전관리 민관협력활동사업의 효율적 운영방안의 협의
- 평상시 재난 및 안전관리 위험요소 및 취약시설의 모니터링·제보
- 재난 발생 시 인적·물적 자원 동원, 인명구조·피해복구 활동 참여, 피해주민 지원서비스 제공 등에 관한 협의

또한 중앙민관협력협의회는 공동위원장 2명을 포함하여 35명 이내의 위원으로 구성하고, 공동위원장은 행정안전부의 재난안전관리사무를 담당하는 본부장과 위촉된 민간위원 중에서 중앙민관협력위원회의 의결을 거쳐 행정안전부 장

관이 지명하는 사람이 된다. 나아가 중앙민관협력위원회의 위원은 당연직위원과 민간위원으로 구분되며, 당연직 위원은 행정안전부 안전정책실장·행정안전부 재난관리실장·행정안전부 재난안전조정관이 담당한다. 민간위원의 경우에는 ① 재난 및 안전관리 활동에 적극적으로 참여하고 전국 규모의 회원을 보유하고 있는 협회 등의 민간단체 대표, ② 재난 및 안전관리 분야 유관기관, 단체·협회 또는 기업 등에 소속된 재난 및 안전관리 전문가 또는 ③ 재난 및 안전관리 분야에 학식과 경험이 풍부한 사람 중에서 성별을 고려하여 행정안전부장관이 위촉하는 사람이 담당하도록 되어 있으며, 이러한 민간위원의 임기는 2년으로 하고 있다(재난안전법 시행령 제12조의3).

그러나 지역민관협력위원회의 구성과 기능에 대해서는 구체적으로 규정하고 있지 않고 해당 지방자치단체의 조례로 정하도록 하고 있으며(재난안전법 제12조의2 제3항 후단), 다만 행정안전부 장관은 시·도위원회의 운영과 지방자치단체의 재난 및 안전관리업무에 대하여 필요한 지원과 지도를 할 수 있으며, 시·도지사는 관할 구역의 시·군·구위원회의 운영과 시·군·구의 재난 및 안전관리업무에 대하여 필요한 지원과 지도를 할 수 있도록 규정하고 있을 따름이다(같은 법 제13조).

(2) 안전관리기본계획

국무총리는 국가의 재난 및 안전관리에 관한 기본계획(이하 '국가안전관리기본계획')의 수립지침을 작성하여 관계 중앙행정기관의 장에게 시달하고, 관계 중앙행정기관의 장은 그 수립지침에 따라 그 소관에 속하는 재난 및 안전관리에 관한 기본계획을 작성한 후 국무총리에게 제출하고 국무총리가 이를 종합하여 중앙위원회의 심의를 거쳐 확정한다(재난안전법 제22조).

이러한 국가안전관리기본계획에 따라 관계 중앙행정기관의 장은 그 소관 업무에 관한 집행계획을 작성하여 조정위원회의 심의를 거쳐 국무총리의 승인을 받아 확정하고 이를 행정안전부 장관, 시·도지사 및 재난관리책임기관의 장에게 각각 통보하여야 한다. 재난관리책임기관의 장은 통보받은 집행계획에 따라 세부집행계획을 작성하여 관할 시·도지사와 협의한 후 소속 중앙행정기관의 장의 승인을 받아 이를 확정하여야 한다. 이 경우 그 재난관리책임기관의 장이 공공기관이나 공공단체의 장인 경우에는 그 내용을 지부 등 지방조직에 통보하여야 한다(재난안전법 제23조).

또한, 행정안전부 장관은 시·도의 재난 및 안전관리업무에 관한 계획의 수립지침을 작성하여 이를 시·도지사에게 시달하여야 하고, 시·도지사는 시·도안전관리계획을 행정안전부 장관에게 보고하며, 재난관리책임기관의 장에게 통보하여야 한다(재난안전법 제24조). 나아가 시·도지사는 시·도안전관리계획에 따라 시·군·구의 재난 및 안전관리업무에 관한 계획(이하 '시·군·구안전관리계획')의 수립지침을 작성하여 시장·군수·구청장에게 통보하여야 한다. 이를 바탕으로 시·군·구의 전부 또는 일부를 관할 구역으로 하는 재난관리책임기관의 장은 그 소관 재난 및 안전관리업무에 관한 계획을 작성하여 시장·군수·구청장에게 제출하여야 하고 시장·군수·구청장은 수립지침과 제출받은 재난 및 안전관리업무에 관한 계획을 종합하여 시·군·구안전관리계획을 작성하고 시·군·구위원회의 심의를 거쳐 확정한다. 시장·군수·구청장은 확정된 시·군·구안전관리계획을 시·도지사에게 보고하고, 재난관리책임기관의 장에게 통보하여야 한다(재난안전법 제25조).

(3) 재난관리책임기관

「재난안전법」 제3조 제5호 나목에서는 재난관리업무를 담당하는 기관을 재난관리책임기관이라고 정의하고 있으며, 「재난안전법 시행령」 제3조 및 별표 1의2에 의하면 한국도로공사 · 한국공항공사 · 한국원자력연구원 · 한국원자력안전기술원을 비롯한 약 100여개의 기관이 재난관리책임기관으로 지정되어 있다.

또한 「재난안전법」 제3조 제5의2호에서는 재난이나 그밖의 각종 사고에 대하여 그 유형별로 예방 · 대비 · 대응 및 복구 등의 업무를 주관하여 수행하는 기관을 재난관리주관기관으로 지정하고 있다. 「재난안전법」 시행령 제3조의2 및 별표 1의3에 의하면 원자력 안전사고(파업에 따른 가동중단의 경우 산업통상자원부)에 대한 재난관리주관기관은 원자력안전위원회이다.

(4) 안전관리활동

「재난안전법」에 의할 경우 재난관리책임기관은 소관 관리대상 업무의 분야에서 재난 발생을 사전에 방지하기 위해 다음과 같은 조치를 취하도록 되어 있으므로 안전관리에 대한 기본적인 주관기관은 재난관리책임기관이라고 할 것이다 (재난안전법 제25조의2).

- 재난에 대응할 조직의 구성 및 정비
- 재난의 예측과 정보전달체계의 구축
- 재난 발생에 대비한 교육 · 훈련과 재난관리예방에 관한 홍보
- 재난이 발생할 위험이 높은 분야에 대한 안전관리체계의 구축 및 안전관리

규정의 제정
- 지정된 국가기반시설의 관리
- 특정관리대상시설등에 관한 조치
- 재난방지시설의 점검·관리
- 재난관리자원의 비축 및 장비·인력의 지정
- 그밖에 재난을 예방하기 위하여 필요하다고 인정되는 사항

그밖에도 재난관리책임기관은 재난방지시설에 대한 점검 및 관리(재난안전법 제29조), 재난예방을 위한 긴급안전점검(같은 법 제30조), 재난예방을 위한 안전조치(같은 법 제31조) 등을 수행할 수 있다.

원자력의 경우에는 재난관리책임기관인 한국원자력연구원과 한국원자력안전기술원이 이러한 업무를 담당한다.

3 시설물의 안전관리에 관한 특별법의 안전관리 조직체계

교량·터널·항만과 같은 주요한 시설물의 안전점검과 적정한 유지관리를 통하여 재해와 재난을 예방하고 시설물의 효용을 증진시키기 위한 법률로는 「시설물의 안전관리에 관한 특별법」(이하 '시설물안전법')이 있다.

(1) 용어의 정의

「시설물안전법」에서는 각종 용어에 대한 정의를 하고 있으며, 이는 각종 안전관리를 위한 법제에도 사용되고 있으므로 그중 주요한 것을 정리하면 다음과 같다.

이에 의할 때 이 법률의 적용대상인 시설물은 건설공사를 통하여 만들어진 구조물과 그 부대시설로서 1종시설물 및 2종시설물을 말하며, 이들은 도로·철도·항만·댐·교량·터널·건축물 등 공중의 이용편의와 안전을 도모하기 위하여 특별히 관리할 필요가 있거나 구조상 유지관리에 고도의 기술이 필요하다고 인정하여 같은 법 시행령으로 정하는 시설물을 의미한다(시설물안전법 제2조 제1호, 제2호). 좀 더 구체적으로는 같은 법 시행령 제1조 제1항 및 별표 1에서 상세하게 규정하고 있으며, 여기에서는 시설물을 교량(도로교량·철도교량)·터널(도로터널·철도터널)·항만(갑문·방파제, 파제제 및 호안·계류시설)·댐·건축물(공동주택·공동주택외의건축물)·하천(하구둑·수문 및 통문·제방·보·배수펌프장)·상하수도(상수도·하수도)·옹벽 및 점토사면·공동구의 9가지로 구분하고 있다.

또한 안전점검이란 경험과 기술을 갖춘 자가 육안이나 점검기구 등으로 검사하여 시설물에 내재되어 있는 위험요인을 조사하는 행위를 말하며(시설물안전법 제2조 제7호), 정밀안전진단이란 시설물의 물리적·기능적 결함을 발견하고, 그에 대한 신속하고 적절한 조치를 하기 위하여 구조적 안전성과 결함의 원인 등을 조사·측정·평가하여 보수·보강 등의 방법을 제시하는 행위를 말한다(같은 조 제8호). 마지막으로 유지관리란 완공된 시설물의 기능을 보전하고 시설물이용자의 편의와 안전을 높이기 위하여 시설물을 일상적으로 점검·정비하고 손상된 부분을 원상복구하며 경과시간에 따라 요구되는 시설물의 개량·보수·보강에 필요한 활동을 하는 것을 말한다(시설물안전법 제2조 제12호).

(2) 안전관리 업무

「시설물안전법」상의 관리주체는 관계 법령에 따라 해당 시설물의 관리자로 규정된 자나 해당 시설물의 소유자를 말한다. 이 경우 해당 시설물의 소유자와의 관리계약 등에 따라 시설물의 관리책임을 진 자는 관리주체로 보며, 관리주체는 공공관리주체와 민간관리주체로 구분한다(시설물안전법 제2조 제4호). 이중 공공관리주체는 국가 · 지방자치단체, 공공기관, 지방공기업을, 민간관리주체란 공공관리주체 외의 관리주체를 말한다(같은 조 제5호 및 제6호).

국토교통부 장관은 이러한 시설물이 안전하게 유지관리될 수 있도록 하기 위하여 5년마다 시설물의 안전과 유지관리에 관한 기본계획(이하 기본계획이라 약칭한다)을 수립 · 시행하여야 하며, 이러한 기본계획에는 다음의 사항이 포함되어야 한다(시설물안전법 제3조).

- 시설물의 안전과 유지관리에 관한 기본방향
- 시설물의 안전과 유지관리에 필요한 기술의 연구 · 개발
- 시설물의 안전과 유지관리에 필요한 인력의 양성
- 시설물의 유지관리체계의 개발
- 시설물의 안전과 유지관리에 관련된 정보체계의 구축
- 그밖에 시설물의 안전과 유지관리에 관하여 대통령령으로 정하는 사항

이러한 기본계획에 따라 시설물의 관리주체는 소관 시설물에 대한 안전 및 유지관리계획을 수립 · 시행하여야 하며, 공공관리주체가 중앙행정기관의 소속 기관이거나 감독을 받는 기관인 경우에는 소속 중앙행정기관의 장, 그밖의 공공관리주체는 시 · 도지사, 민간관리주체는 특별자치도지사 · 시장 · 군수 또는 구청

장(자치구의 구청장을 말한다. 이하 같다)에게 제출하여야 한다(시설물안전법 제4조).
　관리주체는 시설물의 기능과 안전을 유지하기 위하여 소관 시설물에 대한 안전점검을 실시하여야 하며, 이러한 안전점검은 정기점검·정밀점검 및 긴급점검으로 구분된다(시설물안전법 제6조). 안전점검을 실시한 관리주체는 해당 실적을 소속 중앙행정기관의 장 등을 거쳐 국토교통부 장관에게 제출하여야 하며, 정밀점검이나 정밀안전진단의 실시결과를 받은 국토교통부 장관은 정밀점검 또는 정밀안전진단의 기술수준을 향상시키고 그 부실 점검·진단을 방지하기 위하여 필요한 경우에는 그 실시결과를 평가할 수 있다(시설물안전법 제11조의2 및 제11조의3).
　나아가 관리주체는 시설물의 구조상 공중의 안전한 이용에 미치는 영향이 중대하여 긴급한 조치가 필요하다고 인정되는 경우에는 시설물의 사용제한·사용금지·철거 등의 조치를 하여야 한다(시설물안전법 제14조).

(3) 한국시설안전공단

　「시설물안전법」에서는 시설물의 안전 및 유지관리, 그와 관련된 기술의 연구·개발·보급 등의 업무를 담당하기 위하여 한국시설안전공단을 설립하도록 하고 있다(같은 법 제25조 제1항).
　이러한 한국시설안전공단에서는 다음과 같은 업무를 수행한다(시설물안전법 제29조).

- 정밀안전진단
- 시설물의 안전점검·정밀안전진단 및 유지관리기술의 연구·개발·지도 및 보급

- 시설물의 과학적 유지관리체계의 개발
- 시설물의 설계·시공·감리 및 유지관리에 대한 정보체계의 구축 및 자료의 발간·제공
- 시설물의 안전 및 유지관리와 관련되는 자문 등의 기술용역사업
- 시설물의 안전 및 유지관리에 관한 교육 및 홍보
- 다른 법령에 따라 공단이 수행할 수 있도록 규정된 사업
- 그밖에 국토교통부 장관이 위탁하는 시설물의 안전 및 유지관리와 관련되는 사업

한국시설안전공단에 대한 감독권은 국토교통부 장관이 행사하고 있으며, 따라서 국토교통부 장관은 한국시설안전공단을 지도·감독하기 위하여 필요하다고 인정하면 그 업무·회계 및 재산에 관한 사항 중 대통령령으로 정하는 업무에 대하여 보고하게 하거나 소속 공무원으로 하여금 공단의 장부·서류·시설, 그밖의 물건을 검사하게 할 수 있고, 이러한 검사 결과 위법 또는 부당한 행위가 있음을 발견한 경우에는 한국시설안전공단에 그 시정을 명할 수 있다(시설물안전법 제30조).

(4) 검토

「시설물안전법」에서는, 특히 「원자력안전법」과의 관계에 있어서 「시설물안전법」이 일반법의 지위를 가지고 있는 데, 「원자력안전법」은 「시설물안전법」의 정기점검, 긴급점검, 정밀점검, 정밀안전진단이라는 치밀한 안전관리체계를 무시하고 「원자력안전법」 등에서의 위임규정을 남발하여 안전위원회에 일임하고 있는 점은 백지위임금지의 원칙에 어긋나는 것이라는 비판[83]이 제기되고 있다.

---

83) 이진수·이우도 (2014), 372면.

그러나 각종 원자력 설비가 시설물이라는 개념에 포함될 수 있다고 하여 「시설물안전법」이 원자력 설비에 당연히 적용된다고 할 수 없을 것이며, 한정적 열거규정으로 해석되는 「시설물안전법」의 시행령 별표 1에서 명시적으로 원자력 설비를 배제하고 있다는 점에 비추어 볼 때, 「시설물안전법」이 당연히 「원자력안전법」의 일반법이라고 할 수는 없다고 할 것이다. 따라서 이러한 비판은 타당하지 않다고 여겨진다.

4 해사안전법상의 안전관리 조직체계

(1) 안전관리 업무

선박의 안전운항을 위한 안전관리체계를 규율하고 있는 법률은 「해사안전법」이라고 할 것이며(해사안전법 제1조), 이에 의하면 선박의 안전운항에 대한 일차적인 책임은 선박의 소유자 등에게 있으며, 해상안전에 대한 주관 부처는 해양수산부 장관이라고 할 수 있다. 이러한 해양수산부 장관의 주요 업무를 살펴보면 다음과 같다.

첫째, 해양수산부 장관은 해사안전 증진을 위하여 관계 행정기관의 장과 협의하여 국가해사안전기본계획을 5년 단위로 수립하여야 하며, 기본계획을 시행하기 위하여 매년 해사안전시행계획을 수립하여야 한다.

둘째, 해양수산부 장관은 해양시설 부근 해역에서 선박의 안전항행과 해양시설의 보호를 위한 보호수역을 설정할 수 있으며(해사안전법 제8조), 해상교통량이 아주 많은 해역이나 거대선·위험화물운반선·고속여객선 등의 통항이 잦은 해역으로서 대형 해양사고가 발생할 우려가 있는 해역을 교통안전특정해역으로 설정할 수 있다(같은 법 제10조). 이러한 교통안전특정해역의 항행안전을 확보하기 위하여 필요한 경우에는 해양경찰서장이 선장이나 선박소유자에게 통항시각의 변경 또는 속력의 제한 등을 명할 수 있도록 되어 있다(해사안전법 제11조).

셋째, 해양수산부 장관은 해상교통안전진단을 실시하도록 할 수 있으며(해사안전법 제15조), 선박이 통항하는 수역의 지형·조류, 그밖에 자연적 조건 또는 선박 교통량 등으로 해양사고가 일어날 우려가 있다고 인정되는 경우 관계 행정기관의 장의 의견을 들어 그 수역의 범위, 선박의 항로 및 속력 등 선박의 항행안전에 필요한 사항을 고시할 수 있다(같은 제31조).

넷째, 해양수산부 장관은 선박을 운항하는 선박소유자가 그 선박과 사업장에 관하여 선박의 안전운항 등을 위한 관리체제인 안전관리체제를 수립하고 시행하는 데 필요한 시책을 강구하여야 하고(해사안전법 제46조), 이러한 안전관리체제는 해양수산부 장관의 인증심사를 받아야 한다(같은 법 제47조).

다섯째, 해양수산부 장관은 해양사고가 발생할 우려가 있거나 해사안전관리의 적정한 시행여부를 확인하기 위하여 필요한 경우에는 선장·선박소유자 그밖의 관계인 등에게 출석 또는 진술을 하게 하거나 선박이나 사업장에 출입하여 관계 서류를 검사하게 하거나 선박이나 사업장의 해사안전관리 상태를 확인·조사 또는 점검하게 할 수 있으며(해사안전법 제58조), 그 결과 필요성이 인정되거나 해양사고의 발생빈도와 경중 등을 고려하여 필요하다고 인정할 때에는 그 선박의 선장 또는 선박소유자 등에게 다음과 같은 조치를 명할 수 있다(같은 법 제59조).

- 선박 시설의 보완이나 대체
- 소속 직원의 근무시간 등 근무 환경의 개선

- 소속 임직원에 대한 교육·훈련의 실시
- 그밖에 해사안전관리에 관한 업무의 개선

(2) 검토

우리나라는 안전과 관련하여 「재난안전법」을 중심으로 분야별 개별적인 사안에 따라 많은 개별 법령이 존재한다. 그러나 법률의 불명확성, 체계 모순 등으로 인하여 통일적인 안전관리정책의 집행이 어렵고, 관련 규정의 흠결로 안전사각지대가 발생하여 국민 불편을 초래하고 있다는 지적[84]이 있어 이에 대한 개선방안을 강구할 필요가 있다.

특히 교통안전특정해역의 지정은 해양수산부 장관이 하면서 그에 대한 교통안전의 확보를 위한 조치는 해양경찰서장이 명하도록 되어 있는 등(해사안전법 제10조 및 제11조) 해양수산부 장관과 해양경찰서장으로 권한이 분배되어 있는 경우에 그에 대한 조정이나 협의에 대한 규정이 없어서 업무에 혼란을 야기할 가능성이 존재한다는 점도 문제라고 할 것이다.

5 저수지·댐의 안전관리 및 재해예방에 관한 법률

저수지·댐의 붕괴 등으로 인한 재해로부터 국민의 생명·신체 및 농경지 등 재산을 보호하기 위하여 저수지·댐의 안전관리와 재해예방을 위한 사전점검·

---

[84] 이상명(2014), 404면.

정비 및 재해발생 시 대응 등에 관하여 필요한 사항을 규정하고 있는 법률이 「저수지·댐의 안전관리 및 재해예방에 관한 법률」(이하 '저수지댐법')이다.

(1) 안전관리기관

「저수지댐법」에서는 저수지·댐관리자는 관할 저수지·댐에서 발생할 수 있는 재해를 저감하기 위하여 안전관리기준을 준수하고, 저수지·댐의 안전점검·정밀안전진단·보수 및 보강 등 안전성 확보를 위하여 노력하여야 하며, 재해가 발생하거나 발생할 우려가 있는 경우에 사람의 생명 또는 신체에 대한 위해를 방지하기 위하여 해당 지역 안의 주민이나 해당 지역 안에 있는 자가 안전하게 대피할 수 있도록 하여야 한다고 규정하고 있다(같은 법 제3조).

따라서 안전관리에 대한 일차적인 책임은 저수지·댐의 관리자에게 있다고 할 것이나, 행정안전부 장관 소속으로 중앙저수지·댐안전관리위원회를 설치하여 저수지·댐의 안전관리와 관련하여 다음의 사항에 대한 심의를 하도록 하고 있다(저수지댐법 제4조 제1항).

- 재해위험저수지·댐 정비기본계획에 관한 사항
- 저수지·댐의 안전관리 등 기술증진에 관한 사항
- 교육·훈련에 관한 사항
- 그밖에 대통령령으로 정하는 사항

이러한 중앙저수지·댐안전관리위원회는 위원장 및 부위원장 각 1인을 포함한 11인 이내의 위원으로 구성하며, 위원장은 행정안전부의 재난안전관리사무를 담당하는 본부장으로 하고, 부위원장은 위원 중에서 호선한다. 또한 위원은 다음과 같이 구성된다(저수지댐법 제4조 제2항 내지 제4항).

- 행정안전부의 자연재해업무를 담당하는 부서의 국장급 이상 공무원 중에서 행정안전부 장관이 지명하는 자,
- 기획재정부 장관·농림축산식품부 장관·산업통상자원부 장관·환경부 장관 및 국토교통부 장관이 지명하는 자
- 방재에 관한 학식과 경험이 풍부한 자 중에서 행정안전부 장관이 위촉한 자

나아가 시·도지사 소속으로 시·도저수지·댐안전관리위원회를 설치하도록 하고 있다(저수지댐법 제5조 제1항).

(2) 안전관리활동

관계 중앙행정기관의 장은 저수지·댐의 설계·건설·유지·관리 및 운영상 안전관리에 관한 세부적인 기준을 제정하거나 변경하는 경우에는 이를 고시하여야 하고, 세부적인 기준을 제정 또는 변경하기 위하여 필요한 때에는 저수지·댐관리자 및 관계 전문가에게 관련 자료의 제출을 요구할 수 있다(저수지댐법 제6조).

또한 저수지·댐의 경우에는 앞서 본「시설물안전법」의 적용대상이므로, 저수지·댐관리자는 관할 저수지·댐의 안전관리를 위하여「시설물안전법」및「농어촌정비법」등 관련 법령에 따라 안전점검을 실시하여야 하고 안전점검 실시결과 재난의 예방과 안전성 확보를 위하여 필요하다고 인정하는 경우에는 관련 법령

에 따라 정밀안전진단을 실시하여야 한다(저수지댐법 제7조). 이에 더하여 행정안전부 장관은 저수지·댐의 안전을 위하여 필요한 경우에는 관계 중앙행정기관의 장 및 저수지·댐관리자와 합동으로 안전점검을 실시할 수 있으며, 합동안전점검 실시결과 저수지·댐의 안전을 위하여 필요하다고 판단되는 경우에는 저수지·댐관리자에게 개선을 권고하거나 시정을 명할 수 있다(저수지댐법 제8조).

시장·군수·구청장은 관할 구역에 있는 저수지·댐에 대해 안전점검을 실시한 결과 재해위험성이 높다고 판단되는 경우에는 저수지·댐관리자와 사전협의를 거쳐 재해위험 저수지·댐(이하 '위험저수지·댐'이라 한다)으로 지정·고시하고 그 내용을 저수지·댐관리자에게 즉시 통보하여 필요한 안전조치를 취하도록 하여야 한다(저수지댐법 제9조 제1항). 나아가 시장·군수·구청장은 관리하고 있는 저수지·댐의 안정성 확보 및 효용성 제고 등을 위하여 위험저수지·댐 정비사업이 시급하다고 인정되는 경우 또는 저수지·댐이 본래의 기능과 목적을 상실하여 재해예방을 위하여 다른 용도로 전환 등의 조치가 필요하다고 판단되는 경우에는 위험저수지·댐정비계획을 수립하여 행정안전부 장관의 승인을 받아 위험저수지·댐 정비지구로 지정·고시하여야 하고(저수지댐법 제12조 제1항), 이러한 경우에는 위험저수지·댐의 정비촉진을 위하여 위험저수지·댐 정비사업을 직접 시행하거나, 위탁하여 시행할 수 있다(같은 법 제13조 제1항).

6. 원자력안전법상의 안전관리 조직체계

(1) 관련 법률

현재 우리나라에서 원자력을 규율하는 있는 법률들 중에서 가장 기본이 되는 것은 「원자력진흥법」과 「원자력안전법」이라고 할 것이다.

방사선 관련 법령으로는 「원자력시설 등의 방호 및 방사능 방재 대책법」, 「방사선 및 방사선 동위원소 이용진흥법」, 「방사성폐기물 관리법」, 「비파괴검사기술의 진흥 및 관리에 관한 법률」, 「핵융합에너지 개발진흥법」, 「생활주변방사선 안전관리법」 등이 있다.

그밖에 원자력 손해배상과 관련한 법률로는 「원자력 손해배상법」, 「원자력 손해배상 보상계약에 관한 법률」이 있으며, 원자력 관련기관의 설치를 위한 법률로는 「한국원자력안전기술원법」과 「원자력안전위원회의 설치 및 운영에 관한 법률」이 있다.

이 중 우리나라의 원자력 설비 등의 안전관리에 있어서 가장 기본이 되는 법률은 「원자력안전법」이라 할 것이므로, 이를 바탕으로 살펴본다.

(2) 안전관리 업무

① 안전관리 종합계획의 수립

「원자력안전법」은 원자력의 연구·개발·생산·이용 등에 따른 안전관리에 관한 사항을 규정하여 방사선에 의한 재해의 방지와 공공의 안전을 도모함을 목적으로 한다(원자력안전법 제1조).

원자력안전위원회는 원자력이용에 따른 안전관리를 위하여 5년마다 원자력안전종합계획을 수립하여야 하며, 여기에는 다음의 사항이 포함되어야 한다(원자력안전법 제3조 제1항, 제2항).

- 원자력 안전관리에 관한 현황과 전망에 관한 사항
- 원자력 안전관리에 관한 정책목표와 기본방향에 관한 사항
- 부문별 과제 및 그 추진에 관한 사항
- 소요재원의 투자계획 및 조달에 관한 사항
- 그밖에 원자력 안전관리를 위하여 필요한 사항

이러한 종합계획의 수립 및 변경의 경우에 원자력안전위원회는 미리 관계 부처의 장과 협의하여야 하며, 종합계획의 수립 및 변경은 위원회의 심의·의결을 거쳐 확정한다. 나아가 종합계획의 수립을 위하여 필요하다고 인정되는 경우 원자력안전위원회는 관계 기관의 장에게 종합계획의 수립에 필요한 자료의 제출을 요구할 수 있다(원자력안전법 제3조 제3항 내지 제5항).

원자력안전위원회는 확정된 종합계획을 관계 부처의 장에게 통보하고, 원자력안전위원회와 관계 부처의 장은 종합계획에 따라 소관 사항에 대하여 5년마다 부문별 시행계획을 수립하여, 부문별 시행계획에 따라 연도별 세부사업추진계획을 수립·시행하여야 한다. 이러한 부문별 시행계획을 수립하는 때에는 필요하면 다른 관계 부처의 장과 협의를 거쳐 부문별 시행계획을 확정하고, 관계 부처의 장은 확정된 부문별 시행계획을 원자력안전위원회에 통보하여야 한다(원자력안전법 제4조).

② 안전관리기관

원자력안전위원회의 감독하에 원자력 안전관리에 관한 사항을 전문적으로 수행하기 위하여 원자력안전전문기관을 둘 수 있도록 하고 있는바, 이를 위해 별도의 「한국원자력안전기술원법」을 제정하여 한국원자력안전기술원을 설치하고 있다. 이에 더하여 원자력 관련 시설 및 핵물질 등에 관한 안전조치와 수출입통제 등(이하 '원자력통제')의 업무를 효율적으로 추진하기 위하여 한국원자력통제기술원(이하 '통제기술원')을 설립하도록 하고 있고(원자력안전법 제6조), 원자력 및 방사선 안전기반 조성 활동을 효율적으로 지원하기 위하여 한국원자력안전재단(이하 '안전재단')을 설립하도록 하고 있다(같은 제7조의2).

원자력안전기술원의 업무는 다음과 같다(한국원자력안전기술원법 제6조).

- 「원자력안전법」 제111조 제1항 및 원자력시설 등의 방호 및 방사능 방재 대책법 제45조 제1항에 따라 위탁받은 업무
- 원자력 안전 규제에 관한 연구·개발
- 원자력 안전 규제에 관한 정책 및 제도개발을 위한 기술 지원
- 방사선 방호에 관한 기술 지원
- 원자력 안전 규제에 관한 정보 관리
- 환경방사능에 관한 조사 및 평가
- 원자력 안전 규제에 관한 교육
- 원자력 안전 규제에 관한 국제협력 지원
- 그밖에 위의 사항에 부수하는 사업으로서 원자력안전위원회가 필요하다고 인정하는 사업

통제기술원의 업무는 다음과 같다(원자력안전법 제7조).

- 「원자력안전법」 제111조 제1항에 따라 위원회로부터 위탁받은 원자력 관련 시설·장비·기술·연구개발활동 및 핵물질에 관한 안전조치 관련 업무
- 「원자력안전법」 제111조 제1항에 따라 위원회로부터 위탁받은 핵물질 등 국제규제물자에 관한 수출입통제 관련 업무
- 「원자력시설 등의 방호 및 방사능 방재 대책법」 제45조 제1항에 따라 위원회로부터 위탁받은 물리적방호 관련 업무
- 원자력 통제에 관한 연구 및 기술개발
- 원자력 통제에 관한 국제협력 지원
- 원자력 통제에 관한 교육
- 그밖에 원자력 통제 업무의 수행을 위하여 필요한 사항

안전재단의 업무는 다음과 같다(원자력안전법 제7조의2 제2항).

- 원자력안전위원회의 원자력 안전 정책수립 지원을 위한 기초자료 조사·연구
- 「원자력안전법」 제8조 제1항에 따른 실태조사
- 「원자력안전법」 제9조 제1항에 따른 원자력안전연구개발사업의 기획, 관리 및 평가
- 「원자력안전법」 제106조에 따른 방사선작업종사자에 대한 교육 및 훈련
- 「원자력안전법」 제107조의2에 따른 국제협력 지원
- 「원자력안전법」 또는 다른 법령에 따라 위탁받은 업무 및 그밖에 위원회에서 필요하다고 인정하는 사업

③ 안전관리 업무

앞서 본 바와 같이 원자력안전위원회는 우리나라의 원자력 관련 안전관리업무를 총괄하고 있는 기관으로, 그 주요 업무를 살펴보면 다음과 같다(원안위법 제12조).

- 원자력 안전관리에 관한 사항의 종합·조정
- 「원자력안전법」 제3조에 따른 원자력안전종합계획의 수립에 관한 사항
- 핵물질 및 원자로의 규제에 관한 사항
- 원자력 이용에 따른 방사선피폭으로 인한 장해의 방어에 관한 사항
- 원자력 이용자의 허가·재허가·인가·승인·등록 및 취소 등에 관한 사항
- 원자력 이용자의 금지행위에 대한 조치 및 과징금 부과에 관한 사항
- 원자력 안전관리에 따른 경비의 추정 및 배분계획에 관한 사항
- 원자력 안전관리에 따른 조사·시험·연구·개발에 관한 사항
- 원자력 안전관리에 따른 연구자·기술자의 양성 및 훈련에 관한 사항
- 방사성 폐기물의 안전관리에 관한 사항
- 방사선 재해대책에 관한 사항
- 원자력 안전 관련 국제협력에 관한 사항
- 위원회의 예산 편성 및 집행에 관한 사항
- 소관 법령 및 위원회규칙의 제정·개정 및 폐지에 관한 사항
- 이 법 또는 다른 법률에 따라 위원회의 심의·의결 사항으로 정한 사항

이중 핵물질 및 원자로의 규제에 관한 사항에 대해서는 「원자력안전법」에서 상세하게 규정하고 있는바, 발전용원자로 및 관계 시설을 운영·변경하려는 자

는 원칙적으로 원자력안전위원회의 허가를 받아야 하며(원자력안전법 제20조), 발전용원자로운영자는 발전용원자로 및 관계시설의 운영, 특정핵물질의 계량관리에 관한 사항에 대해 원자력안전위원회의 검사를 받아야 한다(같은 법 제22조). 특히 발전용원자로운영자는 발전용원자로 및 관계시설의 안전성을 주기적으로 평가하고, 그 결과를 원자력안전위원회에 제출하여야 하며, 원자력안전위원회는 주기적 안전성평가결과 또는 그에 따른 안전조치가 부족하다고 인정되는 경우에는 발전용원자로운영자에게 그 시정 또는 보완을 명할 수 있다(원자력안전법 제23조). 또한 발전용원자로운영자는 발전용원자로 및 그 관계시설의 운영에 관한 사항을 기록하여 이를 공장 또는 사업소마다 비치하여야 한다(원자력안전법 제25조). 원자력안전위원회는 발전용원자로 및 관계시설의 성능이 기술기준에 적합하지 아니하다고 인정하거나 안전조치가 부족하다고 인정하면 해당 발전용원자로운영자에게 발전용원자로 및 관계시설의 사용정지, 개조, 수리, 이전, 운영방법의 지정 또는 운영기술지침서의 변경이나 오염제거와 그밖의 안전을 위하여 필요한 조치를 명할 수 있다(원자력안전법 제27조).

방사성폐기물의 저장·처리·처분 시설 및 그 부속시설을 건설·운영하려는 자는 원자력안전위원회의 허가를 받아야 한다. 허가받은 사항을 변경하려는 경우에도 그러하다. 다만, 경미한 사항을 변경하려는 때에는 신고하는 것으로 족하며(원자력안전법 제63조), 폐기물시설 등 건설·운영자는 폐기시설 등의 설치·운영, 방사성폐기물의 저장·처리·처분, 특정핵물질의 계량관리에 관한 사항에 대해 원자력안전위원회의 검사를 받아야 하며, 원자력안전위원회는 검사결과에 따라 폐기시설 등의 건설·운영자에게 그 시정 또는 보완을 명할 수 있다(원자력안전법 제65조). 또한 폐기시설등의 건설·운영자는 방사성폐기물의 저장·처리 또는 처분에 관한 사항 등을 기록하여 이를 폐기시설 등에 비치하여야 한다(원자력안전법 제67조).

국가가 원자로 및 관계시설, 핵연료주기시설 또는 폐기시설 등을 설치하는 때에는 방사선에 따른 인체·물체 및 공공의 재해를 방어하기 위하여 일정 범위의 일반인의 출입이나 거주의 제한을 명할 수 있는 제한구역을 설정할 수 있으며, 국가 외의 원자로 및 관계시설, 핵연료주기시설 또는 폐기시설 등을 설치·운영하려는 자는 일정 범위의 부지를 확보하여 그 범위에서 제한구역을 설정하고 그 제한구역에는 일반인의 출입이나 거주를 제한하여야 한다(원자력안전법 제89조).

「원자력안전법」에 따른 원자력안전위원회의 권한 중 발전용원자로 및 관계시설을 운영·변경하려는 자 및 방사성폐기물의 저장·처리·처분시설 및 그 부속시설을 건설·운영하려는 자에 대한 원자력안전위원회의 인가·허가 및 지정에 관련된 안전성 심사 그리고 폐기시설 등 건설·운영자의 폐기시설 등의 설치·운영 등에 대한 원자력안전위원회의 검사권한은 앞서 본 바에 따라 설립된 기관, 통제기술원 그밖의 관계 전문기관 또는 다른 행정기관에 위탁할 수 있으며, 원자력안전위원회는 필요하다고 인정되면 권한을 위탁받은 기관에 보조금을 지급할 수 있다(원자력안전법 제111조).

7 한국의 안전관리체계 주요 시사점

우리나라는 「재난안전법」을 안전관리에 관한 기본법으로 하고 있다고 할 수 있을 것이지만 각 분야별로 안전관리에 관한 법률들이 분산되어 있음은 앞에서 살펴 보았다.

「재난안전법」에 의할 때, 안전관리에 대한 일차적인 책임은 해당 시설물의 소유자·운영자가 부담한다고 할 수 있으며, 재난관리주관기관을 지정하여 각종 사고의 유형에 따라 재난관리주관기관별로 예방·대비·대응 및 복구 등의 업무를 주관하여 수행하도록 하고 있다. 이에 의한다면, 예를 들어 댐의 경우 전력생산용 댐에 대해서는 산업통상자원부가, 그밖에 국토교통부가 관장하는 댐에 대해서는 국토교통부가 재난관리주관기관이라고 할 것이다. 이에 대하여 각종 개별법에서는 별도로 안전에 대한 주관업무를 담당하는 기관을 지정하여 두고 있는 경우가 많다. 예들 들어, 「저수지댐법」에 의하면 중앙 및 지방의 저수지·댐안전관리위원회가 저수지·댐의 안전관리와 관련하여 재해위험저수지·댐 정비기본계획에 관한 사항 및 저수지·댐의 안전관리 등 기술증진에 관한 사항을 심의하도록 하고 있으며, 「해사안전법」에서는 해양수산부 장관으로 하여금 각종 안전관리업무를 수행하도록 하고 있다.

이를 정리하면 각종 개별법에서 규정하고 있는 소관부처가 원칙적으로 개별 법률상의 대상 시설물 등의 소유자·운영자의 안전관리에 대한 기본 계획을 심의하고, 각종 안전점검의 결과를 검토하는 등의 안전관리에 대한 총괄적인 역할을 수행한다고 할 것이다. 또한 개별법에 따라 별도의 안전관리업무에 대한 심의 등의 권한을 가지고 있는 위원회들을 설치하도록 하는 경우(예: 저수지댐법)가 있으며, 안전관리업무를 위탁 받아 수행하는 별도의 기관을 설치하도록 하는 경우(예: 시설물관리법)가 있다고 볼 수 있다. 이러한 점에서 볼 때, 「원자력안전법」의 경우에는 산업의 진흥 등을 담당하는 부처인 산업통상자원부와 실제 원자력산업을 운영하는 주요 주체인 한국수력원자력(주)와는 분리된 독립적 주체인 원자력안전위원회로 하여금 안전관리에 대한 업무를 총괄하도록 하고 있는 바, 이는 다른 법제에서는 볼 수 없는 독특한 특색이라고 할 것이다.

그밖에도 「재난안전법」에서는 민관협력을 위한 중앙 및 지방의 민관협력위원회를 설치·운영할 수 있도록 하고 있으며, 재난에 관한 예보·경보·통지나 응급조치 및 재난관리를 위한 재난방송이 원활히 수행될 수 있도록 중앙재난방송협의회를, 지역 차원에서 재난에 대한 예보·경보·통지나 응급조치 및 재난방송이 원활히 수행될 수 있도록 지역재난방송협의회를 설치할 수 있도록 하고 있으나, 개별법에서 이러한 위원회들의 설치를 규정하고 있는 예는 보이지 않는다.

마지막으로 「재난안전법」에 의하는 경우, 대규모 재난의 발생 시 중앙재난안전대책본부장[85]이 중앙사고수습본부[86]를 지휘하도록 되어 있고(재난안전법 제15조 제3항), 중앙사고수습본부장이 지역재난안전대책본부를 지휘(재난안전법 제15조의2 제6항)함에 반하여 사고 수습에 중요한 역할을 담당하는 중앙 및 지역긴급구조통제단은 중앙재난안전대책본부장의 지휘를 받고 있다. 또한 지역재난안전대책본부는 중앙재난안전대책본부와 중앙사고수습본부의 지휘를 모두 받도록 되어 있다.

「재난안전법」을 기본으로 하는 우리나라의 전체적인 안전관리체계에 대해서는 다음과 같은 점들을 지적할 수 있다.

첫째, 우리의 안전관리에 대한 기본법이라 할 수 있는 「재난안전법」은 익히 지적되고 있는 바와 같이, 그 내용이 재난에 편중되어 있다고 할 수 있어 안전관리에 대해서는 통일적인 규율이 이루어지지 못하고 있고, 「원자력안전법」에 대한 기본법이 「시설물안전법」이라는 견해가 제기되고 있음에서도 알 수 있는 바와 같이 안전관리에 대한 법체계 자체가 불명확하다.

둘째, 재난의 예방 업무를 담당하는 재난관리 책임기관과 재난 발생 시 그에 대한 대응 업무를 담당하는 재난관리 주관기관이 설치되어 있어 업무의 중첩 또는 공백이 발생할 가능성이 있다는 점이다. 나아가 각 개별법에서 안전관리업무를 담당하는 별도의 기관이 존재하는 경우에는 재난이 발생하는 순간에 지휘권의 공백이 발생할 우려가 있다.

셋째, 「재난안전법」에서는 민관협력을 증진시키기 위한 민관협력위원회를 설치할 수 있도록 되어 있으나 「원자력안전법」이나 「해사안전법」 등과 같은 개별

---

[85] 일반적인 대규모 재난의 경우에는 행정안전부 장관이 중앙재난안전대책본부장의 역할을 담당하지만(재난안전법 제14조 제1항), 방사능 재난의 경우에는 원자력안전위원회 위원장이 중앙대책본부장의 권한을 행사하도록 되어 있다(재난안전법 제14조 제3항, 원자력시설 등의 방호 및 방사능 방재 대책법 제25조 제1항).

[86] 다만 원자력안전위원회가 재난관리 주관기관이므로, 방사능 관련 대규모 재난의 경우에는 원자력안전위원장이 중앙재난안전대책본부장과 중앙사고수습본부장을 겸임하게 된다(재난안전법 제15조의2 제2항).

법령에는 이에 대한 규정이 존재하지 않는다는 점에 더하여 민관협력위원회에 참여하는 민간위원은 재난 및 안전관리 활동에 참여하는 민간단체 대표, 재난 및 안전관리 분야의 기업 등에 소속된 전문가 등으로 구성되므로 실제 안전관리에 대한 일차적인 책임을 부담하고 실제적인 전문성을 가지고 있는 관련 산업체의 의견을 반영할 수 있도록 하는 경로가 미흡하다는 점이다.

넷째, 재난의 발생 시 중앙재난안전대책본부장과 중앙사고수습본부장의 지휘관계에 혼선이 발생할 가능성이 있다는 점이다. 무엇보다 중앙재난안전대책본부장이 중앙사고수습본부장을 지휘할 수 있도록 하고 있으나, 조직관리상 동일한 지위에 있는 장관이 다른 장관을 지휘하도록 한다는 점[87]에서 실효성을 발휘할 수 있는지에 대한 의문이 제기되고 있다.[88] 또한 다음과 같은 부분에서 해석상 혼란스러운 부분이 있다.

- 중앙재난안전대책본부장이 중앙사고수습본부장에 대한 총괄·조정을 통하여 지휘권을 행사하는 경우에는 사실상 중앙사고수습본부의 지휘권이 유명무실하게 될 우려가 있다.[89]
- 지역재난안전대책본부는 중앙재난안전대책본부장과 중앙사고수습본부의 지휘를 동시에 받게 되어 있어 지휘권의 중첩이 발생할 수 있다.

마지막으로, 최근 이태원 참사에서 문제가 되었던 것처럼 재난 현장의 통제에 관하여 긴급구조통제단의 "현장접근 통제, 현장 주변의 교통정리, 그밖에 긴급구조활동을 효율적으로 하기 위하여 필요한 사항"에 대한 지휘권한과 중앙재난안전대책본부의 "재난발생지역 출입제한 및 차량운행통제, 재난발생지역 주민혼란 방지를 위한 사회질서 유지 및 안전관리 지원" 업무와의 관계, 나아가 「재난안전법」에서 규정하고 있는 재난 현장일대를 통제하기 위한 각종 응급조치

---

[87] 나아가 기획재정부 장관, 교육부 장관의 경우에는 부총리를 겸하고 있어 어떠한 관점에서는 '지위가 역전'된다고도 볼 수 있다.

[88] 국회입법조사처, 국가 재난대응 지휘체계의 한계점과 개선방안, NARS 현안분석, 2019. 12, 6면.

[89] 예를 들어, 「보건복지부 중앙사고수습본부 설치 및 운영에 관한 규정」 제11조에서는 '수습본부장은 수습에필요한 범위에서 중앙대책본부장의 총괄·조정을 받아 그 재난이나 사고에 대한 수습활동을 수행하여야 한다'라고 규정하고 있다.

(예: 같은 법 제43조에서는 "진화·구조 등을 지원하기 위하여 경찰관서의 장에게 도로의 구간을 지정하여 차량의 통행을 금지하거나 제한하도록 요청"할 수 있도록 규정하고 있다)와의 관계의 해석에 혼란스러운 부분이 있다.

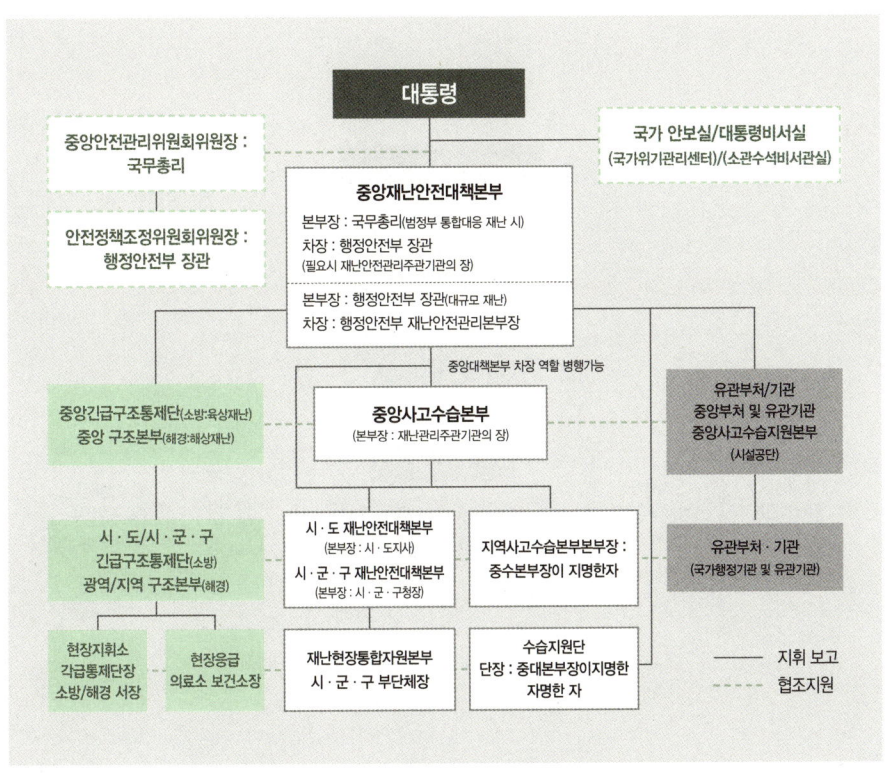

[그림 6-1] 재난안전법에 의한 재난대응체계[90]

「원자력안전법」은 우리나라의 다른 안전관리 법제에서는 그 예를 찾아볼 수

90) 행정안전부, 대한민국 재난안전관리, 2021, 10면.

없을 정도로 독립적인 별도의 안전관리기관인 원자력안전위원회를 설치하여 규제대상, 나아가 다른 정부부처로부터 상당한 수준의 독립성을 가지고 안전관리업무를 수행할 수 있다. 그리고 그 업무의 전문성을 지원할 수 있도록 하는 지원기관들 또한 존재하고 있다. 이러한 점에서 볼 때, 「원자력안전법」을 통한 원자력 안전규제의 체계는 그 구성과 운영의 측면에서 다른 법제와 비교할 때 우수

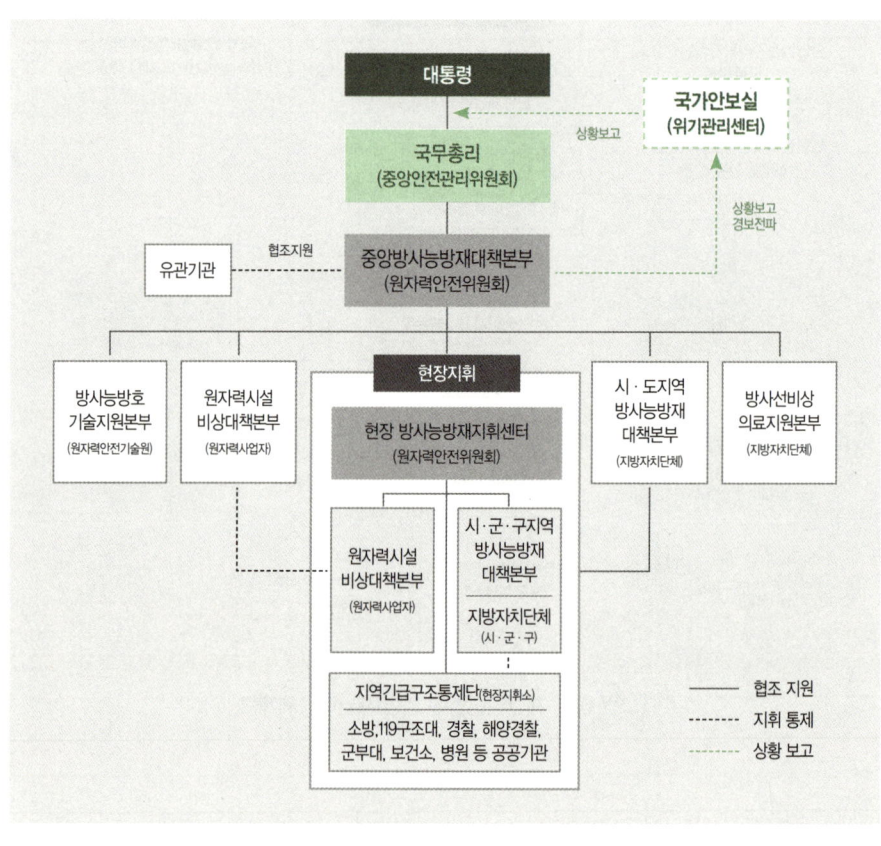

91) https://nsic.nssc.go.kr/rad/radioactivityPrevention.do

[그림 6-2] 방사선 비상 시 지휘체계[91]

한 수준의 독립성과 전문성을 보유하고 있다고 할 수 있을 것이다. 원자력안전협의회를 운영하고 있다는 점에 비추어 「재난안전법」상의 민관협력체계 또한 상당한 수준으로 갖추어져 있다. 재난 발생 시 지휘권의 중첩 내지 혼선과 관련하여서도 원자력안전위원회 위원장이 중앙재난대책본부장과 중앙사고수습본부장의 역할을 동시에 수행하므로 그러한 점을 지적하는 「재난안전법」에 대한 비판[92]에서도 상당 부분 자유로울 수 있다.

그러나 원자력과 관련한 재난관리 책임기관은 원자력안전위원회의 지원기관이라고 할 수 있는 한국원자력연구원과 한국원자력안전기술원이며, 원자력안전위원회는 재난관리 주관기관으로 되어 있으나, 「원자력안전법」에 의할 경우에는 원자력안전위원회가 원자력에 대한 안전관리업무를 수행하도록 되어 있어 「재난안전법」과 「원자력안전법」을 동시에 고려한다면 안전관리업무의 주관기관이 어디인지에 대한 해석상의 어려움이 발생할 수 있다.

또한 「재난안전법」의 중앙재난안전대책본부와 긴급구조통제단의 구체적인 업무 수행에서 발생할 수 있는 혼란은 「원자력시설 등의 방호 및 방사능 방재 대책법」(이하 '방사능방재법')에 의한 중앙방사능대책본부[93]의 경우에도 동일하게 발생할 수 있으며, 나아가 「방사능방재법」에서는 현장지휘센터의 장에게 방사능 재난 등의 수습에 관하여 현장지휘를 위한 일정한 권한을 부여하고 있어(같은 법 제29조) 해석상 더 어려움이 있을 우려가 있다.[94]

원자력의 안전 및 재난관리에 있어서는 「재난안전법」과의 관계에서 다음과 같은 부분을 개선할 필요가 있다고 여겨진다.

첫째, 「재난안전법」에 의한다면 안전관리의 담당주체에 관하여 혼란이 발생할 우려가 있으므로, 안전관리의 담당주체를 원자력안전위원회로 통일하고 필요한 경우, 내부적으로 한국원자력연구원과 한국원자력안전기술원에 그 권한을 위임하는 등의 방식으로 정리할 필요가 있다.

---

[92] 독립적인 안전관리 기본법의 제정과 같은 「재난안전법」에 대한 전반적인 개선방안은 이 책의 대상에서는 벗어난다고 여겨지며, 여기에서는 특히 원자력안전위원회와 관계된다고 여겨지는 주요한 사항에 대해서만 정리하기로 한다.

[93] 「재난안전법」의 중앙재난안전대책본부에 해당한다.

[94] 예를 들어 같은 조 제2항에서는 현장지휘센터에 파견되어 방재활동을 하는 관계관에 대한 지휘권을 현장지휘센터의 장과 긴급구조통제단장으로 이원화하고 있다.

둘째, 「재난안전법」에 따라 한국원자력연구원과 한국원자력안전기술원이 재난에 대한 예방 등의 안전관리 업무를 수행한다고 해석하는 경우에는 안전 관리 업무를 담당하는 기관과 재난 대응 업무를 수행하는 기관이 분리되어 사고의 발생 시 지휘권의 공백이 발생할 수 있으므로 이에 대한 정비가 필요하다. 이러한 문제 역시 안전관리의 담당주체를 원자력안전위원회로 통일하는 것으로 해결할 수 있다고 여겨진다.[95]

셋째, 「재난안전법」에 의하여 민관협력의 증진을 위한 민관협력체계가 수립되어 있다고는 할지라도 안전에 대한 일차적인 책임을 부담하고 있는 산업체의 의견을 제시할 수 있는 제도가 미흡하다는 점이다. 규제기관의 독립성을 확보할 필요가 있다고 하더라도 규제기관과 규제 상대방과의 사이가 단절되어야 하는 것은 아니라고 할 것이다. 이에 대해서는 미국의 사례를 참고하여 관련 정부기관 및 원자력 사업자들이 참여하는 협의기구를 공식화하여 정례적인 회의를 통해 상호간의 의견을 교환하고 소통할 수 있게 할 필요가 있다고 생각된다.

---

[95] 이는 「재난안전법」이 행정안전부 장관으로 하여금 중앙재난안전대책본부장의 역할을 수행하도록 하고, 재난대응에 대한 지휘권의 상당 부분을 그에게 집중시키고 있음으로 인한 것이라 할 것인바, 「원자력안전법」의 경우에는 다른 법제의 경우와는 조금 달리 보아야 할 것이다.

종합 논의 및 결론 7

1 기존의 논의

    기존의 연구들에서 제기된 원자력 안전관리 조직체계에 대한 논의들은 다음과 같다. 즉, 원자력안전위원회는 국민의 안전과 생명을 국가 차원에서 책임져야 하기 때문에 위원회 기능을 수행하는 데 있어 독립성, 투명성, 전문성이 우선적으로 확보되어야 한다는 것을 전제로, 원자력안전위원회의 독립성과 전문성에 대한 논의를 우선 살펴보면, 아래의 내용으로 정리할 수 있다.

- 원자력 안전 규제기관에 있어서는 독립성 확보가 무엇보다 중요한 과제이다. 이 독립성을 확보하기 위해서는 조직의 구조와 구성, 기술 역량 및 인

적, 재정적 자원이 중요하다. 이러한 부분들에 대해 국내 규정들과 IAEA 규범들을 비교해 볼 때, 실질적인 큰 차이는 없음을 알 수 있었다. 다만, 원자력안전위원회 위원장의 임명과 관련하여 국회의 견제 기능이 현행법상 존재하지 않는 것은 문제로 지적될 수 있다.

- 원자력안전위원회의 위원임명에 대하여 입법부의 추천과 동의를 받도록 하는 것을 포함하여 독립적 안전규제를 위한 구조를 명확히 설정·법제화할 필요가 있다.
- 안전규제의 독립성과 신뢰성회복에는 규제예산의 지원도 매우 중요하다. 예를 들어, 현재 한국원자력안전기술원(KINS)은 대부분의 안전규제소요비용을 사업자, 특히 한국수력원자력(주)에게 부담시키고 있으나, 한국수력원자력(주)은 준정부 공공기관으로 규제비용을 협의할 때 상호협의가 전제되어 규제독립성과 투명성에 대한 의혹 제기의 여지를 발생시킨다. 전액 국가 지원을 통한 안전규제재원의 확보로 원자력 안전 규제의 실질적 독립성 확보를 검토해야 한다.
- 원자력안전위원회가 독립적으로 효율적인 업무를 추진하기 위해서는 주요 원전보유국 수준의 안전규제 인력을 확보하야 한다. 현재 우리나라 안전규제 인력은 주요국의 절반 수준에도 미치지 못하고 있다. 독립행정기구라는 형식보다 실질적인 안전규제가 이루어지기 위해서는 인력확충이 더 중요한 문제일 수 있기 때문이다. 다만 원자력 발전소 제조자나 사업자들로부터 인력을 제공받으면 독립성 문제가 생기고, 독립성을 강조하면 가용한 인력의 범위가 좁아진다는 점에서 전문적 인재의 육성은 어려운 문제이므로, 피규제 주체로부터 규제인력의 독립성을 실질적으로 어떻게 확보하는가 하는 과제가 남는다.
- 전 산업의 안전전문기관과 원자력안전위원회 사이의 다양한 인사교류제도

를 전면 도입하고, 일정비율 이상을 외부 전문인력으로 충원하기 위하여 겸임·상호교류·고용휴직·파견 등의 제도 도입을 의무화함으로써 원자력안전위원회의 인적 역량을 제고하여야 한다.
- 원자력안전전문기관 규제전문인력의 인적 다양성을 관리하기 위해서는 특정 전공, 특정 경력자의 편중현상을 해소할 수 있는 인사제도와 함께 인적 다양성 목표관리제 등 관리적 수단이 도입되어야 한다.

나아가 원자력 안전 규제기관의 투명성과 개방성에 대해서는 일반 국민들과의 신뢰형성이라는 점에서 특히 많은 견해들이 제시되고 있다.

- 독립적인 규제기관인 원자력안전위원회의 신설과 제반 법적 근거 마련에 이어서 위험규제 거버넌스 상호작용의 과정적 측면에서의 투명한 정보공개와 지역주민 등 이해관계자의 참여, 쌍방향 의사소통의 증진 등의 직접참여의 2가지 축에서의 운영적 측면이 병행되어져야만 원자력 안전수준이나 국민의 신뢰가 향상될 수 있다.
- 규제기관 조직의 위상강화 및 인력·예산 증가, 규제정책과정에서 투명성 증대와 원천적인 정보공개의 확대, 지역주민과 이해관계자의 원자력 발전소 위험관리를 위한 제도적 참여 보장 등 직접참여 제고와 의사소통 체계의 시스템 및 제도화 기반 구축, 규제기관과 사업자·지역주민·환경단체·전문가 등 다차원 파트너십에 기반한 거버넌스의 지속과 강화 필요, 정부·민간파트너십의 위험관리 강화 및 파트너십에 기반한 규제시스템 개선 및 구축, 민간 부문 역할의 제도화 및 역량 강화의 필요하다.
- 후쿠시마 원자력 발전소 사고 이후 원자력 발전소에 대한 불신이 사회적으로 만연된 지금, 원자력 발전소를 안전하게 운영하면서 '안정적 전력 공급'

이라는 가치를 달성하기 위해서는 원자로의 기술적 안전성을 확보하는 것도 중요하지만, 원자력 발전소 운영자 및 원자력 발전소 규제기관 종사자들이 안전을 최우선 가치로 여기는 환경, 즉 안전문화를 조성하는 것이 필요하다.

- 원자력안전위원회의 중요한 임무 중 하나는 원자력안전위원회의 판단과 결정을 외부에 제대로 알리고 원활히 소통하는 것이다. 이것은 전문적 역량과 업무 판단의 독립성·독자성에 더하여 중요한 덕목인 개방성과 투명성에 관한 문제이다. 구체적으로 원자력 관련 사항들을 안전 차원에서 판단하고 그 결과를 유관 집단·개인은 물론 일반 대중이 납득할 수 있게 만들어야 하는 것이다. 따라서 일반인이 이해할 수 있는 용어와 설명 방식을 채택하여 다양한 형태의 원자력 지식 전달, 쌍방향 대화 등으로 원자력 안전문화를 확산시키는 적극성이 필요하다. 또한 연보와 보고서 등에서 사실을 바탕으로 정확한 데이터를 자세하게 제공하여야 한다.

- 안전규제의 투명성, 정보공개 확대, 국민 참여요구 증가로 규제기관의 사회적 역할의 강화와 고객만족 충족의 요구 등 국민 관심이 높아지는 방향으로 지속될 것이며, 지속적인 규제완화와 규제부담 경감 요구와 효율적인 기관 운영을 위한 규제제도 정비 요구가 상존하여 지속적인 경영효율화 및 규제개혁에 압력이 증가할 것으로 예상된다.

- 지역과의 소통(특히, 원자력 발전소 소재지나 개발예정지)이나 주민의 의견이 제대로 반영될 수 있도록 정보공개나 공청회 제도의 강화 등 제도 개선이 필요하다.

- 「원자력안전법」은 일정 수의 주민 요구가 있을 경우에만 공청회를 개최하도록 하고 있는 데, 이러한 요건을 삭제하여 공청회가 좀 더 활성화되도록 하여야 할 것이다. 나아가 프랑스의 지역정보협의체를 참조하여 원자력 발전

소의 운영에 관한 주민협의체를 구성하는 것도 고려할 필요가 있다. 원자력 시설 부지를 주민투표로 결정하는 것은 안전성이나 경제성에서 가장 적합한 곳에 원자력시설을 설치하여야 한다는 점에 비추어 보면 바람직한 것은 아니지만 주민투표에 의한 원자력시설 부지의 결정은 주민의 반대와 불신이 심한 경우에 택할 수 있는 고육지책의 방법이라고 할 수 있다. 또한 「원자력안전법」을 개정하여 원자력 사고의 적극적 공개에 관한 사항을 법령으로 규정하고, 공개를 은폐하거나 지체한 경우에 대해 행정형벌을 과하는 것으로 하는 등 사고공개제도의 실효성을 강화할 필요가 있다.

- 원자력 발전소의 건설 및 운영은 지역주민의 안전과 직결되는 사안이다. 따라서 원자력 발전 규제에 있어 지역주민의 참여와 정보공개는 필수적인 사안이라 판단된다. 특히 우리나라와 같이 원자력안전위원회가 '안전'보다는 '원자력 발전소의 원활한 운영'에 더 중점을 두는 태도를 보인다면 시민사회 차원에서 감시를 통한 시정도 필요할 것이다.

현재 원자력 안전 규제기관의 독립성과 전문성을 확보하기 위한 방법론들에 대해서는 국회의 관여 강화 등과 같이 어느 정도의 합의가 이루어져 있다. 그러나 투명성과 개방성의 확보 및 그를 통한 민관협력체계의 수립에 대해서는 아직까지 여러 견해가 제기되고 있으나, 아직 일정한 방향성이 정립되어 있지는 않은 것으로 판단된다.

2   검토

이상의 비교연구를 간략히 정리하면 다음과 같다.

먼저 원자력 안전규제기관인 원자력안전위원회의 구성 및 운영에 있어서는 비교대상인 다른 국가들보다 더 국제적인 기준에 부합하는 모습을 보이고 있다는 점이다. 다만 안전규제기관의 법적 지위와 관련하여서는 독립성의 확보 측면에서 다소 미흡한 부분이 있다고 여겨진다. 즉, 현재 원자력안전위원회는 국무총리 소속으로 되어 있지만, 이를 대통령 소속으로 변경하는 것이 "국가의 최고위 의사결정권자와 직접적으로 연결"되어야 한다는 국제적 기준에 훨씬 부합하는 것이라고 여겨진다.

그리고 안전관리체계에 관한 법제의 측면에서 본다면 규제의 상대방뿐만 아니라 이에 대한 관할권을 가지고 있는 정부부처(산업통상자원부)로부터 독립된 규제기관과 그를 지원하는 (역시 독립된) 전문기관들을 설립하여 운용하고 있는 경우는 우리나라의 다른 법제에서는 그 예를 찾아볼 수 없다. 따라서 그 구성과 운영에 있어서의 독립성과 전문성은 상당히 우수한 수준이라고 할 수 있다. 나아가 원자력안전협의회의 구성을 통하여 민관협력의 증진을 모색하고 있다는 점도 특기할 만 하다고 할 것이다. 다만 「재난안전법」과 「원자력안전법」을 동시에 고려하는 경우 안전관리업무를 담당하는 기관이 어디인지에 대한 해석이 어려울 수 있으며, 안전관리 담당기관과 재난대응 담당기관이 분리되어 재난의 발생 시 지휘권의 공백이 발생할 우려가 있으므로 이에 대한 법령의 정비가 필요하다고 할 것이다. 또한 관계 정부부처 및 규제의 상대방인 원자력 설비의 소유자·운영자의 협의체계는 다소 미흡하다고 여겨지므로, 미국의 사례를 참조하여 이러한 이해관계자들을 포괄하는 협의체를 공식적으로 수립하여 운영하는 것이 필요하다고 여겨진다.

재난의 관리에 대해서는 원칙적으로 「방사능방재법」이 우선적으로 적용된다. 「방사능방재법」상 긴급조치의 경우(제22조의2)에는 「방사능방재법」의 규정이 포괄적으로 되어 있어, 「재난안전법」과의 관계에서 해석상 어려움이 있을 수 있다. 특히, 대피 등과 같은 긴급 주민 보호 조치(방사능방재법 제29조)의 경우에는 그 지휘권이 불분명하게 규정되어 있다. 나아가 「방사능방재법」 제39조에 의한 원자력안전위원회의 원자력사업자의 각종 대비태세에 대한 검사 및 시정명령의 권한은 「원자력안전법」에 의한 각종 검사 및 시정조치 등의 권한과 중복될 가능성이 있다.[96]

결론적으로, 앞서 계속적으로 살펴본 것처럼 우리나라의 원자력 안전에 대한 법제는 국제적인 기준에 비추어 충분히 합리적이다. 우리나라의 다른 안전관리 법제에 비교하여서도 손색이 없다. 다만 안전관리 및 재난관리에 대한 기본법이라 할 수 있는 「재난안전법」과의 관계에서 「원자력안전법」 및 「방사능방재법」이 해석상 충돌할 수 있는 여지가 있다. 또한 「원자력안전법」 및 「방사능방재법」 상호 간에도 그 적용범위에 있어서 다소 불명확한 부분이 있다. 따라서 원자력의 안전관리 및 재난관리에 대한 법률들을 정비하여 별도의 원자력 분야에 대한 안전 및 재난관리가 통합적으로 이루어 질 수 있도록 하는 단일한 법령을 제정하는 것도 고려할 필요가 있다.

---

[96] 자연재해 등과 같은 자연적 위험으로부터의 보호에 대한 사항을 「원자력안전법」에서 충분히 규율할 수 있다는 점 또한 앞서 본 바와 같다.

참고 문헌

[외국 단행본]

ASN(2022), ASN Report on the state of nuclear safety and radiation protection in France in 2021.
AT&T(2016), Understanding the Cyber Threat.
BMUB(2017), Convention on Nuclear Safety : Report by the Government of the Federal Republic of Germany for the Seventh Review Meeting in March/April 2017.
CNSC(2017), Safety First : Annual Report 2016-17.
Deb Bodeau et. al(2010), Cyber Security Governance, MITRE.
Department of Resources, Energy and Tourism, Australian Government(2009), Hazardous Materials Management.
DHS(2009), Roadmap to Secure Control Systems in the Chemical Sector.
_____(2013), NIPP 2013 : Partnering for Critical Infrastructure and Resilience.
_____(2015A), 2014 National Strategy for Transportation Security : Report to Congress.
_____(2015B), Chemical Sector-Specific Plan 2015.
_____(2015C), Communications Sector-Specific Plan 2015.
_____(2015D), Energy Sector-Specific Plan 2015.
_____(2015E), Financial Services Sector-Specific Plan 2015.
_____(2015F), Nuclear Reactor's, Materials and Waste Sector-Specific Plan 2015.
_____(2015G), Transportation Systems Sector-Specific Plan 2015.
_____(2016A), Infoprmation Sector-Specific Plan 2016.
_____(2016B), Overview of the Federal Interagency Operational Plan.
_____(2016C), Protection Federal Interagency Operational Plan.
Douglas Gray et. al(2015), Improving Federal Cybersecurity Governance Through Data-Driven Decision Making and Execution, Software Engineering Institute, Carnegie Mellon University.
Energy Studies Institute(2013), Nuclear Governance Post-Fukushima.
European Commission(2015), Implementation of Council Directive 2009/71/Eurotom of 25 June 2009 establishing a Community framework for the nuclear safety of nuclear installations, Report from the Commission to the Council and the European Parliament.

IAEA(2002), Organization and Staffing of the Regulatory Body for Nuclear Facilities.
_____(2006), Fundamental Safety Principles.
_____(2011), Establishing the Safety Infrastructure for a Nuclear Power Programme.
_____(2014), The Global Nuclear Safety and Security Network.
_____(2015), Preparedness and Response for a Nuclear or Radiological Emergency.
_____(2016A), Governmental Legal and Regulatory Framework for Safety.
_____(2016B), Nuclear Power Reactors in the World.
_____(2016C), Leadership and Management for Safety.
_____(2016D), Long Term Structure of the IAEA Safety Standards and Current Status.
INSAG(2003), Independence in Regulatory Decision Making.
_____(2006), Stakeholder Involvement in Nuclear Issues.
ISACA(2014), Governance of Cybersecurity.
Japan Nuclear Safety Institute(2013), Lessons Learned from the Fukushima Daiichi Accident indicated by Investigation Reports, and JANSI's Supporting Actvities to Member Companies.
Jeremy M. Wilson et al(2007), Securing America's Passenger-Rail system, RAND.
Justin Alger(2008), A Guide to Global Nuclear Governance : Safety, Security and Nonproliferation, The Centre for International Governance Innovation.
Kenneth Luongo(2012), Nuclear Security Governance for the 21st Century : Assessment and Action Plan, US-KOREA INSTITUTE AT SAIS.
Kim Haughn(2013), Sharing a Vision Through Collaborative Governance : Creating Washington County's Transportation Safety Action Plan, Portland State University.
NEA(2014), The Characteristics of an Effective Regulator.
_____(2016A), Five Years after the Fukushima Daiichi Accident : Nuclear Safety Improvements and Lessons Learnt.
_____(2016B), Implementation of Defence in Depth at Nuclear Power Plants : Lessons Learnt from the Fukushima Daiichi Accident.
_____(2016C), The Safety Culture of an Effective Nuclear Regulatory Body.
Nicole Foss(1999), Nuclear Safety and International Governance : Russia and Eastern Europe, Oxford Institute for Energy Studies.
NRC(2015), Semiannual Status Report on the Licensing Activities and Regulatory Duties of the United States Nuclear Regulatory Commission : April-September 2015.
OECD(2000), International Nuclear Law in the Post-Chernobyl Period.
ONR(2016A), A Guide to Nuclear Regulation in the UK.
_____(2016B), Office for Nuclear Regulation Strategic Plan : 2016 ~ 2020.
_____(2016C), ONR/DWP Framework Document.
Organisation for the Prohibition of Chemical Weapons(2012), International Meeting on Chemical Safety and Security, Meeting Proceedings.
Peter Iannone · Ayman Omar(2016), Cybersecurity Governance : Five Reasons Your Governance Strategy May be Flawed and How to

Fix it, Kogod Cybersecurity Governance Center, Kogod School of Business.
Sellafield Ltd.(2013), Corporate Governance Manual.
Tuula Honkonen · Sabaa A. Khan(2017), Chemicals and Waste Governance Beyond 2020 : Exploring Pathways for a Coherent Global Regime, Nordic Council of Ministers
UNEP(2007), Strategic Approach to International Chemicals Management.
_____(2015), Chemical Accident Prevention and Preparedness in Asia.
U.S. Environmental Protection Agency(2016), CSB Need to Continue to Improve Agency Governance and Operations.
VDOT(2015), Traffic Operations and Safety Analysis Manual.
W. Krag Brotby(2006), Information Security Governance : Guidance for Boards of Directors and Executive Management, 2nd Edition, IT Governance Institute.
World Institute for Nuclear Security(2011), Time for an Integrated Approach to Nuclear Risk Management, Governance and Safety/Security/Emergency Arrangements.

[외국 논문]

Anna Södersten(2012), *The EU and Nuclear Safety : Challenges Old and New*, European Policy Analysis, Sieps.
Hasan Saygin(2011), *Major Nuclear Accidents and Their Implications for the Evolution of nuclear Power*, The Center for Economics and Foreign Policy Studies(EDAM).
Jena Backer McNeil · Richard Weitz(2010), *How to Fix Critical Infrastructure Protection Plans : A Guide for Congress*, Backgrounder(2404)
Jonathan Krueger · Henrik Selin(2002), *Governance for Sound Chemicals Management : The Need for a More Comprehensive Global Strategy*, Global Governance(8).
Justin Alger · Trevor Findlay(2010), *Strengthening Global Nuclear Governance*, Nuclear Power.
Kasperson, R. E(1986). *Six propositions on public participation and their relevance for risk communication*. Risk analysis, 6(3), 275-281.
Lang, S., Fewtrell, L., & Bartram, J(2001). *Risk communication*. Water Quality: Guidelines, Standards and Health. World Health, 317-332.
Pierre Tanguay(1988), *Three Decades of Nuclear Safety : Nuclear plant safety has not been a static concept*, IAEA Bulletin, 2/1988.
Qiang Wang · Xi Chen(2012), *Regulatory failures for nuclear safety – the bad example of Japan – implication for the rest of world*, Renewable and Sustainable Energy Reviews(16).
Ramesh Thakur(2013), *The Global Governance Architecture of Nuclear Security*, Policy Analysis Brief, The Stanley Foundation.
Renn, O., & Levine, D(1991). Credibility and trust in risk communication. Communicating risks to the public: International perspectives, 4, 175-218.
Renn, O. (1991). Risk communication and the social amplification of risk. Communicating risks to the public: International perspectives,

287-324.

Renn, O. (1992). Risk communication: Towards a rational discourse with the public. Journal of hazardous materials, 29(3), 465-519.

Sharon Squassoni(2012), *Learning from Nuclear Safety*, Nuclear Security Governance Experts Group Workshop on Improving Nuclear Security Regime Cohesion, Asan Institute, Seoul, July 18-19 2012.

Slovic, P., Fischhoff, B., & Lichtenstein, S. (1986). The psychometric study of risk perception. In Risk evaluation and management (pp. 3-24). Springer US.

Slovic, P. (1993). Perceived risk, trust, and democracy. Risk analysis, 13(6), 675-682.

Veerle Heyvaert(2008), *The EU Chemicals Policy : Towards Inclusive Governance?*, Law, Society and Economy Working Papers(7/2008), London School of Economics and Political Science.

Wachinger, G., Renn, O., Begg, C., & Kuhlcke, C. (2013). The risk perception paradox—implications for governance and communication of natural hazards. Risk analysis, 33(6), 1049-1065.

[국내 단행본]

국가정책조정회의(2013), 화학물질 안전관리 종합대책
국립재난안전연구원(2013), 소셜 빅데이터 재난관리 운영방안 및 이슈 탐지기법 연구
_____(2015), 재난 빅데이터 기반 전조감지 기술 개발 및 소셜빅보드 확산 전략 수립
국토해양부(2013), 철도운영부문 안전관리체계 승인제도 도입에 따른 하위법령/기준 마련 및 추진방안 연구.
경기도(2014), 경기도 유해화학물질 관리계획(2015~2019).
김남철(2015), 원자력발전소 안전규제의 비교법적 연구 : 독일, 한국법제연구원.
김범준(2015), 원자력발전소 안전규제의 비교법적 연구 : 벨기에, 한국법제연구원.
김진국(2012), 원자력안전규제시스템 개선방안 연구, 국회예산정책처.
김현곤, 박정은, 박선주, 김윤희, 김은성, 류현숙, & 정지범(2011). 재난안전 부문의 소셜미디어 활용 선진사례 연구. 한국정보화진흥원, NIA II -RER-11022.
노종철(2004), 항공안전관리체계(ASMS) 강화방안, 인하대학교, 석사학위논문.
모창환(2015), 교통재난 방지와 대응체계 구축방안 : 행정조직과 법체계 개선을 중심으로, 한국교통연구원.
박광동(2015), 원자력발전소 안전규제의 비교법적 연구 : 일본, 한국법제연구원.
박영철 외(2015), 사이버 보안체계 강화를 위한 정보보호법제 비교법 연구, 한국인터넷진흥원.
박우영·이상림(2014), 국내외 원전 안전규제시스템 비교 연구, 에너지경제연구원.
박정규·서양원(2013), 화학물질 사고대응을 위한 제도개선 연구, 한국환경정책·평가연구원.
서진완, 남기범, 김계원, 허진희. (2011). 지방자치단체 소셜미디어 활용방안 연구. 한국지역정보개발원·한국지역정보화학회 연구보고서.

송하중 외(2012), 해외 원자력 안전규제기관의 조직·인력·운영에 관한 조사연구, 교육과학기술부.
원자력안전위원회(2021), 원자력안전위원회 업무현황.
윤석진(2015), 원자력발전소 안전규제의 비교법적 연구 : 스웨덴, 한국법제연구원.
윤영배(2014), 유해화학물질의 체계적인 관리시스템 구축, 울산발전연구원.
윤인숙(2015), 원자력발전소 안전규제의 비교법적 연구 : 영국, 한국법제연구원.
이동규(2022). 한국재난관리론. 한국, 윤성사
이상윤(2015), 원자력발전소 안전규제의 비교법적 연구 : 미국, 한국법제연구원.
이상훈 외(2011), 미래 원자력 안전규제 환경변화의 전망 연구, 한국원자력안전기술원.
이익모 외(2016), 위험물질 사고유형 분석 및 안전관리 체계개선에 관한 연구, 경기도 재난안전본부.
인사혁신처(2022), 2022 인사혁신통계연보.
배효성(2013), 원자력 안전규제에 관한 공법적 연구, 경희대학교, 석사학위논문.
장철준(2015), 원자력발전소 안전규제의 비교법적 연구 : 캐나다, 한국법제연구원.
전학선(2015), 원자력발전소 안전규제의 비교법적 연구 : 프랑스, 한국법제연구원.
주대준 외(2011), 국가 사이버 보안 대응체계 혁신에 관한 연구, 교육과학기술부.
항공안전위원회(2013). 세계최고의 항공안전 강국 실현을 위한 항공안전 종합대책.
홍석진(2003), 국가차원의 항공안전 위기관리체계 구축 방안 연구(1단계), 교통개발연구원.
행정안전부(2021), 대한민국 재난안전관리
화학안전산업계지원단(2015), 화학물질관리법 해설서.
John Suffolk(2013), 사이버 보안에 대한 관점 : 사이버 보안을 기업 DNA화하기 – 일련의 통합 프로세스, 정책, 표준, HUAWEI Technology(번역본).
OECD(2012), 공공안전을 위한 기업경영 : 고위험도 산업에서의 고위직 리더를 위한 가이드(번역본).
OECD 대한민국 정책센터(2014), 위기정보소통에서의 소셜미디어 활용

[국내 논문]

강윤재(2012). 원전사고와 위험커뮤니케이션, 전문성의 정치: 후쿠시마 원전사고를 중심으로. 공학교육동향, 19(2), 14-17.
국회입법조사처(2019), 국가 재난대응 지휘체계의 한계점과 개선방안, NARS 현안분석
김길수(2015), 원자력 안전규제체제의 독립성에 관한 연구, 한국자치행정학보(29(4)).
김덕호 외(2016), 원전 사고와 원전 체제의 변화 : TMI와 체르노빌 사고를 중심으로, 서양사연구, 제55집, 한국서양사연구회.
김민훈(2014), 한국의 원자력 규제행정의 변화, 세계행정 학술대회(WCPA) 발표문.
＿＿＿(2015), 원자력 안전규제에 대한 법제 고찰 – 원자력 행쟁체제의 변화를 소재로, 법학연구(53(2)), 부산대학교 법학연구소.
김상태(2013), 일본의 원자력안전법제의 현황과 과제, 환경법연구(35(3)).

김성한·장욱(2013), 원자력안전행정체계에 관한 법제 고찰 : 원자력안전위원회를 중심으로, 법학연구(23(4)), 연세대학교 법학연구원.
김예슬·이동규(2022), 원자력 정책과정에서 옹호연합 신념과 위협경직성 전략에 관한 연구, 국정관리연구, 17(4), 135-165.
김영욱(2006). 위험사회와 위험 커뮤니케이션. 커뮤니케이션 이론, 2(2), 192-232.
_____(2008). 위험 위기 그리고 커뮤니케이션. Ewha Womans University Press.
김용섭(2014), 선박안전 및 재난관리에 관한 법정책적 검토, 인권과 정의(402).
_____(2016), 재난 및 안전 관리 법제의 현황과 개선과제, 행정법연구(45).
김인숙(2012). 원자력에 대한 위험인식과 지각된 지식, 커뮤니케이션 채널의 이용, 제 3 자 효과가 낙관적 편견에 미치는 영향—일본 후쿠시마 원전사고를 중심으로. 언론과학연구, 12(3), 79-106.
김재성(2011), 외국화학물질관리 제도 및 운영체계, 포장계(2011. 6).
김종업, 김형빈(2017). 빅데이터를 활용한 미래예측과 재난·안전 정책 방안 연구. 한국지역정보화학회 학술발표대회 논문집, 91-120.
김지영(2013), 프랑스 원자력안전법제의 현황과 과제 : 우리나라 원자력안전법제로의 시사점 도출을 중심으로, 환경법연구(35(3)).
김태진, 이재은, 정윤수(2007). 원자력의 사회적 위험에 대한 인식분석. 국토연구, 41-58.
민경세(2015), 원자력 안전 분야에서의 위험규제 거버넌스에 관한 연구, 한국행정학회 2015년 하계학술발표논문집.
민경세·김주찬(2015), 원자력 안전분야에서의 위험규제 거버넌스에 관한 탐색적 사례연구, 한국공공관리학보(30(1)), 한국공공관리학회.
박경세(2014), 원자력 안전법제의 재검토, 행정법연구(33), 행정법이론실무학회.
소재선·이창규(2014), 항공안전관리에 관한 법적 고찰, 항공우주정책·법학회지(29(1)).
손우람(2016), 원자력발전소 규제제도 개선을 위한 법률적 검토 : 원자력안전위원회와 원자력안전법을 중심으로, 연세 의료·과학기술과 법(7(2)).
이동규.(2011), 초점사건 이후 정책변동 연구: 한국의 대규모 재난 사례를 중심으로. 성균관대학교 박사학위 논문
이연수 외(2009), 주요국의 사이버안전관련 법·조직체계 비교 및 발전방안 연구, 국가정보연구(1(2)), 국가정보학회.
장경원(2014), EU 원자력안전법제의 현황과 과제, 일감법학(27).
전진호(2014), 후쿠시마 원전사고 이후 일본 원자력정책의 변화와 한일협력, 한일군사문화연구(17).
정상기(2015), 후쿠시마사고 이후 일본 원자력안전규제법제의 최근 동향에 관한 분석, 과학기술법연구(21(1)).
정지범(2016), 안전사각지대 발굴 및 효과적 관리 방안 연구, KIPA 보고서(2016. 11/12).
윤혜선(2014), 미국 원자력규제위원회의 원자력안전규제체계와 시사점 : 원자력 발전소에 대한 허가제도와 심사제도를 중심으로, 일감법학(27).
이상명(2014), 재난안전관리체계의 개선에 관한 법적 고찰 – '선박안전 관리법제'를 중심으로 –, 한양법학(25(4)).
이진수·이우도(2014), 원자력 발전시설 안전관리 법제에 관한 연구 – 시설물안전관리법과 원자력 법제와의 비교 –, 과학기술법연구(20(1)).
이희준·임봉수(2015), 우리나라 원자력안전 행정체제의 개선방안, 대전대학교 환경문제연구소 논문집(19).
임재진 외(2015), 항공운송산업에서의 안전관리시스템 개선방안에 관한 연구, 한국항공경영학회지(13(6)).
차성민(2014), 원자력안전규제기관에 관한 비교 검토 : IAEA 규범과 비교를 중심으로, 한국비교정부학보(18(3)).
채원호(2016), 한국의 원자력안전 거버넌스, 서울행정학회 학술대회 발표논문집(2016. 07), 서울행정학회.
최광식·최영성(2003), 원자력 규제기관의 안전문화 –KINS 직원들에 대한 설문조사 결과 분석–, 2003 추계학술발표회 논문집, 한국원자력학회.
최선화, 박영진, & 심재현(2015). 빅데이터를 활용한 재난관리 역량강화. 대한토목학회지, 63(7), 21-28.
최현주, & 심은정(2016). 원자력 규제기관의 SNS 활용 및 수용자 반응 분석: 원자력안전위원회와 NRC 페이스북 비교를 중심으로. Journal of

Digital Convergence, 14(5), 11-19.

한동섭, 김형일(2011). 위험과 커뮤니케이션: 원자력의 사회적 수용에 미치는 커뮤니케이션의 효과: 신뢰성, 효용인식, 위험인식을 매개로. 한국위기관리논집, 7(2), 1-22.

한영미, 서현범(2011). 모바일과 소셜미디어를 활용한-스마트 시대의 재난재해 대응 선진 사례 분석. IT&SOCIETY, 36(단일호), 1-29.

[웹 페이지]

https://www.fema.gov/
https://sf311.org/home
https://www.fcc.gov/general/commercial-mobile-telephone-alerts-cmas
https://www.fema.gov/hurricane-irma-rumor-control
https://communities.firstresponder.gov/web/guest/home
https://earthquake.usgs.gov/earthquakes/ted/
http://emergency20wiki.org
https://www.ushahidi.com
한국원자력연구원https://www.kaeri.re.kr/board?menuId=MENU00398
한국원자력의학원https://www.kirams.re.kr/nremc/intro/introductionC01.do
방사능정보공유시스템
원자력안전법/ 시행령 / 시행규칙 해석
원자력안전계획http://dongascience.donga.com/news.php?idx=37140
원자력 관련 공공정보https://www.open.go.kr/search/theme/theme_bh.do?themecd=00014
원자력시설 등의 방호 및 방사능 방재 대책법
국가방사능방재체계https://www.gyeongnam.go.kr/bangjae/index.gyeong?menuCd=DOM_000000205005011000
방사선비상체계 법령/지휘체계http://nsic.nssc.go.kr/nsic.do?nsicKey=20010604

찾아보기

사회과학자가 쓴 발칙한
원자력 안전관리

⟨ㄱ⟩

각급지방자치단체 조정협의회(SLTTGCC)	238, 284
검사 및 집행	106
공개성과 투명성	120
관리체계	41
관세 및 국경보호청(CBP)	282
교통안전국(TSA)	284
국가 기반시설 보호계획(NIPP 2013)	224, 228
국가재난지휘소(NOC)	243
국내핵탐지실(DNDO)	283
국방부(DOD)/국방위협감소국(DTRA)	285
국방부(DOD)/국토방위 및 미국보안국(HD & ASA)	285
국방부(DOD)/북부사령부(USNORTHCOM)	285
국제협력의 관점	74
권역조정협의회(RC3)	239
규정과 지침	110
규제기관의 관리체계	78
규제기관의 교육과정	87
규제기관의 설립	58
규제기관의 조직구조	77

⟨ㄷ⟩

대체·원자력에너지위원회(CEA)	169, 170
독립성	70, 118
독일의 연방환경부와 연방방사선방호청	189

⟨ㅁ⟩

미국의 원자력규제위원회(NRC)	123

⟨ㅂ⟩

방사능방재법	341
방사능제어활동감독자협회(CRCPD)	282
방사선 비상 시 지휘체계	332
방사선방재국	209, 210
방사성폐기물관리청(ANDRA)	167, 168, 169
법적 관점	73

⟨ㅅ⟩

시설물안전법	311, 312, 313

⟨ㅇ⟩

안전관리기본계획	307
안전기준의 체계	19
안전에 관한 기본원칙	32
안전에 대한 일차적인 책임	60
안전에 대한 지도	37
안전요건	28
안전원칙	28, 52
안전을 위한 지도 및 관리	37
안전을 위한 체계의 수립	54
안전중심의 문화	47, 114

안전지침	28	〈ㅈ〉	
에너지·기후변화부(DECC)	147	자력 발전소에서의 심층방호의 시행	25
에너지부(DOE)	136, 137, 138, 285	자문	90, 92, 98
연방고위공무원협의회(FSLC)	237	자원의 관리	44
연방방사선방호청(BfS)	196, 197, 198	재난 및 안전관리 기본법	303, 327
연방수사국(FBI)	283	재난관리책임기관	309
연방재난관리청(FEMA)	283	재정적 관점	73
연방핵폐기물관리청(BfE)	199	전문성	119
연방환경부(BMUB)	192, 193, 194	전문성 관점	74
영국의 원자력규제국(ONR)	140, 143	절차 및 활동의 관리	45
외부관계	94	점검 및 평가	104
운용 권한의 부여	103	정보공개 관점	74
원자력 관련 법령	206	정보공유 및 분석실(ISAC)	240
원자력 관련 위원회의 기능과 구성	207	정보기술 부문 안전관리계획	293
원자력 규제기관에서의 안전문화에 대한 지침	24	정보기술 부문 조정협의회(SCC)	296
원자력 부문 정부조정위원회(Nuclear GCC)	282	정치적 관점	72
원자력 안전 규제기관	64	제1원칙	33
원자력 안전관리기관의 요건	117	제2원칙	34
원자력 안전관리에 관한 주요 원칙	116	제3원칙	35
원자력 운용설비	31	주협정조직국(OAS)	284
원자력 운용활동	30	지도력	39
원자력규제위원회(NRC)	283	지역정보위원회(CLI)	174, 175, 176
원자력부문조정협의회(SCC)	288	직원에 대한 교육	85
원자력안전·방사선방호연구소(IRSN)	162, 163, 164		
원자력안전기술원(KINS)	214	〈ㅊ〉	
원자력안전법	321, 323, 324, 325, 327	체르노빌 원자력 발전소 사고	17, 26
원자력안전위원회	322, 324, 325, 326		
원자력안전재단	216	〈ㅋ〉	
원자력에너지를 위한 주 위원회(LAA)	200, 201	캐나다의 원자력안전위원회(CNSC)	177, 180
원자력정책위원회(CPN)	171, 172		
원자력통제기술원(KINAC)	215	〈ㅍ〉	
원자로·방사능 물질 및 폐기물 부문 안전관리계획	272	프랑스의 원자력안전청(ASN)	151, 155
일반에 대한 정보제공	96		

⟨ㅎ⟩

한국시설안전공단	313
한국의 원자력안전위원회	205, 208
해사안전법	315
해안경비대(USCG)	284
핵심기반시설협력자문위원회(CIPAC)	241
화학 부문 안전관리계획	265
환경국(EA)	148, 149
효과적인 원자력 규제기관의 특성	25
후쿠시마 원자력 발전소 사고	21, 26

⟨영문⟩

GSR Part 1	58, 64
IAEA	27, 28, 29, 32, 37, 51, 116
NEA	117
TMI 원자력 발전소 사고	12, 26

저자 소개

이동규 (invictus88@dau.ac.kr)

경희대학교 법학 학사
성균관대학교 국정전문대학원 행정학 석사
성균관대학교 국정전문대학원 행정학 박사

현) 동아대학교 대학원 재난관리학과 정교수
   동아대학교 긴급대응기술정책연구센터 소장
전) 동아대학교 대학원 기업정책학과 책임교수
   동아대학교 석당인재학부 공공정책 전공 학부장

| 수상실적 |
국무총리 표창(국가재난관리 유공)
행정안전부 장관 표창, 소방청장 표창
한국행정학회 학위논문 부문 학술상/학술 논문대회 최우수상
성균관대학교 총장 학술상/공로상

| 자격 |
미국 Project Management Institute: Project Professional Management 자격 취득

| 국회 |
현) 국회사무처 소프트웨어 과업심의위원회 위원장
   국회 입법지원 위원
전) 국회 용산 이태원 참사 진상규명과 재발방지를
   위한 국정조사 특별위원회 전문가 위원

국회미래연구원 객원연구위원
국회 안전한 대한민국 포럼 특별회원
국회예산정책처 경제예산분석과 예산분석관

| 행정부 |
현) 국무조정실 정부업무평가위원회 TF 위원(간사)
   행정안전부 정책자문위원회 재난협력분과 위원
   행정안전부 중앙안전관리민관협력위원회 위원
   행정안전부 정부혁신국민포럼 위원
   기획재정부 공기업경영평가단 위원
전) 행정안전부 재난안전사업평가 자문위원회 위원
   기획재정부 준정부기관 경영평가단 위원
   (2019/2020/2021)

| 지방정부 및 기타 |
현) 서울특별시 안전관리민관협력위원회 위원
   부산광역시 재난안전산업육성위원회 위원
   부산광역시 서비스산업발전위원회 위원
   씨지인사이드(AI 입법 및 GRM 플랫폼) Co-founder
전) 원자력안전위원회 조직진단 자문단 위원
   경제·인문사회연구회 2022년도 연구기관 평가단 평가위원
   국립재난안전연구원 연구심의위원회 위원
   충남연구원 충남재난안전연구센터 자문위원회 위원
   대한무역투자진흥공사 IKP 침수피해 사고조사위원회 위원장